国家级职业教育规划教材
人力资源社会保障部职业能力建设司推荐

U0816294

全国高等职业学校电类专业教材

工业组态软件应用技术
——组态王7.5

李建军 主编

中国劳动社会保障出版社

简　介

本书主要内容包括初识工业组态软件、灯光组态监控系统设计、交通灯组态监控系统设计、液体搅拌机组态监控系统设计、闸门组态监控系统设计、机械手组态监控系统设计、自动配料组态监控系统设计和水箱水位组态监控系统设计。

本书由李建军任主编，陆志忠、董辉任副主编，陈德领、浦金标、袁成群、王纪伟、王佳、董武连参与编写，陈令平任主审。

图书在版编目(CIP)数据

工业组态软件应用技术：组态王 7.5/李建军主编. -- 北京：中国劳动社会保障出版社，2024

全国高等职业学校电类专业教材

ISBN 978-7-5167-6321-6

Ⅰ.①工…　Ⅱ.①李…　Ⅲ.①工业控制系统-应用软件-高等职业教育-教材　Ⅳ.①TP273

中国国家版本馆 CIP 数据核字(2024)第 072761 号

中国劳动社会保障出版社出版发行

(北京市惠新东街 1 号　邮政编码：100029)

*

北京谊兴印刷有限公司印刷装订　新华书店经销

787 毫米×1092 毫米　16 开本　18.25 印张　398 千字

2024 年 5 月第 1 版　2024 年 5 月第 1 次印刷

定价：40.00 元

营销中心电话：400-606-6496

出版社网址：http://www.class.com.cn

http://jg.class.com.cn

前言

为了更好地适应全国高等职业学校电类专业教学要求，全面提升教学质量，人力资源社会保障部教材办公室组织有关学校的一线教师和行业、企业专家，充分调研企业生产和学校教学情况，广泛听取各职业技术院校对教材使用情况的反馈意见，对全国高等职业学校电类专业基础课教材和电气自动化技术专业教材进行了修订，并做了适当的补充开发。

本次教材修订（新编）工作的重点主要体现在以下几个方面。

更新教材内容

以《电工（2018 年版）》等国家职业技能标准为依据，根据电类专业毕业生所从事职业的实际需要和教学实际情况的变化，合理确定学生应具备的能力与知识结构，适当调整部分教材的内容及其深度、难度；根据相关工种及专业领域的最新发展，在教材中充实“四新”内容，更新设备型号和软件版本；根据最新的国家标准、行业标准编写教材，保证教材的科学性和规范性。

创新教材形式

在专业课教材中融入工学一体化课改理念，以代表性工作任务为载体，按照工作过程设计和安排教学活动，实现理论与实践的统一，使学生在贴近生产实际的具体情境中学习，从而提高在工作过程中分析问题和解决问题的综合职业能力。

在部分专业课中，配套开发学生用书，按照“资讯、计划、决策、实施、检查、评价”六个步骤进行教学设计，通过引导问题和课堂活动设计体现，贯彻以学生为中心、以能力为本位的教学理念，引导学生自主学习。

增强表现效果

尽可能使用图片、实物照片和表格等形式将知识点生动地展示出来，达到提高学生学习兴趣、提升教学效果的目的，并在《机电工程制图（第三版）》等教材中采用双色印刷方式，在《机械基础（第二版）》教材中采用彩色印刷方式，使内容更加清晰明了，进一步增强表现效果。

提升教学服务

为方便教师教学和学生学习，在传统纸质资源基础上，充分利用信息技术，构建“1+

3”的教学资源体系，即 1 个学生用书或习题册，加上二维码资源、电子课件、习题册参考答案 3 种互联网资源。其中，二维码资源主要为针对重点、难点内容制作的微视频或电子阅读材料，使用移动设备扫描即可在线观看、阅读；电子课件依据教材内容制作，为教师教学提供帮助；习题册参考答案则针对教材配套习题册编写，为教师指导学生练习提供方便。

电子课件和习题册参考答案均可通过技工教育网（http://jg. class. com. cn）下载使用。

致谢

本次教材的修订（新编）工作得到了北京、江苏、山东、湖北、湖南、广东、广西等省（自治区、直辖市）人力资源社会保障厅（局）及有关学校的大力支持，在此我们表示诚挚的谢意。

人力资源社会保障部教材办公室

2022 年 9 月

目录

项目一　初识工业组态软件

计算机技术和网络技术的飞速发展为工业自动化设备开辟了广阔的发展空间，可以计算机技术为基础快捷开发出可视化的、高效的运行监控系统，配合远程监控及诊断等先进技术，工业现场设备的自动化程度进一步提升，远程计算机监控得到了广泛运用。

任务1　认识工业组态软件

学习目标

1. 了解工业组态软件的产生背景、特点、功能、组成及发展趋势。
2. 了解常用的组态软件及组态王软件的版本类型。
3. 能完成组态王软件的安装和卸载。

任务引入

工业组态软件是工业控制应用软件的开发平台，它提供了一个良好的开发环境，如各种绘图元素、控件、报表格式、报警方式等，使开发人员不必把精力集中在绘制人机界面上，而是专注于如何实现系统功能，使开发工作变得轻松、高效。

本任务学习工业组态软件的功能、特点等基础知识，了解工业组态软件在工业现场的典型应用案例，学习组态王软件的安装方法。

相关知识

一、工业组态软件概述

工业组态软件又称为工业组态监控系统软件，是指一些数据采集与过程控制的专用软件。它们处于自动控制系统监控层一级的软件平台和开发环境，使用灵活的组态方式，是为用户提供快速构建工业自动控制系统监控功能的、通用层次的软件工具。

1. 产生背景

“组态”的概念是伴随着集散型控制系统（distributed control system，DCS）的出现才开始被广大生产过程自动化技术人员所熟知的。在工业控制技术的不断发展和应用过程中，PC（包括工控机）比以前的专用系统具有的优势日趋明显。这些优势主要体现在：PC 技术保持了较快的发展速度，各种相关技术已经成熟；由 PC 构建的工业控制系统具有相对较低的成本；PC 的软件资源和硬件资源丰富，软件之间的互操作性强；基于 PC 的控制系统易于学习和使用，可以容易地得到技术方面的支持。

组态软件能支持各种工控设备和常见的通信协议，并且提供分布式数据管理和网络功能。对应于原有的人机接口界面（human machine interface，HMI）的概念，组态软件是一个使用户能快速建立自己的 HMI 的软件工具或开发环境。在组态软件出现之前，工控领域的用户通过手工或委托第三方编写 HMI 应用程序，开发时间长、效率低、可靠性差；或者购买专用的工控系统，但通常是封闭的系统，选择余地小，往往不能满足需求，很难与外界进行数据交互，升级和增加功能都受到严重的限制。组态软件的出现，把技术人员从这些困境中解脱出来，技术人员可以利用组态软件的功能，构建一套最适合自己的应用系统。

2. 特点

在开发传统的工业控制软件时，被控对象一旦发生变动，就必须修改其控制系统的源程序，导致开发周期长；由于控制项目的不同，成功开发的工控软件的重复使用率很低，导致软件价格昂贵；在修改工控软件的源程序时，若原来的编程人员已因工作变动离去，则程序修改难度会大大增加。通用组态软件的出现能很好地解决传统工业控制软件存在的各种问题，使用户能根据自己的控制要求任意组态，完成最终的自动化控制工程。

组态软件的主要特点如下：

（1）延续性和可扩充性。当现场情况（包括硬件设备和系统结构）或用户需求发生改变时，用组态软件开发的应用程序无须做很多修改，只要完成软件的更新和升级即可。

（2）封装性（易学易用）。组态软件所能完成的功能都用一种方便用户使用的方法包装起来，用户无须掌握过多的编程语言技术（甚至不需要编程技术），就能很好地实现一个复杂工程所要求的所有功能。

（3）通用性。用户根据工程实际情况，利用组态软件提供的底层设备（PLC、智能仪表、智能模块、板卡、变频器等）的 I/O Driver、开放式的数据库和画面制作工具，就能完成一个动画效果、历史数据和曲线并存且具有实时数据处理功能、多媒体功能和网络功能的工程，不受行业限制。

二、组态软件的功能

组态软件能以灵活多样的组态方式（不同于编程方式）提供良好的用户开发界面和简单、便捷的使用方法，解决了控制系统通用性问题。其预设的各种软件模块可以非常容易地实现监控层的各项功能，并能同时支持不同硬件厂家的计算机和 I/O 产品，与可靠性高的工控计算机和网络系统结合，可向控制层和管理层提供软、硬件的全部接口，进行系统集成。组态软件通常有以下几方面的功能：

1. 强大的界面显示组态功能

目前，工业组态软件大部分运行于 Windows 环境下，利用 Windows 图形功能完善、界面美观的特点以及可视化的风格界面、丰富的工具栏，操作人员可以直接进入开发状态。丰富的图形控件和工况图库既能提供所需的组件，又是界面制作向导。提供给用户丰富的绘图工具，可随心所欲地绘制出各种工业界面并可任意编辑，从而将开发人员从繁重的界面设计工作中解放出来，隐含、闪烁、移动等丰富的动画连接方式使界面生动、直观。

2. 良好的开放性

开放性是指组态软件能与多种通信协议互联，支持多种硬件设备的性能。开放性是衡量一个组态软件好坏的重要指标，组态软件向下应能与低层的数据采集设备通信，向上应能与管理层通信，实现上位机与下位机的双向通信。

3. 丰富的功能模块

组态软件提供丰富的控制功能库，能够满足用户的测控要求和现场要求。利用各种功能模块，组态软件能够实现实时监控、显示历史曲线和实时曲线、报警等功能，系统既适用于单机集中式控制、DCS 分布式控制，也可以是具备远程通信能力的远程测控系统。

4. 强大的数据库

组态软件配有实时数据库，可存储各种数据，如模拟量、离散量、字符型量等，实现与外部设备的数据交换。

5. 可编程的命令语言

组态软件具有可编程的命令语言，用户可以根据自身需求编制程序，增强图形界面。

6. 周密的系统安全防范

对于不同的操作者，组态软件赋予其不同的操作权限，保证整个系统安全、可靠地运行。

7. 仿真功能

组态软件可以提供强大的仿真功能使系统实现并行设计，从而缩短开发周期。

三、常用的组态软件

目前，国内外常用的组态软件详见表 1-1-1。

表 1-1-1 国内外常用的组态软件

分类	名称	说明
国内常用工业组态软件	组态王 KingView	组态王 KingView V7.5 是运行于 Windows 操作系统的人机界面软件，采用了多线程、COM 组件等新技术，实现了实时多任务，软件使用方便、功能强大、性能优异、运行稳定、质量可靠。现已广泛应用于化工、电力、邮电通信、环保、水处理、冶金、食品等各个行业
	ForceControl	ForceControl V7.0 是一个完全集成的工业控制软件，完全兼容微软的 32/64 位 Windows 操作系统，通过提供可靠、灵活、高性能的监控系统平台以及简单易用的配置工具和强大的功能，使用户能够针对各种规模的应用进行快速开发并部署

续表

分类	名称	说明
国内常用工业组态软件	世纪星	世纪星组态软件是在PC机上开发的智能型人机接口软件系统，运行于Windows中文操作系统平台，由开发系统（CSMaker）和运行系统（CSViewer）两部分组成。CSMaker和CSViewer是各自独立的Windows 32位应用程序，均可单独使用，两者又相互依存，在开发系统中，设计开发的画面应用程序必须在运行系统中才能运行
国外常用工业组态软件	InTouch	由Wonderware公司开发，是最早进入中国的组态软件。早期的InTouch软件采用DDE方式与驱动程序通信，性能较差，InTouch7.0版已经完全基于32位的Windows平台，并且提供了OPC支持
	iFIX	由Intellution公司开发。在iFIX中，Intellution提供了强大的组态功能，将FIX原有的Script语言改为VBA（visual basic for applications），并在内部集成了微软的VBA开发环境。为了解决兼容问题，iFIX提供了FIX Desktop程序，可以直接在FIX Desktop中运行FIX程序。Intellution的产品与Microsoft的操作系统和网络进行了紧密的集成
	Citech	由Citect公司开发，也是较早进入中国的产品之一。Citech具有简洁的操作方式，但其操作方式更多地是面向程序员，而不是工控用户。Citech提供了脚本语言进行二次开发，与iFIX不同的是，Citech的脚本语言并非是面向用户的，而是类似于C语言，为用户进行二次开发增加了难度
	WinCC	由西门子自动化与驱动集团（A & D）开发。WinCC是一套完备的组态开发环境，提供类似C语言的脚本，包括一个调试环境。WinCC内嵌OPC支持，并可对分布式系统进行组态。但WinCC的结构较复杂，用户需经过西门子的培训以掌握WinCC的应用
	Movicon	由意大利自动化软件供应商PROGEA公司开发。该公司自1990年开始开发基于Windows平台的自动化监控软件，可在同一开发平台满足不同运行环境的需要。特色之处在于完全基于XML，又集成了VBA兼容的脚本语言及类似STEP-7指令表的软逻辑功能

四、组态软件的组成

1. 按使用软件的工作阶段划分

按使用软件的工作阶段划分，组态软件由系统开发环境和系统运行环境两大部分组成。

（1）系统开发环境。系统开发环境是自动化工程师为实施其控制方案，在组态软件的支持下进行应用程序的系统生成工作所必须依赖的工作环境。通过建立一系列用户数据文件，生成最终的图形目标应用系统，供系统运行环境运行时使用。系统开发环境由若干个组态程序组成，如图形界面组态程序、实时数据库组态程序等。

（2）系统运行环境。在系统运行环境下，目标应用程序被装入计算机内存并投入实时运行。系统运行环境由若干个运行程序组成，如图形界面运行程序、实时数据库运行程序等。

组态软件支持在线组态技术，即在不退出系统运行环境的情况下，可以直接进入系统开发环境修改组态，修改后的组态可以直接生效。自动化工程师最先接触的一定是系统开发环境，通过一定工作量的系统组态和调试，最终将目标应用程序在系统运行环境中投入实时运行，完成一个工程项目。

2. 按程序组件划分

组态软件的功能强大，且每个功能具有一定的独立性，因此其组成形式是一个集成软件平台，由若干程序组件构成，其中必备的典型组件包括应用程序管理器、图形界面开发程序、图形界面运行程序、实时数据库系统组态程序、实时数据库系统运行程序、I/O 驱动程序等。

（1）应用程序管理器。应用程序管理器是提供应用程序的搜索、备份、解压缩、新应用建立等功能的专用管理工具。在自动化工程师应用组态软件进行工程设计时，经常会有备份组态数据、引用以往成功应用项目中的部分组态成果（如画面）、迅速了解计算机中保存的应用项目等需求。虽然这些需求可以通过手工方式实现，但效率低下且极易出错。有了应用程序管理器的支持，这些操作将变得非常简单。

（2）图形界面开发程序。图形界面开发程序是自动化工程师为实施其控制方案，在图形编辑工具的支持下进行图形系统生成工作所依赖的开发环境。通过建立一系列用户数据文件，生成最终的图形目标应用系统，供图形运行环境运行时使用。

（3）图形界面运行程序。在系统运行环境下，图形目标应用系统被图形界面运行程序装入计算机内存并投入实时运行。

（4）实时数据库系统组态程序。有些组态软件只在图形开发环境中增加了简单的数据管理功能，因而不具备完整的实时数据库系统。目前，比较先进的组态软件都具有独立的实时数据库组件，以提高系统的实时性，增强处理能力。实时数据库系统组态程序是建立实时数据库的组态工具，可以定义实时数据库的结构、数据来源、数据类型等相关参数。

（5）实时数据库系统运行程序。在系统运行环境下，目标实时数据库及其应用系统被实时数据库系统运行程序装入计算机内存并执行预定的各种数据计算、数据处理任务。历史数据的查询、检索和报警的管理都是在实时数据库系统运行程序中完成的。

（6）I/O 驱动程序。I/O 驱动程序是组态软件中必不可少的组成部分，用于和 I/O 设备通信，互相交换数据。DDE 和 OPC Client 是两个通用的标准 I/O 驱动程序，用来与支持 DDE 标准和 OPC 标准的 I/O 设备通信。多数组态软件的 DDE 驱动程序被整合在实时数据库系统或图形系统中，而 OPC Client 驱动程序则大多单独存在。

五、组态王的版本

组态王软件加密锁分为开发版、运行版、NetView 版、For Internet 版和演示版。所有版本都可以在 Windows XP、Windows7、Windows10 系统中运行。

1. 开发版

开发版有 64 点、128 点、256 点、512 点、1 024 点和不限点六种规格，内置编程语言，支持网络功能，支持运行环境在线运行 8 h。

2. 运行版

运行版有 64 点、128 点、256 点、512 点、1024 点和不限点六种规格，支持网络功能，可选用通信驱动程序。

3. NetView 版

NetView 版有 512 点和不限点两种规格，支持网络功能，不可选用通信驱动程序。

4. For Internet 版

For Internet 版有 5 用户、10 用户、20 用户、50 用户和无限用户五种规格，在组态王普通版本上增加了 Internet 远程浏览功能。

5. 演示版

演示版支持 64 点，内置编程语言，支持开发系统在线运行 2 h、运行环境在线运行 8 h，可选用通信驱动程序。

六、组态软件的发展趋势

组态软件是工业应用软件的一个组成部分，其发展趋势将主要表现出以下特征：

1. 大量采用标准化技术

组态软件正逐渐成为协作生产制造过程中不同阶段的核心系统，绝大部分用户将组态软件作为制造范围内信息收集和集成的工具，这就要求组态软件大量采用标准化技术，便于将局部功能进行互连，如使用 OPC、DDE、ActiveX 控件、COM/DCOM 等，使组态软件成为一个更加开放的软件平台。

2. 逐步构建信息平台

组态软件正朝着生产制造和管理信息系统的方向发展，成为构建企业信息平台承上启下的重要组成部分。组态软件既能满足企业工艺、控制、生产制造需求，又能实现现场数据的记录和存储，为企业信息管理系统提供生产实时数据。

3. 根据用户需求大规模定制

组态软件将朝着针对特殊行业和生产过程大规模定制的方向发展，即用特殊定制的产品来代替标准化的产品，如针对输配电行业的特殊需求开发的“力控电力版”。

4. 向更多的应用领域拓展

组态软件将根据具体行业的需求，设计出符合应用要求的开发工具，更好地满足各行业对软件的需求，进一步减少特殊行业在自动测试、数据分析等方面的成本，提高系统的开放程度。

5. 嵌入式应用进一步发展

嵌入式组态软件将有效地解决工业 PC 监控系统的工作效率、维护、升级等方面的问题，彻底摆脱个人行为的束缚，使工业 PC 监控系统快速走入自动化系统高端市场。

6. 广泛采用软总线技术

未来，软总线技术将在组态软件中广泛应用，在这种体系结构下，应用软件以中间件或插件的方式“安装”在总线上，并支持热插拔和即插即用。

任务实施

一、查阅资料

分组查阅组态王软件的典型应用案例，填入表 1-1-2 中。

表 1-1-2　组态王典型应用案例

序号	应用场景	主要功能描述
1		
2		
3		
4		
5		

二、安装组态王

1. 下载组态王 KingView7. 5 SP2 通用版组态软件。

操作提示

组态王软件及其相关资料可通过亚控科技官方网站（http://www.kingview.com/）下载和查询。

2. 打开 KingView7. 5 SP2 光盘映像文件，打开安装文件夹，双击安装程序 Setup，启动组态王安装向导，如图 1-1-1 所示。

图 1-1-1　启动组态王安装向导

操作提示

（1）安装阅读：用户可以在软件安装前阅读软件的版本更新信息、授权信息、服务、支持信息等。

（2）安装组态王程序：进入组态王主程序安装向导。

（3）安装组态王驱动程序：进入组态王 I/O 设备驱动程序安装向导。

（4）安装硬件加密锁驱动程序：进入组态王硬件加密锁驱动程序安装向导。

（5）安装软授权驱动：进入组态王软授权驱动安装向导。

（6）安装移动端程序：进入组态王移动客户端 King Mobile 安装向导。

（7）退出：退出安装程序。

3. 组态王程序安装。单击“安装组态王程序”，按照安装向导提示，依次完成许可协议的接受、用户信息的输入、安装路径的确定、自定义安装选择，即可完成程序的安装。安装结束后，将弹出对话框询问是否重新启动计算机，选中“否，稍后再重新启动计算机”单选按钮，继续进行其他程序的安装。

4. 组态王驱动程序安装。单击“安装组态王驱动程序”，按照安装向导提示，依次完成许可协议的接受、自定义安装选择，即可完成驱动程序的安装。

5. 硬件加密锁驱动程序安装。单击“安装硬件加密锁驱动程序”，按照安装向导提示，即可完成程序的安装。

三、卸载组态王

单击 Windows 的“开始”→“设置”→“应用”，弹出图 1-1-2 所示的“应用和功能”窗口。选择目标卸载程序后，单击“卸载”即可卸载软件。

图 1-1-2 “应用和功能”窗口

思考与练习

1. 简述组态软件的特点。
2. 列举三种国产组态软件的名称。
3. 简述组态软件的组成及各组成部分的作用。
4. 简述组态王软件的版本类型及各版本的特点。
5. 简述组态软件的发展趋势。

任务2　组态王软件的使用

学习目标

1. 了解组态软件的设计思想。
2. 掌握组态软件的一般使用步骤。
3. 熟悉组态王工程管理器、工程浏览器和开发系统的使用方法。
4. 能利用组态王完成简单组态系统的设计。

任务引入

创建图 1-2-1 所示的简单组态王工程，学习组态王 7.5 版组态软件的使用。画面主要由矩形水箱、水箱液位和相关文本组成，水箱液位高度可随液位值（0~100）的变化而变化。

图 1-2-1　水箱液位组态画面

相关知识

一、组态软件的设计思想

组态软件一般由图形界面系统、控制功能组件、实时数据库系统、第三方程序接口等组件组成。下面将分别介绍各类组件的设计思想。

在图形画面生成方面，构成现场各过程图形的画面被划分为线、填充形状、文本等简单对象。每个简单对象均有影响其外观的属性，对象的基本属性包括线的颜色、填充颜色、高度、宽度、位置等。这些属性可以是静态的，也可以是动态的。静态属性在系统投入运行后保持不变，与组态时一致。而动态属性则与表达式的值有关，表达式可以是来自 I/O 设备的变量，也可以是由变量和运算符组成的数学表达式。动态属性会随表达式值的变化而实时改变。

图形界面上还具备报警通知及确认、报表组态及打印、历史数据查询与显示等功能，各种报警、报表、趋势都是动画连接的对象，其数据源都可以通过组态来指定。每个画面的内容可以根据实际情况由工程技术人员灵活设计，画面中的对象数量均不受限制。

在图形界面中，各类组态软件普遍提供了一种类似 Basic 语言的编程工具——脚本语言，以扩充其功能。用脚本语言编写的程序段可由事件驱动或被周期性地执行。例如，当按下某个按钮时，可指定执行一段脚本程序，完成特定控制功能，也可以指定当某一变量的值变化到关键值以下时，启动一段脚本程序完成特定控制功能。

控制功能组件以基于 PC 的策略编辑/生成组件（也称为软逻辑或软 PLC）为代表，是组态软件的主要组成部分，虽然脚本语言程序可以完成一些控制功能，但仍然不够直观，对于习惯使用梯形图或其他标准编程语言的自动化工程师而言不够方便。因此，目前大多数组态软件提供基于 IEC1131-3 标准的策略编辑/生成组件。

实时数据库是一个非常重要的组件，由于 PC 的处理能力较强，因此实时数据库更加充分地表现出组态软件的长处。实时数据库可以存储每个工艺点的历史数据，用户既可浏览工厂当前的生产情况，也可回顾过去的生产情况，可以说，实时数据库对于工厂而言就如同飞机上的“黑匣子”。

通信及第三方程序接口组件是开放系统的标志，是组态软件与第三方程序交互、实现远程数据访问的重要手段之一，主要有以下几方面的作用：

1. 用于双机冗余系统中主机与从机之间的通信。
2. 用于构建分布式 HMI/SCADA（数据采集与监视控制）系统时多机间的通信。
3. 在基于 Internet 或 Browser/Server（B/S）的应用中实现通信功能。

二、组态软件的一般使用步骤

通常情况下，建立一个应用工程项目大致可分为以下六个步骤：

1. 创建新工程。为工程创建一个目录，用来存放与工程相关的文件。
2. 定义硬件设备并添加工程变量。添加工程中需要的硬件设备和工程中使用的变量，包括内存变量和 I/O 变量。
3. 制作图形画面并定义动画连接。按照实际工程的要求绘制监控画面并使静态画面随着过程控制对象产生动态效果。
4. 编写命令语言。通过脚本程序的编写完成较复杂的上位机程序控制。
5. 运行系统配置。对运行系统、报警、历史数据记录、网络、用户等进行设置。
6. 保存工程并运行。

三、组态王软件概述

组态王软件由工程管理器、工程浏览器、开发系统等组成。组态王软件安装完成后，桌面上会自动生成“KingView”工程管理器的快捷方式，同时在系统的“开始\ 程序”菜单下生成名称为“组态王”的程序组，该程序组中包含工程管理器、工程浏览器、运行系统、信息窗口、组态王卸载等快捷方式。

1. 工程管理器

组态王工程管理器界面包含菜单栏、工具栏、工程信息显示区和状态栏，如图 1-2-2 所示。

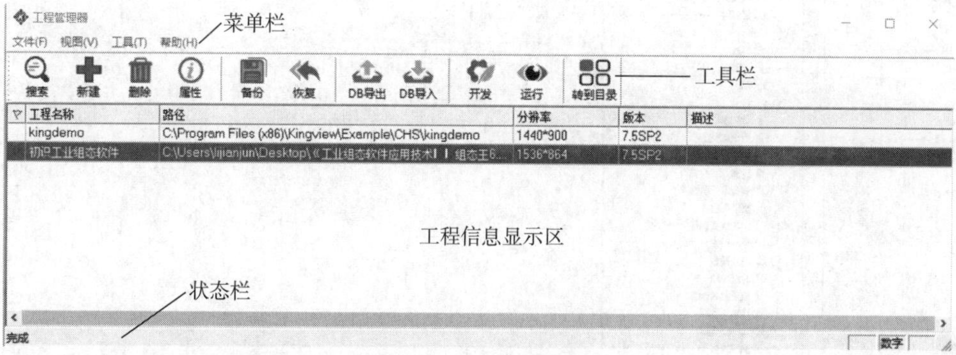

图 1-2-2　工程管理器界面

（1）菜单栏

菜单栏中有文件、视图、工具、帮助四个菜单选项。

（2）工具栏

工具栏主要包括搜索工程、新建工程、删除工程、修改工程属性、备份工程、恢复工程、导出数据词典、导入数据词典、切换到开发系统、切换到运行系统、打开工程所在目录等工具。

（3）工程信息显示区

工程信息显示区采用列表方式，显示工程名称、路径、分辨率、版本、描述等与工程有关的信息，列表中的每个工程都支持双击、右击等操作。

（4）状态栏

状态栏显示工程的状态信息。当选中某工程时，默认显示为“完成”。

2. 工程浏览器

组态王工程浏览器的界面如图 1-2-3 所示，由 Tab 标签栏、菜单栏、工具栏、工程目录显示区、状态栏、内容显示区组成。其中，内容显示区将显示每个工程组成部分的详细内容，同时对工程提供必要的编辑修改功能。工程目录显示区以树形结构图显示功能节点，用户可以扩展或收缩工程浏览器中所列的功能项，主要展示工程的“系统”“变量”“站点”“画面”和“模板”五部分的目录，这五部分的切换是通过工程浏览器最左侧的 Tab 标签栏实现的。

Tab 标签栏的“变量”选项卡主要用于变量管理，包括变量组。“站点”选项卡用于显示定义的远程站点的详细信息。“画面”选项卡用于创建和管理画面组。“系统”

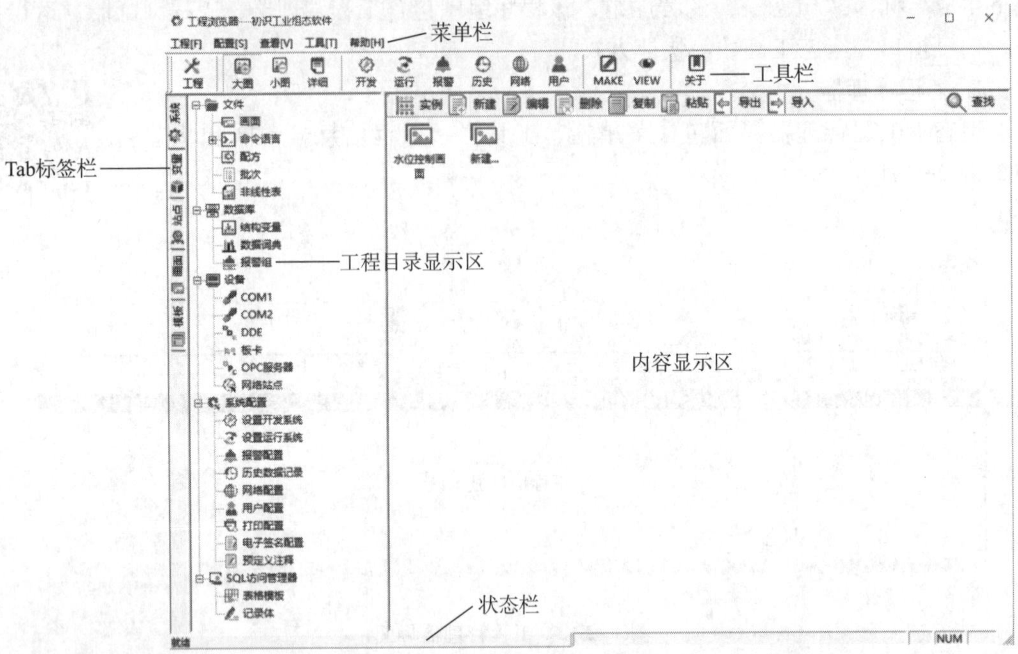

图 1-2-3　工程浏览器界面

选项卡包含文件、数据库、设备、系统配置和SQL访问管理器五大项，各项的具体功能如下：

【文件】：主要包括画面、命令语言、配方、批次和非线性表。其中，命令语言又包括应用程序命令语言、数据改变命令语言、事件命令语言、热键命令语言和自定义函数命令语言。

【数据库】：主要包括结构变量、数据词典和报警组。

【设备】：主要包括 COM1（串口 1）、COM2（串口 2）、DDE、板卡、OPC 服务器和网络站点。

【系统配置】：主要包括设置开发系统、设置运行系统、报警配置、历史数据记录、网络配置、用户配置、打印配置、电子签名配置和预定义注释。

【SQL 访问管理器】：主要包括表格模板和记录体。

3. 开发系统

组态王开发系统内嵌于组态王工程浏览器中，又称为界面开发系统，是应用程序的集成开发环境，工程人员以此进行系统开发。

单击工程浏览器工具栏中的“MAKE”或右击工具栏空白处选择“切换到 Make”命令，可进入组态王开发系统。此时开发系统没有画面打开，菜单栏只有“文件”和“帮助”两项。当打开或新建一个画面时，菜单栏增加“编辑”“排列”“工具”“图库”“画面”选项，如图 1-2-4 所示。其中，各菜单的功能说明见表 1-2-1。

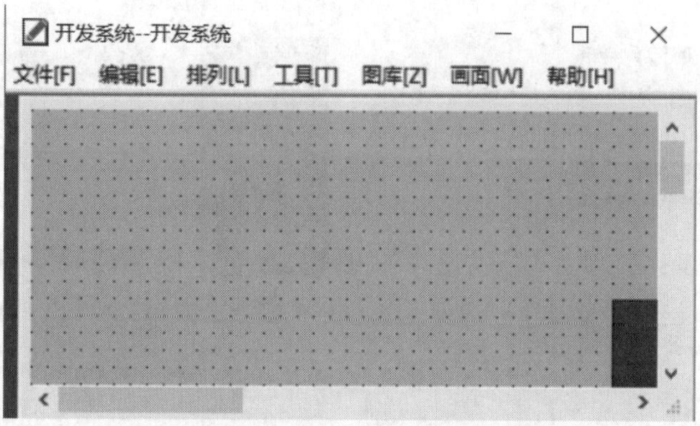

图 1-2-4　开发系统界面

表 1-2-1　组态王开发系统各菜单的功能

序号	菜单名	功能说明
1	文件	用于新建、打开、保存、删除画面等操作
2	编辑	用于对图形对象进行剪切、拷贝、删除等编辑操作。使用编辑命令前，应先选中要编辑的图形对象（被选中对象周围会出现 8 个小矩形），然后再执行相应的操作
3	排列	用于调整画面中图形对象的排列方式。使用排列命令前，应先选中需要调整排列方式的两个或两个以上的图形对象，然后再执行相应的操作
4	工具	用于激活绘制图素的状态，图素包括线、填充形状（封闭图形）和文本三类简单对象，以及按钮、趋势曲线、报警窗口等复杂对象。每种对象都有影响其外观的属性，如线颜色、填充颜色、字体颜色等，可在绘制时定义
5	图库	用于打开图库、调出图库内容、转化图素等操作
6	画面	用于选择已经打开的画面，激活相应的画面显示在屏幕中
7	帮助	用于查看组态王帮助文件

任务实施

一、新建工程

1. 启动组态王工程管理器，单击“文件”→“新建工程”或单击“新建”，弹出“新建工程向导之一”对话框，如图 1-2-5 所示。

2. 单击“下一页”按钮，弹出“新建工程向导之二”对话框，如图 1-2-6 所示。

3. 在工程路径文本框中输入一个有效的工程路径，或单击“浏览…”，在弹出的路径选择对话框中选择一个有效的路径。单击“下一页”，弹出“新建工程向导之三”对话框，如图 1-2-7 所示。

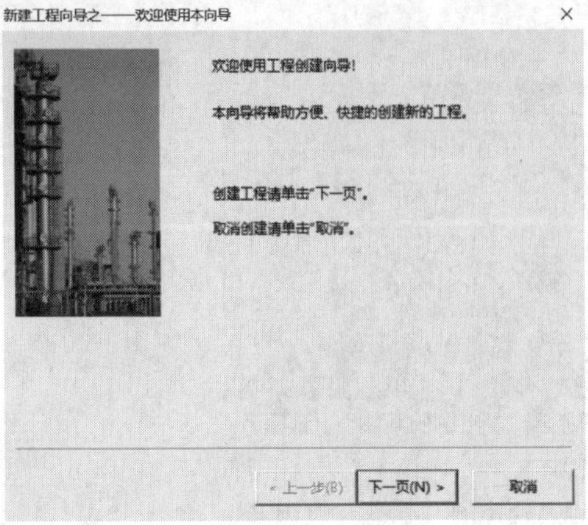

图 1-2-5 “新建工程向导之一”对话框

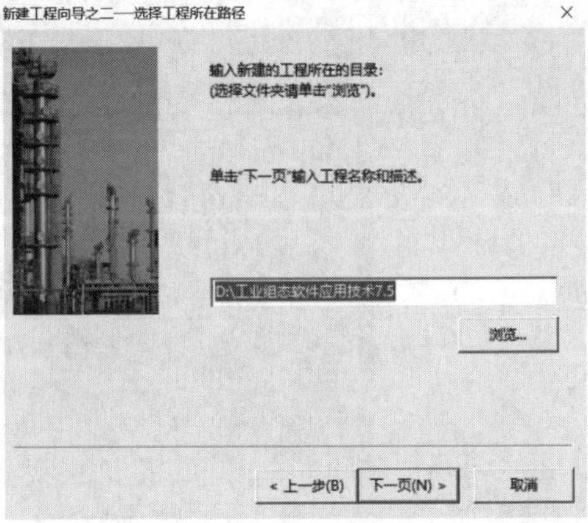

图 1-2-6 “新建工程向导之二”对话框

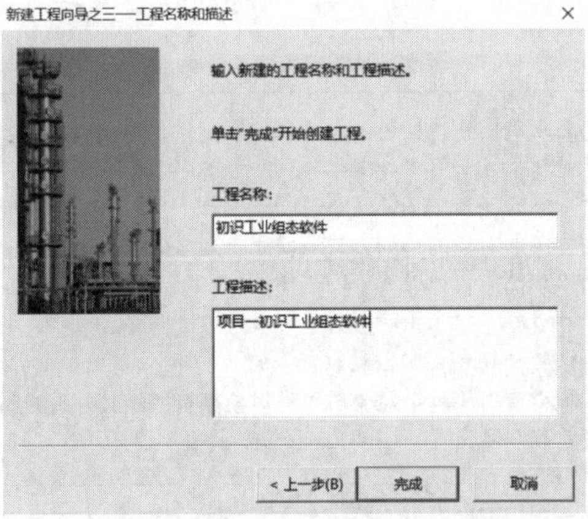

图 1-2-7 “新建工程向导之三”对话框

4. 在“工程名称”文本框中输入工程的名称，该工程名称将同时作为当前工程的路径名称。在“工程描述”文本框中输入对该工程的描述文字。工程名称长度应小于 32 个字符，工程描述长度应小于 40 个字符。单击“完成”，完成工程的创建。

5. 定义的工程信息会出现在工程管理器的信息表格中。双击该信息条或单击“开发”或单击“工具”→“切换到开发系统”，进入组态王的开发系统。建立的工程路径为“D:\工业组态软件应用技术 7.5\初识工业组态软件”（组态王开发系统为此工程建立目标路径“D:\工业组态软件应用技术 7.5\初识工业组态软件”并生成必要的初始数据文件，不同工程的数据文件是不同的，因此，不同的工程应该分置不同的目录）。

操作提示

建立的每个工程必须在单独的目录中。除非特别说明，不允许编辑、修改这些初始数据文件。

二、创建组态画面

1. 定义画面

进入新建的组态王工程，单击工程目录显示区中的“文件”→“画面”，如图 1-2-8 所示。双击工程浏览器内容显示区中的“新建”图标，弹出对话框如图 1-2-9 所示。

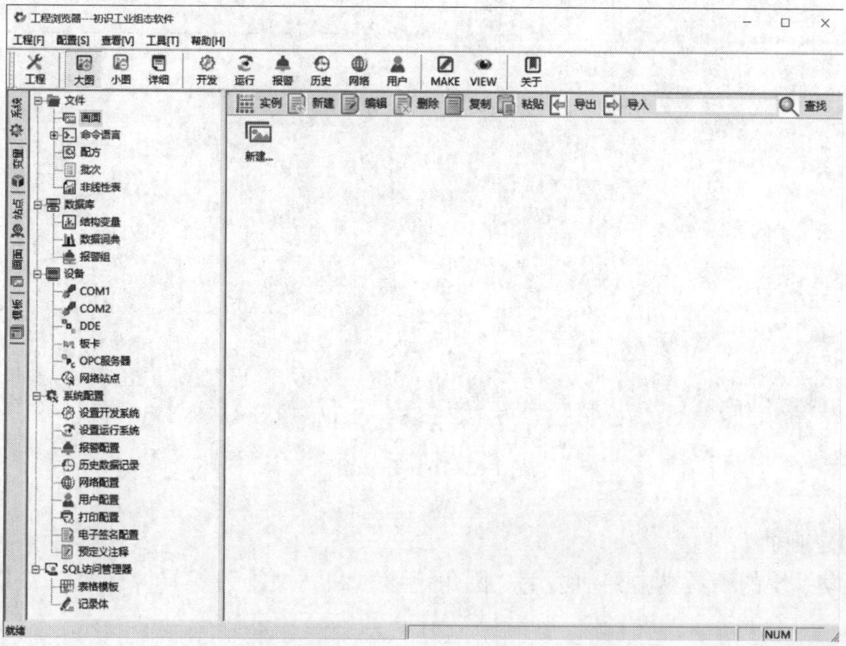

图 1-2-8　单击“文件”→“画面”

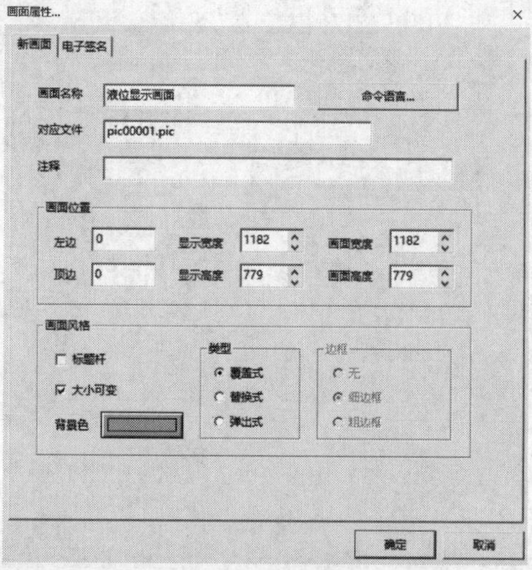

图 1-2-9　“画面属性”对话框

在“画面名称”文本框中输入新画面的名称“液位显示画面”，其他属性采用默认值。单击“确定”，进入内嵌的组态王开发系统，如图 1-2-10 所示。

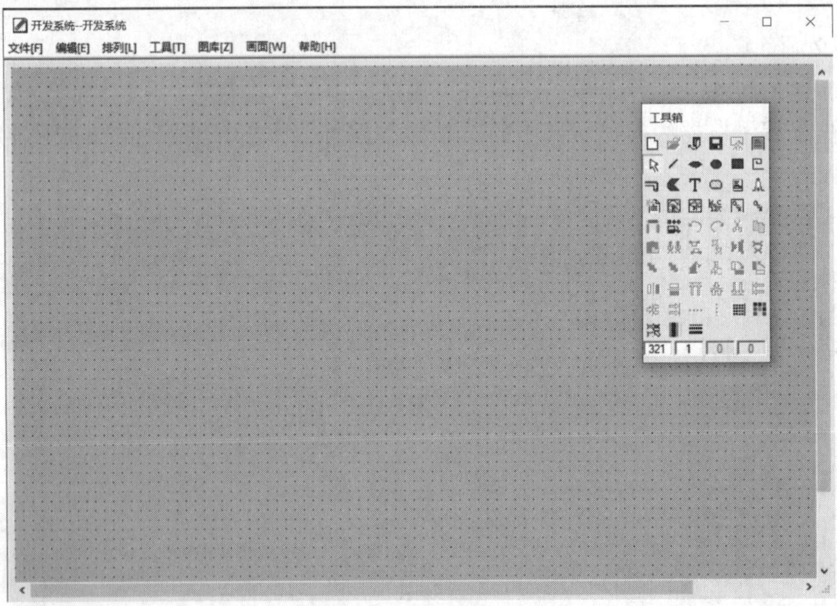

图 1-2-10　开发系统

2. 创建画面

在开发系统的工具箱中分别选用“圆角矩形”和“文本”工具，创建图 1-2-11 所示的画面。

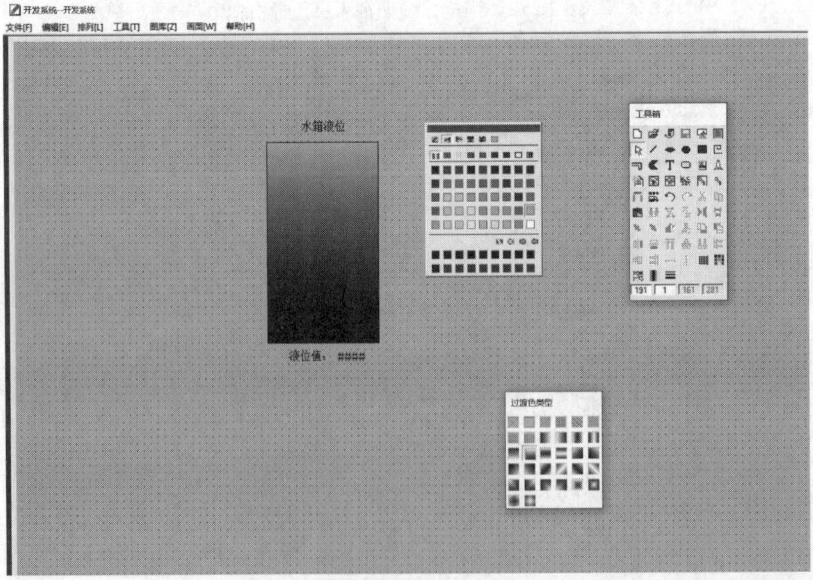

图 1-2-11　创建图形画面

选用工具箱中的“圆角矩形”工具，拖动鼠标在画面上绘制出矩形。单击工具箱中的“显示画刷类型”和“显示调色板”按钮，打开相应窗口，在“过渡色类型”窗口中选择第三行第二个过渡色，在调色板窗口中单击“填充色”按钮，选取蓝色作为填充色；然后单击“背景色”按钮，选择灰色作为背景色。一个使用过渡色填充的矩形图形对象就创建好了。

选用工具箱中的“文本”工具，此时鼠标光标变成“I”形状，在画面上单击鼠标，在水箱液位矩形图下方输入“液位值：####”文字。选中输入的文字，在调色板窗口中单击“字符色”按钮，选取黑色作为字符色。再次选用工具箱中的“文本”工具，在画面上单击鼠标，在水箱液位矩形图上方输入“水箱液位”文字，并将文字设置为黑色。

3. 保存画面

在开发系统中单击“文件”→“全部存”，保存现有画面。

三、定义 I/O 设备

本任务使用仿真 PLC 与组态王通信，仿真 PLC 可以模拟 PLC 为组态王提供数据，假设仿真 PLC 连接在计算机的 COM1 口，具体操作步骤如下：

1. 单击工程浏览器中“设备”前的“+”→“COM1”，双击内容显示区的“新建”图标，弹出“设备配置向导——生产厂家、设备名称、通信方式”对话框，如图 1-2-12 所示。

2. 单击“亚控科技”→“Simulate PLC”→“COM”，单击“下一页”，弹出“设备配置向导——逻辑名称”对话框，如图 1-2-13 所示。

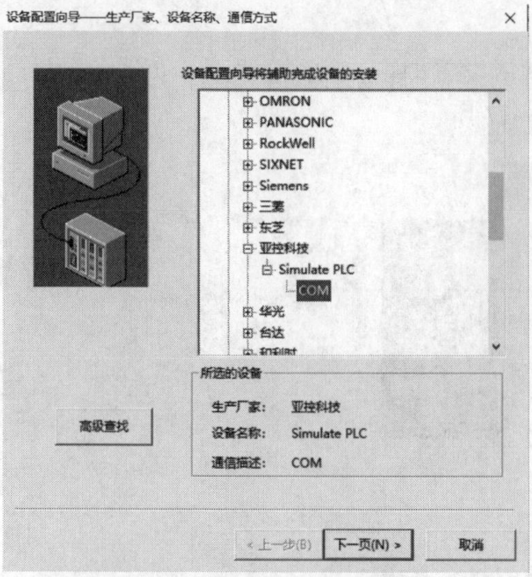

图 1-2-12 “设备配置向导——生产厂家、设备名称、通信方式”对话框

图 1-2-13 “设备配置向导——逻辑名称”对话框

3. 为外部设备命名，输入文本“PLC1”，单击“下一页”，弹出“设备配置向导——选择串口号”对话框，如图 1-2-14 所示。

4. 为设备选择连接串口，假设为 COM1，单击“下一页”，弹出“设备配置向导——

设备地址设置指南”对话框，如图 1-2-15 所示。

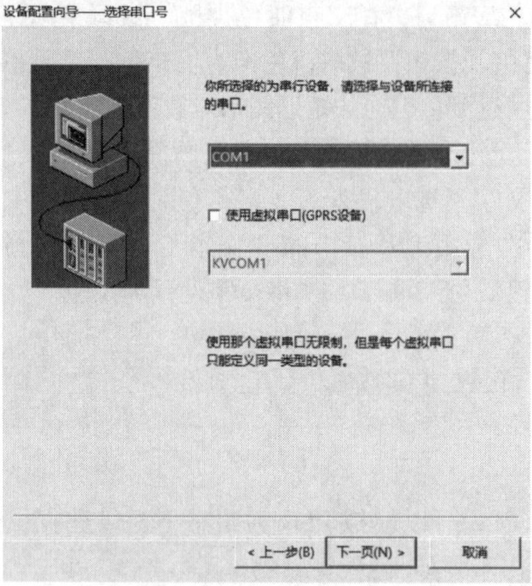

图 1-2-14 “设备配置向导——选择串口号”对话框

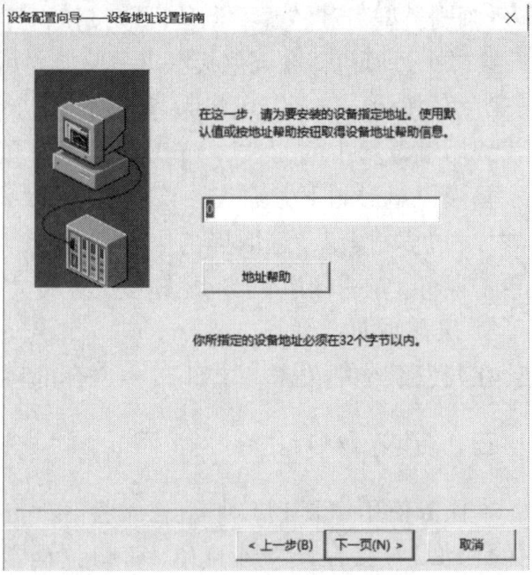

图 1-2-15 “设备配置向导——设备地址设置指南”对话框

5. 填写设备地址，假设为0，单击“下一页”，弹出“通信参数”对话框，如图1-2-16所示。

6. 设置通信参数（一般情况下使用系统默认设置即可），单击“下一页”，弹出“设备安装向导——信息总结”对话框，如图 1-2-17 所示。

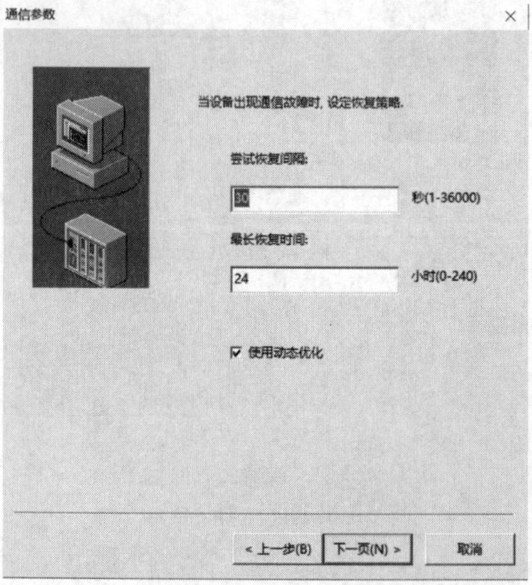

图 1-2-16 “通信参数”对话框

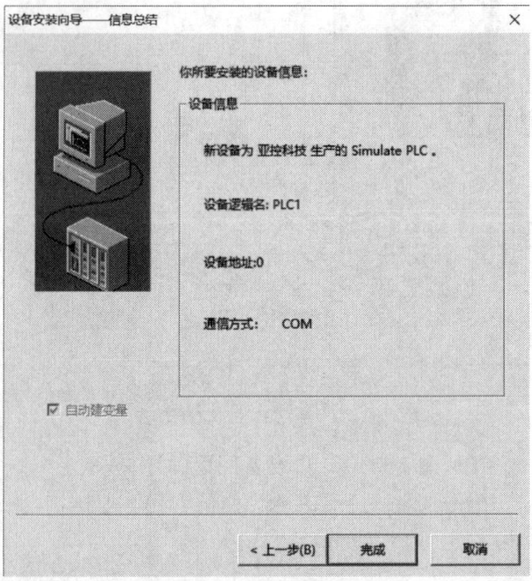

图 1-2-17 “设备安装向导——信息总结”对话框

7. 检查各项设置是否正确，确认无误后，单击“完成”。

操作提示

设备定义完成后，工程浏览器中会显示新建的外部设备 PLC。当定义数据库变量时，只要把 I/O 变量连接到这台设备上，它就可以与组态王软件交换数据。

四、创建数据库

单击工程浏览器中的“数据库”→“数据词典”，双击内容显示区中的“新建”图标，弹出“定义变量”对话框，如图 1-2-18 所示。在此对话框中可以对数据变量的名称、类型、连接设备等进行定义和修改，并对数据库进行管理。在“变量名”文本框中输入变量名称“内部水位”；选择“变量类型”为“I/O 整数”；在“连接设备”中选择已定义好的 I/O 设备“PLC1”；在“寄存器”中选择“STATIC1”；在“数据类型”中选择“BYTE”。其他属性采用默认值，单击“确定”即可。

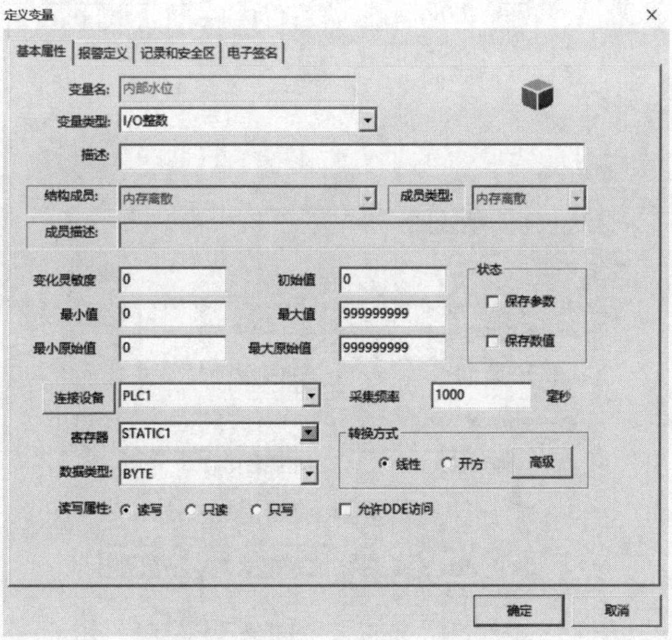

图 1-2-18 “定义变量”对话框

五、建立动画连接

1. 双击图形对象——液位矩形，弹出图 1-2-19 所示的“动画连接”对话框。

2. 单击“填充”，弹出“填充连接”对话框，如图 1-2-20 所示。在“表达式”处输入“ \\local \ 内部水位”，将“缺省填充画刷”的颜色设置为红色，其余属性均采用默认值。设置完成后，依次单击“填充连接”“动画连接”对话框中的“确定”，返回开发系统。

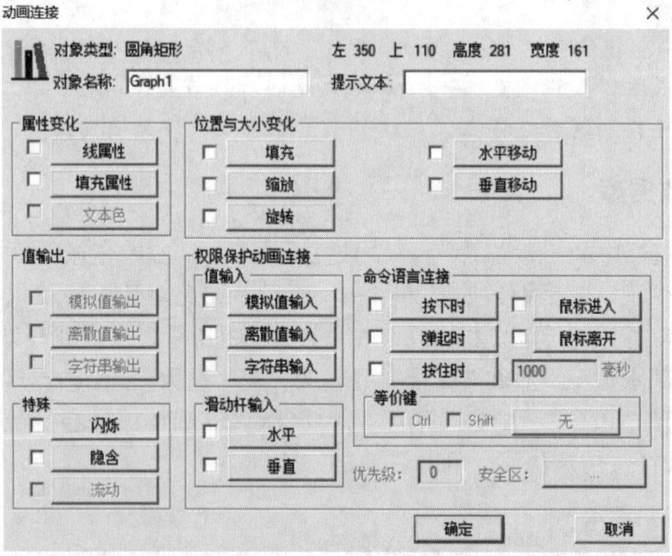

图 1-2-19 “动画连接”对话框

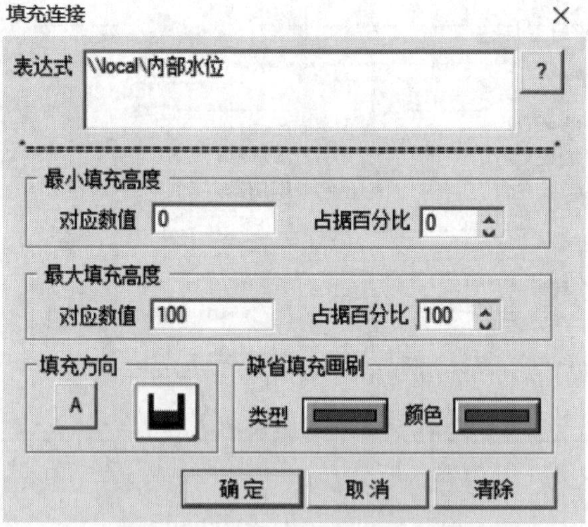

图 1-2-20 “填充连接”对话框

3. 双击文本对象“####”，弹出“动画连接”对话框。单击“模拟值输出”，弹出“模拟值输出连接”对话框，如图 1-2-21 所示。在“表达式”处输入“\\local\ 内部水位”或单击 ? 从本站点变量列表中选择“内部水位”，其余属性均采用默认值。设置完成后，单击“确定”，返回开发系统。

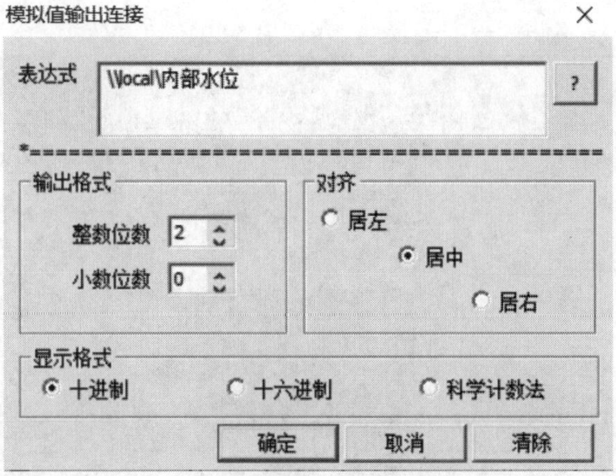

图 1-2-21　“模拟值输出连接”对话框

4. 双击文本对象“####”，打开“动画连接”对话框。单击“模拟值输入”，弹出“模拟值输入连接”对话框，如图 1-2-22 所示。在“变量名”处输入“\\local\内部水位”或单击?从本站点变量列表中选择“内部水位”，其余属性均采用默认值。设置完成后，单击“确定”，返回开发系统。

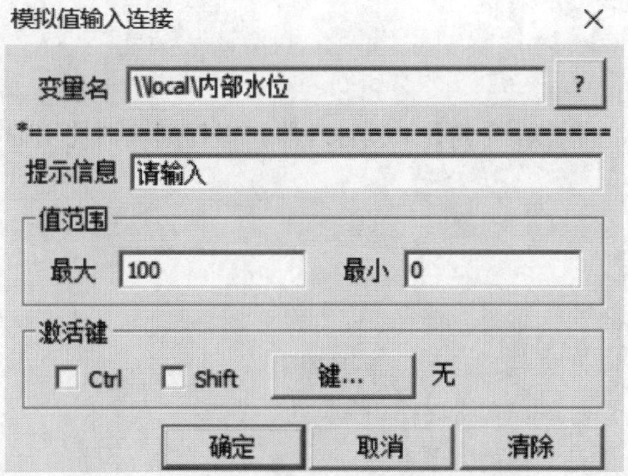

图 1-2-22　“模拟值输入连接”对话框

5. 单击“文件”→“全部存”进行保存。

六、运行并调试程序

组态王工程初步建立完成后，需要对程序进行运行和调试。在组态王开发系统中单击“文件”→“切换到 View”，进入组态王运行系统。在运行系统中单击“文件”→“打开”，从“打开画面”对话框中选择“液位显示画面”，即可显示组态王运行系统画面，修改液位值后水箱液位高度也会随之变化，如图 1-2-23 所示。

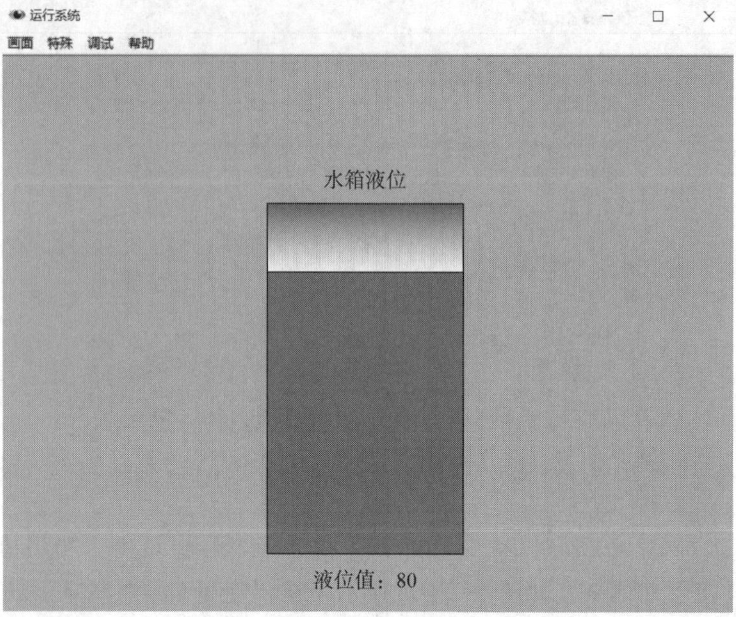

图 1-2-23　运行系统画面

知识拓展

扫描右侧二维码，可了解组态王工程管理器和工程浏览器使用的相关知识。

思考与练习

1. 简述组态软件的设计思想。
2. 简述建立一个应用工程项目的主要步骤。
3. 简述组态王软件的组成部分。
4. 简述组态王工程浏览器的主要作用。

任务3　储液罐监控仿真系统设计

学习目标

1. 了解图库、图库管理器和图库精灵的使用方法。
2. 熟悉图形编辑工具箱中各工具的功能。

3. 掌握变量的类型以及基本变量的定义方法。

4. 掌握“动画连接”对话框中各属性对象的功能。

5. 能完成储液罐监控仿真系统设计。

任务引入

工业控制中经常需要对储液容器的液位进行实时监控，本任务利用组态王软件设计图 1-3-1 所示的储液罐监控仿真画面，定义组态王内置模拟仿真 PLC、I/O 设备以及动画连接，实现以下控制要求：

1. 按住“注液体”按钮，入口阀门打开（变为绿色），储液罐内注入液体，液位值升高，松开按钮停止注液；按住“放液体”按钮，出口阀门打开（变为绿色），储液罐排出液体，液位值降低，松开按钮停止放液。

2. 单击“退出系统”按钮，退出应用程序，回到开发环境。

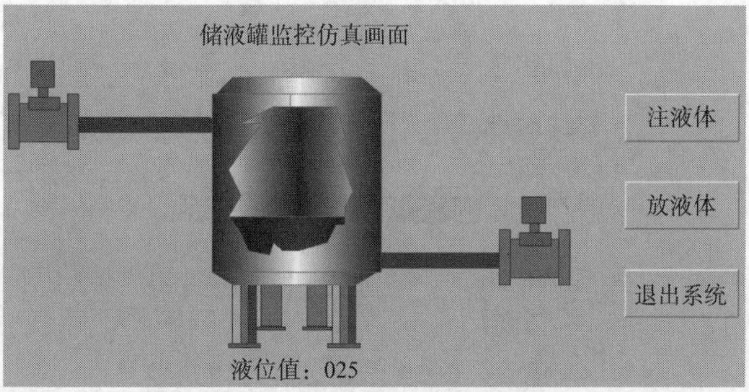

图 1-3-1　储液罐监控仿真画面

相关知识

一、图库和图库管理器

1. 图库

图库是指组态王提供的已制作成型的图素组合。图库中的每个成员称为图库精灵，图库精灵在外观上类似于组合图素，但内嵌了丰富的动画连接和逻辑控制。操作人员只需将它放在画面上并做少量的文字修改，就能动态控制图形的外观，完成复杂的功能。

用户可以根据工程需要，将一些需要重复使用的复杂图形做成图库精灵，加入图库中。组态王提供两种自制图库的方式：一种是编制程序方式，即利用亚控科技公司提供的图库开发包，自己使用 VC 开发工具和组态王开发系统中生成的精灵描述文本制作，生成 *.dll 文件；另一种是通过在组态王开发系统中建立动画连接并合成图素的方式直接创建图库精灵。

图库精灵及其组成如图 1-3-2 所示，画面上需要一个按钮作为开关，开关打开时按钮为绿色，开关关闭时按钮变为红色，并且可以定义按钮为置位开关、复位开关或切换开关。如果没有图库，则要先绘制一个绿色按钮和一个红色按钮，用一个变量和它们连接，并设置隐藏属性，最后把它们叠加在一起，即可得到按钮精灵。操作人员只要把按钮精灵从图库拷贝到画面上，它就具有了“打开时为绿色，关闭时为红色”的特性，也可以根据用户需求改变颜色，并且设置开关类型。

a）　　　　　　　　b）

图 1-3-2　图库精灵及其组成

a）图库精灵　b）构成图库精灵的单元

图库中的大部分精灵都有类似的已经定义的动画连接，所以使用图库精灵可以极大地提高界面设计的效率。例如，使用第一种方式即编制程序制作的图库精灵具有自动控制图形外观的向导功能。双击该类图形，即可弹出类似图 1-3-3 所示的对话框，可以进行变量名、颜色等设置。

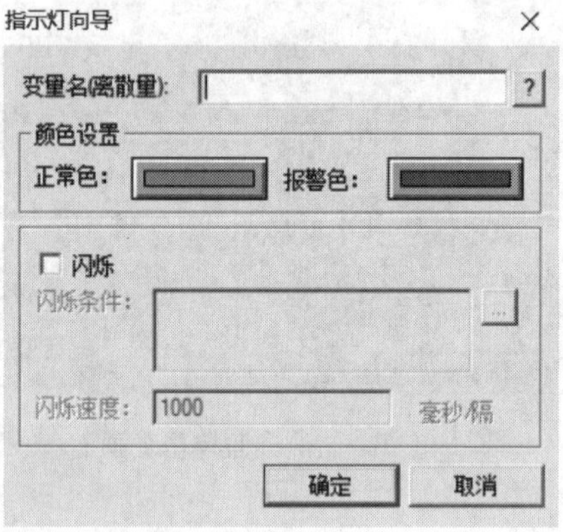

图 1-3-3　“指示灯向导”对话框

提示

图库精灵可以放置在画面中任意位置，也可以根据需要对图库精灵进行缩放，其长、宽会按比例进行缩放。

2. 图库管理器

为了便于用户更好地使用图库，组态王提供了图库管理器。图库管理器集成了图库管理相关操作，可实现创建新图库、更改图库名称、加载用户图库精灵、删除图库精灵等功能。

如果在开发过程中图库管理器被隐藏，可通过单击“图库”→“打开图库”或按 F2 快捷键激活图库管理器，“图库管理器”窗口如图 1-3-4 所示，由菜单栏、工具栏、图库显示区和图库精灵显示区组成。

【菜单栏】：通过打开菜单方式管理图库。

【工具栏】：通过快捷按键方式管理图库。

【图库显示区】：显示图库管理器中的所有图库。

【图库精灵显示区】：显示图库中的精灵。

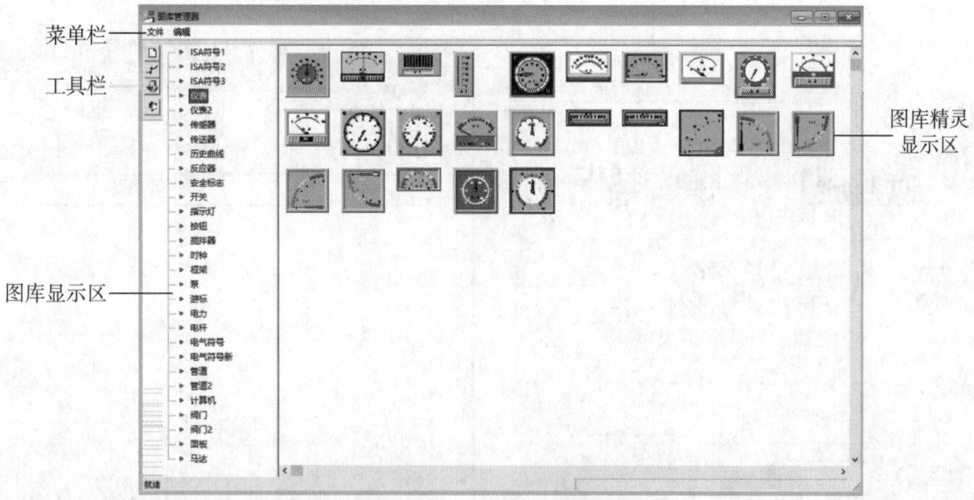

图 1-3-4 “图库管理器”窗口

二、图库精灵的使用

1. 放置图库精灵

在图库管理器中双击需要的图库精灵，鼠标光标变成直角形状。移动光标到画面上适当位置并单击，图库精灵即可放置到画面上。图库精灵可以任意移动、缩放。

2. 修改图库精灵

使用第一种方式即编制程序制作的图库精灵具有个性化外观，双击图库精灵即可弹出改变图形外观和定义动画连接的向导对话框，例如“按钮向导”对话框（见图 1-3-5）。对话框中包含了图库精灵的外观、动作、操作权限、与动作连接的变量等各项设置，不同的图库精灵具有不同的属性向导界面。用户只需要输入变量名，合理设置各项条件，就可以设计出符合自身使用需求的个性化图形。

在属性向导对话框中，“变量名”一项要求输入实际使用的变量名，该变量必须是已经在数据库中定义过的。可单击“?”，在弹出的“变量选择”对话框中选择所需的变量名即可。

提示

“变量名”所选用的变量必须符合图库精灵定义的变量类型。例如，当图库精灵定义的变量类型为位时，则必须选用位变量。

使用第二种方式即直接通过动画连接并合成图素的方式制作的图库精灵同样具有可修改的属性界面。双击图库精灵，将弹出图 1-3-6 所示的“内容替换”对话框，对话框中记录了图库精灵的所有动画连接和连接中使用的变量。选中“变量名”，将在对话框中显示图库精灵使用的所有变量；选中“动画连接”，对话框中将显示动画连接的内容。

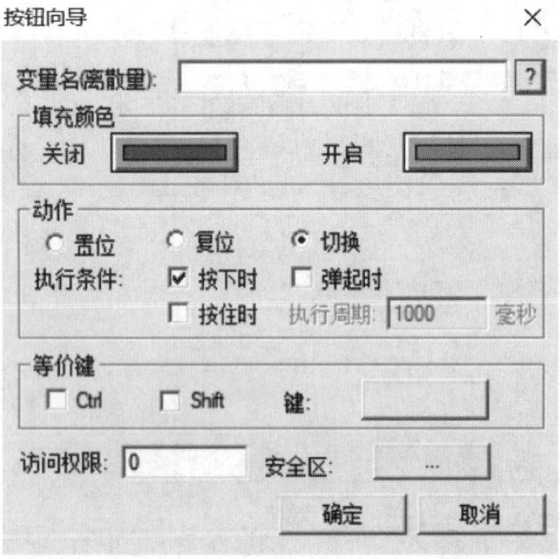

图 1-3-5 “按钮向导”对话框

图 1-3-6 “内容替换”对话框

三、图形编辑工具箱

图形编辑工具箱是绘图操作的快捷方式，每次打开一个原有画面或创建一个新画面时，图形编辑工具箱都会自动出现，如图 1-3-7 所示。

图 1-3-7 工具箱

提示

若菜单“工具\显示工具箱”的左侧有“√”，则表示选中菜单；若没有“√”，屏幕上的工具箱也同时消失，再次选择此菜单，“√”出现，工具箱又重新显示出来。使用 F10 键也可以显示/隐藏工具箱。

用户每次修改工具箱的位置后，组态王会自动记忆工具箱的位置，当用户重新进入组态王时，工具箱会放置在上次用户使用时的位置。

提示

若由于误操作导致无法找到工具箱，也无法从菜单中打开，可进入组态王的安装路径“kingview”下，打开 toolbox. ini 文件，查看［Toolbox］位置坐标是否在屏幕显示区域内。若位置坐标不在屏幕显示区域内，用户可以修改该文件，如图 1-3-8 所示。

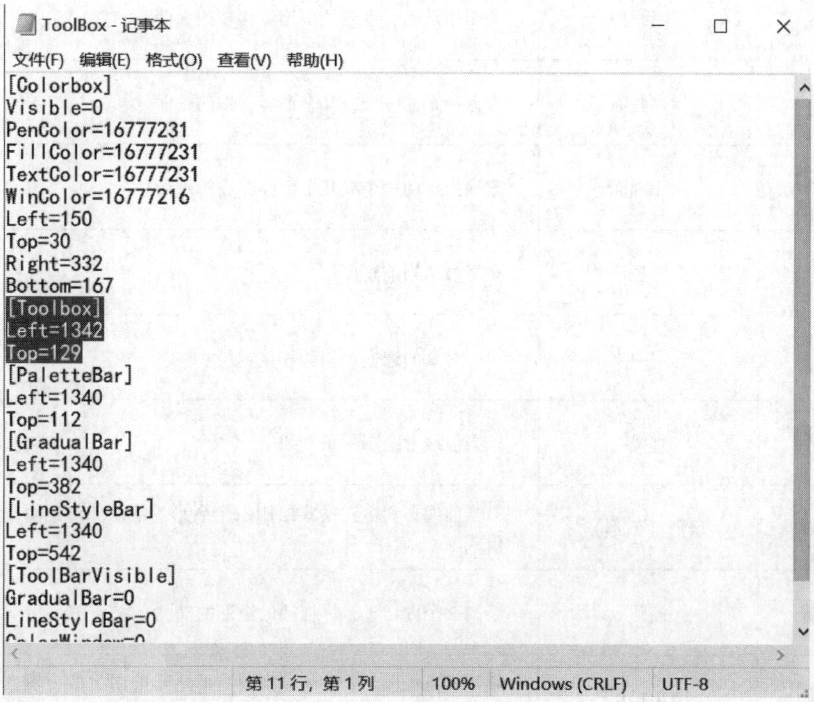

图 1-3-8　［Toolbox］位置坐标

工具箱中的工具可大致分为画面类、编辑类、对齐方式类和选项类。

1. 画面类：提供对画面的常用操作，包括新建、打开、关闭、保存、删除、全屏显示等。

2. 编辑类：绘制矩形、椭圆、直线、折线、多边形、圆弧、文本、点位图、按钮、菜单、报表窗口、实时趋势曲线、历史趋势曲线、控件、报警窗口等图素工具；剪切、粘贴、复制、撤销、重复等编辑工具；合成、分裂组合图素，合成、分裂单元；对图素的前移、后移、旋转、镜像等操作工具。

3. 对齐方式类：用于调整图素之间的相对位置，能够以上、下、左、右、水平、垂直等方式将多个图素对齐，或将它们水平等间隔、垂直等间隔放置。

4. 选项类：提供全选、显示调色板、显示画刷类型、显示线形、网格显示/隐藏、激活当前图库等常用操作。

工具箱中的按钮是绘图菜单命令的快捷方式，常用工具的功能见表 1-3-1。

表 1-3-1　工具箱中工具的功能

序号	图标	名称	功能
1		新画面	定义新画面的名称、大小、位置、风格、对应文件等
2		打开画面	打开指定的一个或几个已经存在的画面
3		关闭画面	关闭指定的一个或几个已经存在的画面
4		保存画面	保存指定的一个或几个已经存在的画面
5		删除画面	删除指定的一个或几个已经存在的画面
6		全屏显示	全屏显示当前画面
7		选中图素	用于对象的选择、移动和重定尺寸
8		直线	以当前线形绘制一条直线
9		扇形（弧形）	以当前线形和填充模式绘制一个扇形。绘制弧形还要选择适当的填充模式
10		椭圆	绘制一个内切于鼠标拖拽的矩形的椭圆
11		圆角矩形	绘制直角矩形。若要绘制圆角矩形还需选用“改变图素形状”工具加以修改
12		折线	以当前线形绘制一条折线
13		立体管道	绘制立体管道
14		多边形	以当前线形和填充模式绘制一个多边形
15		文本	以当前字体、字号等属性输入文本
16		按钮	在画面上绘制按钮
17		菜单	在画面上绘制菜单

续表

序号	图标	名称	功能
18		报警窗口	在选定区域内绘制报警窗口
19		报表窗口	在选定区域内绘制报表窗口
20		实时趋势曲线	在选定区域内绘制实时趋势曲线
21		历史趋势曲线	在选定区域内绘制历史趋势曲线
22		点位图	只能确定点位图的位置和大小，输入点位图需单击“编辑”→“粘贴点位图”
23		插入控件	在选定区域内插入控件
24		插入通用控件	在选定区域内插入通用控件
25		插入布局	在选定区域内插入布局阵列
26		打开图库	激活图库窗口
27		恢复	取消先前执行过的操作
28		重做	恢复先前执行过的操作
29		剪切	剪切之前需选中一个或多个图素对象。剪切后图形对象暂存于内存，可用“粘贴”工具恢复到画面上
30		拷贝	复制一个或多个被选中的对象（含图素及其相关设置）
31		粘贴	把一个或多个对象从内存恢复到画面上
32		复制	复制一个或多个被选中的图素对象
33	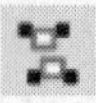	合成组合图素	将两个或多个选中的图素对象组合成一个整体，作为构成画面的基本元素
34	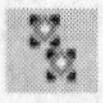	分裂组合图素	将由多个图素合成的复杂图素分解为基本图素

续表

序号	图标	名称	功能
35	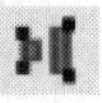	合成单元	将所有被选中的图素或单元组合成一个新的单元
36		分裂单元	将单元分解成生成单元的各基本图素
37		图素后移	使一个或多个选中的图素对象移至所有与之相交的图素之后
38		图素前移	使一个或多个选中的图素对象移至所有与之相交的图素之前
39		改变图素形状	改变圆角矩形的弧度、扇形或弧形的角度、多边形各顶点相对位置等
40		字体	改变字体的缺省设置
41		图素顺时针转 90 度	将被选中的单个图素或多个图素以图素中心为旋转中心顺时针旋转 90 度
42		图素逆时针转 90 度	将被选中的单个图素或多个图素以图素中心为旋转中心逆时针旋转 90 度
43		水平翻转	将被选中的单个图素或多个图素水平翻转
44		垂直翻转	将被选中的单个图素或多个图素垂直翻转
45		图素上对齐	将所有被选中对象的上边界与最上面的边界对齐
46		图素水平对齐	将所有被选中对象的水平轴调整到同一水平线上
47		图素下对齐	将所有被选中对象的下边界与最下面的边界对齐
48		图素左对齐	将所有被选中对象的左边界与最左面的边界对齐
49		图素垂直对齐	将所有被选中对象的垂直轴调整到同一竖直线上
50		图素右对齐	将所有被选中对象的右边界与最右面的边界对齐
51		图素水平等间隔	使所有被选中对象在水平方向以等间距排列，各图素竖直方向位置不变

续表

序号	图标	名称	功能
52		图素垂直等间隔	使所有被选中对象在竖直方向以等间距排列，各图素水平方向位置不变
53		对齐栅格	显示/隐藏画面上的网格，并且决定画面上图形对象的边界是否与栅格对齐
54		显示调色板	显示/隐藏调色板窗口
55		全选	使画面上全部图素、单元都处于选中状态
56		显示画刷类型	显示/隐藏画刷和过渡色类型工具条
57		显示线形	显示/隐藏线形工具条

四、变量的类型

数据库中存放的是变量的当前值，变量包括系统变量和用户定义的变量。变量的集合被形象地称为数据词典，数据词典记录了所有用户可以使用的数据变量的详细信息。

1. 变量的基本类型

变量的基本类型有内存变量和 I/O 变量两类。内存变量是指不需要和其他应用程序交换数据、不需要从下位机得到数据、只在上位机组态王软件内需要的变量。例如，与 I/O 变量运算的中间变量，就可以设置为内存变量。

I/O 变量是指与外部数据采集程序直接进行数据交换的变量。这种数据交换是单向（只读/只写）或双向（读写）动态变化的，即在组态王监控系统运行过程中，每当 I/O 变量的值发生改变，该值就会自动写入下位机（如 PLC、仪表等）或其他应用程序（如 DDE、OPC 服务器等）；每当下位机或其他应用程序中的值发生改变，组态王系统中的变量值也会自动更新。因此，从下位机采集的数据、发送给下位机的指令，如“反应罐液位”“开关”等变量，都需要设置为 I/O 变量。

2. 变量的数据类型

组态王中变量的数据类型与一般程序设计语言中的变量类似，主要有实数、离散、字符串、整数以及结构变量。

（1）实数变量

实数变量类似一般程序设计语言中的浮点型变量，用于表示浮点型数据，取值范围为 -3.40×10^{38} ~ 3.40×10^{38}，有效值为 7 位。

（2）离散变量

离散变量类似一般程序设计语言中的布尔变量，只有 0、1 两种取值，用于表示开关量。

（3）字符串变量

字符串变量类似一般程序设计语言中的字符串变量，可用于记录一些有特定含义的字符串，如名称、密码等，该类型变量可以进行比较运算和赋值运算。字符串长度的最大值为 128 个字符。

（4）整数变量

整数变量类似一般程序设计语言中的有符号长整数型变量，用于表示有符号的整型数据，取值范围为-2 147 483 648~2 147 483 647。

（5）结构变量

当组态王工程中定义了结构变量时，在变量类型的下拉列表中会自动列出已定义的结构变量，结构变量可包含多个成员，每个成员就是一个基本变量，成员类型主要有内存离散、内存整数、内存实数、内存字符串、I/O 离散、I/O 整数、I/O 实数、I/O 字符串等。

3. 特殊变量类型

特殊变量类型有报警窗口变量、历史趋势曲线变量和系统预设变量三种。这几种特殊类型的变量体现了组态王系统面向工控软件、自动生成人机接口的特色。

（1）报警窗口变量

报警窗口变量是制作画面时通过定义报警窗口生成的变量，“报警窗口定义”对话框中有一“报警窗口名”文本框，在此处键入的内容即为报警窗口变量。此变量无法在数据词典中找到，是组态王内部定义的特殊变量。可以用命令语言编制程序来设置或改变报警窗口的一些特性，如报警组名、优先级等。

（2）历史趋势曲线变量

历史趋势曲线变量是制作画面时通过定义历史趋势曲线生成的变量，“历史趋势曲线定义”对话框中有一“历史趋势曲线名”文本框，在此处键入的内容即为历史趋势曲线变量（区分大小写）。此变量无法在数据词典中找到，是组态王内部定义的特殊变量。可以用命令语言编制程序来设置或改变历史趋势曲线的一些特性，如历史趋势曲线的起始时间、显示时间长度等。

（3）系统预设变量

系统预设变量中有 8 个时间变量是系统已经在数据库中定义的，用户可以直接使用。

【$年】：系统当前日期的年份。

【$月】：系统当前日期的月份，为 1~12 之间的整数。

【$日】：系统当前日期的日，为 1~31 之间的整数。

【$时】：系统当前时间的时，为 0~23 之间的整数。

【$分】：系统当前时间的分，为 0~59 之间的整数。

【$秒】：系统当前时间的秒，为 0~59 之间的整数。

【$日期】：系统当前日期字符串。

【$时间】：系统当前时间字符串。

提示

系统时间变量由系统自动更新，只能读取而不能修改变量值。

【$用户名】：在程序运行时记录当前登录的用户名。

【$访问权限】：在程序运行时记录当前登录用户的访问权限。

【$启动历史记录】：表明历史记录是否启动（1=启动，0=未启动）。

在开发程序时，可通过按钮弹起命令预先将该变量设置为1。在运行程序时，可由操作人员控制，按下按钮启动历史记录。

【$启动报警记录】：表明报警记录是否启动（1=启动，0=未启动）。

在开发程序时，可通过按钮弹起命令预先将该变量设置为1。在运行程序时，可由操作人员控制，按下按钮启动报警记录。

【$新报警】：每当报警发生时，该变量被系统自动设置为1，由操作人员负责将其恢复为0。

在开发程序时，可通过“数据改变命令语言”对话框设置，实现报警发生时产生声音报警的功能，如图1-3-9所示。在运行程序时，可由操作人员控制，听到报警后，将该变量置0，确认报警。

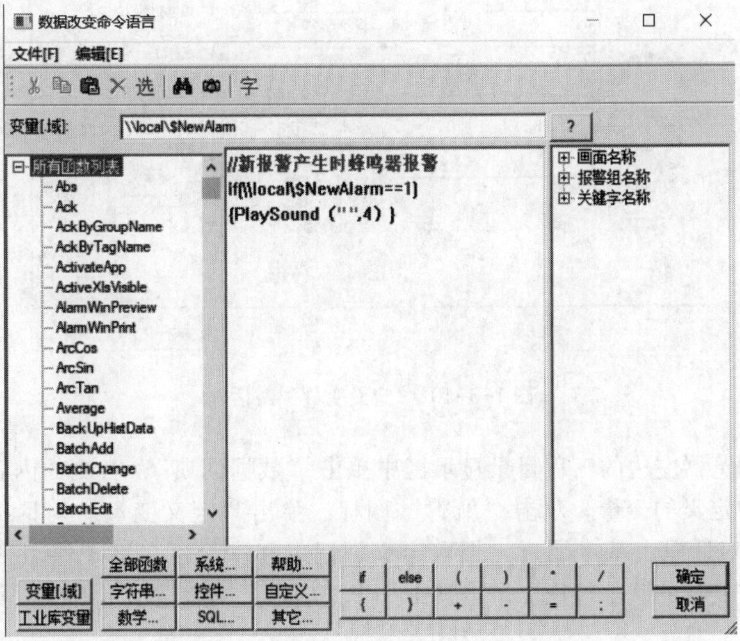

图1-3-9　“数据改变命令语言”对话框

【$启动后台命令】：表明后台命令是否启动（1=启动，0=未启动）。

在开发程序时，可通过按钮弹起命令预先将该变量设置为1。在运行程序时，可由操作人员控制，按下按钮启动后台命令。

【＄双机热备状态】：表明双机热备中主、从计算机所处的状态（1=主机工作正常，2=主机工作不正常，-1=从机工作正常，-2=从机工作不正常，0=无双机热备）。主、从机初始工作状态是由组态王中的网络配置决定的。该变量的值只能由主机进行修改，从机只能进行监视。

五、基本变量的定义

组态王软件可定义的基本变量有内存离散、内存整数、内存实数、内存字符串、I/O 离散、I/O 整数、I/O 实数、I/O 字符串八种类型，可通过“定义变量”对话框（见图 1-3-10）设置它们的属性。

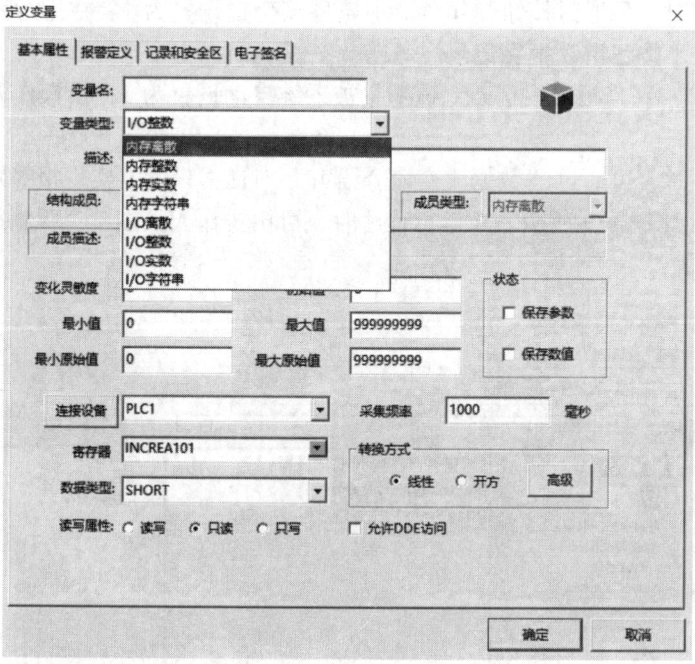

图 1-3-10 “定义变量”对话框

在工程浏览器左边的工程目录显示区中单击“数据词典”，右侧的内容显示区会显示当前工程中定义的变量。双击“新建”图标，弹出“定义变量”对话框。组态王的“定义变量”对话框由基本属性、报警定义、记录和安全区、电子签名四个选项卡组成，用来定义变量的基本特征。单击其中一个选项卡，则该选项卡有效，可以定义相应的属性。

设置完成后，单击“确定”，若变量名有效则保存新建的变量名到数据库的数据词典中。若变量名不合法，会弹出提示对话框提醒修改变量名。

【变量名】：唯一标识一个应用程序中的数据变量，同一应用程序中的数据变量命名不能重复。变量名区分大、小写，不能超过 31 个字符。变量名可以由汉字、英文字母、阿拉伯数字组成，但第一个字符不能是数字。例如，温度、压力、液位、var1 等均可以作为变量名。

提示

组态王变量命名规则：变量名不能与组态王中已有的变量名、函数名、关键字、构件名称等重复；变量名的首字符只能为中英文字符，不能为数字、符号等非法字符；变量名中间不允许有空格、算术符号等非法字符存在。

【变量类型】：在内存离散、内存整数、内存实数、内存字符串、I/O 离散、I/O 整数、I/O 实数、I/O 字符串八种基本变量中选择一种变量类型。

【描述】：用于输入变量相关的描述信息。例如，若需要在报警窗口中显示某变量的描述信息，可在“定义变量”对话框的“描述”文本框中加入适当说明，并在报警窗口中加入描述项，则在运行系统的报警窗口中可见该变量的描述信息（不超过 39 个字符）。

【变化灵敏度】：数据类型为模拟量或整型时此项有效。只有当该变量的值变化幅度超过“变化灵敏度”时，组态王才更新与之连接的画面显示（缺省为 0）。

【最小值】：指该变量值在数据库中的下限。

【最大值】：指该变量值在数据库中的上限。

提示

定义最大值时注意不要越限。

【最小原始值】：变量为 I/O 模拟量时，驱动程序中输入原始模拟值的下限。

【最大原始值】：变量为 I/O 模拟量时，驱动程序中输入原始模拟值的上限。

【保存参数】：系统运行过程中，如果变量的域（可读可写型）值发生了变化，组态王运行系统退出时系统会自动保存该值。组态王运行系统再次启动后，变量的初始域值为上次运行系统退出时保存的值。

【保存数值】：系统运行过程中，如果变量的值发生了变化，组态王运行系统退出时系统会自动保存该值。组态王运行系统再次启动后，变量的初始值为上次运行系统退出时保存的值。

【初始值】：规定软件开始运行时变量的初始值，与定义的变量类型有关。当变量类型为模拟量时，出现文本框且可输入数值；当变量类型为离散量时，出现开、关两种选择；当变量类型为字符串变量时，出现文本框且可输入字符串。

【连接设备】：只对 I/O 类型的变量有效，从下拉列表中选择相应的设备即可。下拉列表中列出的连接设备是组态王设备管理中已安装的逻辑设备。若用户要使用自己的 I/O 设备，则单击“连接设备”，弹出“设备管理”对话框，选择或新建设备即可。也可以直接在设备管理中定义自己的逻辑设备。

提示

如果连接设备为Windows的DDE服务程序，则“连接设备”按钮下的选项名为“项目名”；如果连接设备为PLC等，则“连接设备”按钮下的选项名为“寄存器”；如果连接设备为板卡等，则“连接设备”按钮下的选项名为“通道”。

【寄存器】：指定要与组态王定义的变量进行连接通信的寄存器，该选项名与操作人员指定的连接设备有关。

【转换方式】：I/O模拟量输入原始值到数据库使用值的转换方式，包括线性转化、开方转换等。

【数据类型】：只对I/O类型的变量有效，定义变量对应的寄存器的数据类型。共有9种数据类型供用户使用，分别是：

Bit：1位，0或1。

BYTE：8位，1个字节，范围是0~255。

SHORT：16位，2个字节，范围是-32 768~32 767。

USHORT：16位，2个字节，范围是0~65 535。

BCD：16位，2个字节，范围是0~9 999。

LONG：32位，4个字节，范围是-2 147 483 648~2 147 483 647。

LONGBCD：32位，4个字节，范围是0~4 294 967 295。

FLOAT：64位，8个字节，范围是-3.40×10^{38}~3.40×10^{38}，有效位为7位。

String：128个字符长度。

【采集频率】：定义数据变量的采样频率。

【读写属性】：定义数据变量的读写属性，可根据需要定义变量为“读写”“只读”或“只写”属性。

提示

当采集频率为0时，只要组态王中的变量值发生变化，就会进行写操作；当采集频率不为0时，会按照采集频率周期性地输出值到设备。

【允许DDE访问】：为便于用其他程序对该变量进行访问，可勾选“允许DDE访问”复选框，这样组态王就作为DDE服务器，可与DDE客户程序进行数据交换。

六、动画连接

为图形对象定义动画连接是在“动画连接”对话框中进行的。在组态王开发系统中双击图形对象（不能同时选中多个图形对象），弹出图1-3-11所示的“动画连接”对话框。

提示

不同类型的图形对象弹出的对话框大致相同，但有些对话框中的部分属性对象是灰色的，表明此动画连接属性不适用于该图形对象，或该图形对象定义了与此动画连接属性不兼容的其他动画连接。

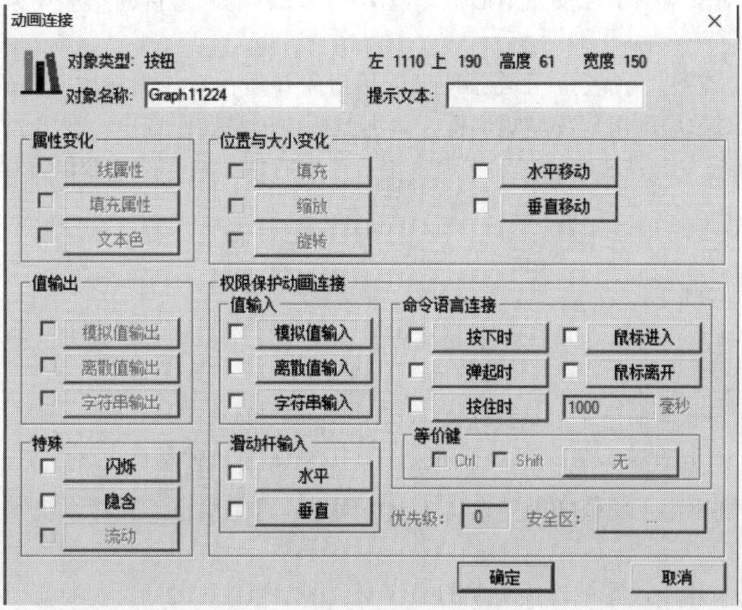

图 1-3-11 “动画连接”对话框

“动画连接”对话框的第一行标识了被连接对象的类型、对象左上角在画面中的坐标以及对象的宽度和高度。

“动画连接”对话框的第二行提供了“对象名称”和“提示文本”文本框。“对象名称”是为图素定义的唯一的名称，供以后的程序开发使用，暂时不能使用。“提示文本”的作用为：若图形对象定义了动画连接，在运行时将鼠标光标放在图形对象上，即可显示定义的“提示文本”。

【属性变化】：包括线属性、填充属性和文本色，决定了图形对象的颜色、线形、填充类型等属性如何随变量或连接表达式的值的变化而变化。线类型的图形对象可定义“线属性”连接，填充形状的图形对象可定义“线属性”“填充属性”连接，文本对象可定义“文本色”连接。

【位置与大小变化】：包括水平移动、垂直移动、填充、缩放和旋转，决定了图形对象的位置和大小如何随变量值的变化而变化。

【值输出】：只适用于文本对象。运行时，文本字符串将被连接表达式的值替换，输出的字符串的字号、字体与文本对象相同。

【值输入】：值输入连接使被连接对象在运行时为触敏对象。当 Touch View 运行时，触敏对象周围出现反显矩形框，可由鼠标或键盘选中此触敏对象。按 Backspace 键、Enter 键或单击鼠标左键，会弹出输入对话框，可以键入数据以改变数据库中的变量值。

【特殊】：所有图形对象都可以定义“闪烁”“隐含”两种连接，这是两种规定图形对象可见性的连接。

【滑动杆输入】：滑动杆输入连接使被连接对象在运行时成为触敏对象。当 TouchView 运行时，触敏对象周围出现反显矩形框，拖动有滑动杆输入连接的图形对象可以改变数据库中的变量值。

【命令语言连接】：命令语言连接使被连接对象在运行时成为触敏对象。当 TouchView 运行时，触敏对象周围出现反显矩形框，可由鼠标或键盘操作选中。按 Backspace 键、Enter 键或单击鼠标左键，就会执行定义命令语言连接时用户输入的命令语言程序。

提示

单击任一动画连接按钮均能弹出相应的连接对话框，如果对象适用，同一对象可设置多个动画连接。

【等价键】：设置被连接对象的执行命令语言的快捷键。

【优先级】：用于输入被连接对象的访问优先级级别。当软件在 TouchView 中运行时，只有优先级级别不小于此值的操作人员才能访问它，这是组态王保障系统安全的一个重要功能。

【安全区】：用于设置被连接对象的操作安全区。当工程处于运行状态时，只有在安全区内的操作人员才能访问它，是组态王保障系统安全的一个重要功能。

任务实施

一、创建储液罐监控工程

启动组态王工程浏览器，在工程浏览器中单击“工程”→“新建”，弹出新建工程向导对话框。在对话框中输入工程名称“储液罐监控仿真系统”和相关工程描述。如果需要更改工程路径，可单击“浏览”并选择需要的路径，组态王将在选定的工程路径下生成初始数据文件。

二、创建组态画面

1. 定义画面

在工程浏览器左侧的 Tab 标签栏中单击“画面”，在右侧内容显示区中双击“新建”图标，工程浏览器将运行组态王开发环境 TOUCHMAK，弹出“画面属性”对话框。按图 1-3-12 所示的“画面属性”对话框设置相关参数，然后单击“确定”，TOUCHMAK 将按照指定的风格生成名为“储液罐监控仿真画面”的画面。

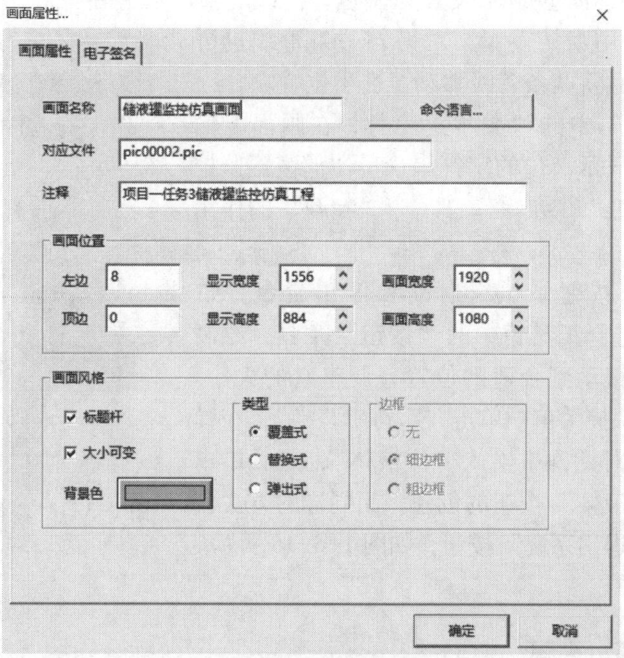

图 1-3-12 “画面属性”对话框

2. 添加主画面图素

（1）选用工具箱中的“打开图库”工具或按“F2”键打开图库，选择合适的反应器、阀门等元素，然后进行适当调整，如图 1-3-13 所示。

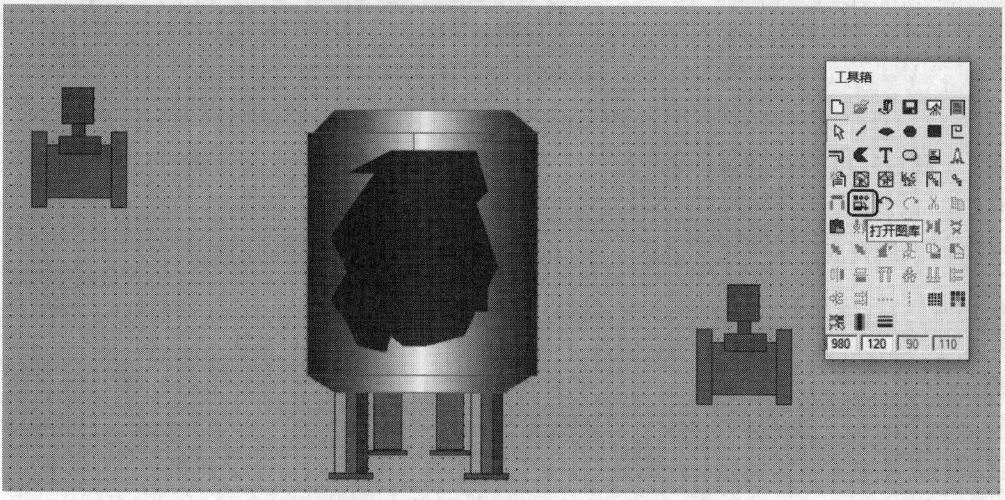

图 1-3-13 放置反应器、阀门等元素

（2）选用工具箱中的“立体管道”工具，在画面上绘制两条管线。右击其中一条管线，在快捷菜单中单击“管道属性”，弹出“管道属性”对话框，如图 1-3-14 所示。将

管道宽度设置为20，内壁颜色设置为蓝色，流线宽度设置为16，其余采用默认设置。对另外一条管线也进行同样的修改，然后将两条管线移动至适当位置。

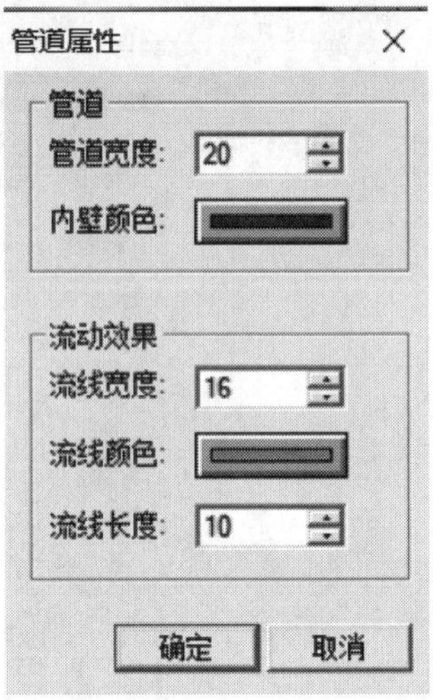

图 1-3-14 “管道属性”对话框

（3）选用工具箱中的“文本”工具，在画面上输入画面名称和两个显示液位的字符串——“储液罐监控仿真画面”“液位值:”“####”。其中，“####”的作用是显示液位值。

（4）创建两个按钮来执行启动和停止命令。如图 1-3-15 所示，选择工具箱中的“按钮”工具，绘制一个按钮，将按钮移动到合适的位置并调整它的大小。右击按钮对象，在快捷菜单中单击“字符串替换”，在弹出的“按钮属性”对话框中输入“注液体”，然后单击“确定”，完成“注液体”按钮的创建。用同样的方法创建“放液体”和“退出系统”按钮，如图 1-3-16 所示。

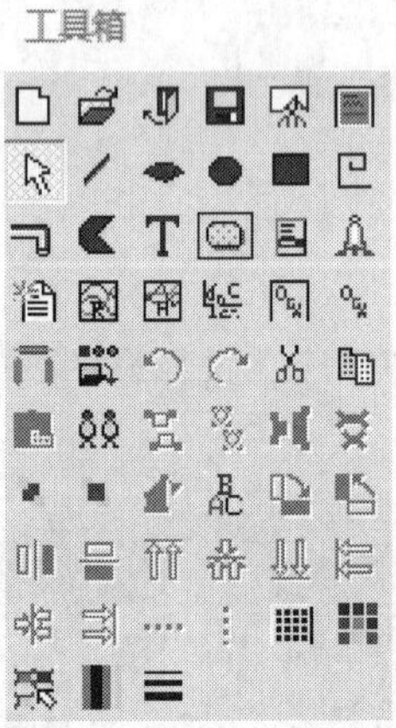

图 1-3-15 创建按钮

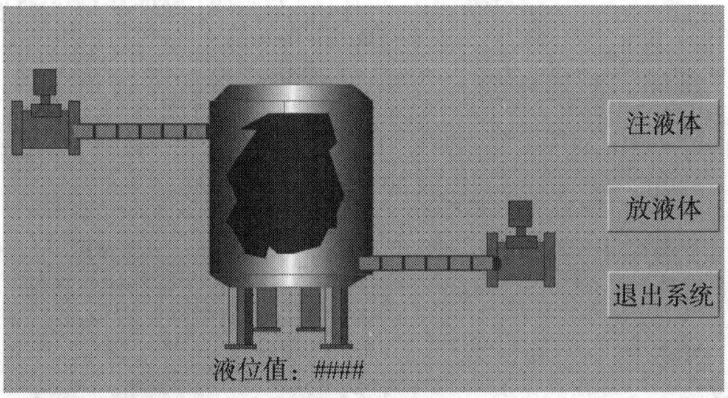

图 1-3-16 储液罐监控仿真画面

画面创建完成后，单击“文件”→“全部保存”，保存创建的监控画面。

操作提示

右击管道或阀门对象，单击“图素位置”中的“图素后移”或“图素前移”，可将管道或阀门对象移至最后图层。

三、连接并设置设备

1. 配置设备

打开工程浏览器，单击“COM1”，双击右侧内容显示区中的“新建”图标，选择

PLC 完成设备配置向导。由于本任务使用的是组态王软件的演示版本，故选择仿真 PLC，并将设备名改为“PLC1”。

2. 定义变量

单击工程浏览器中的“数据库”→“数据词典”，双击“新建”图标，弹出“定义变量”对话框。LEVEL 变量的定义如图 1-3-17 所示，IN 变量的定义如图 1-3-18 所示，OUT 变量的定义如图 1-3-19 所示。

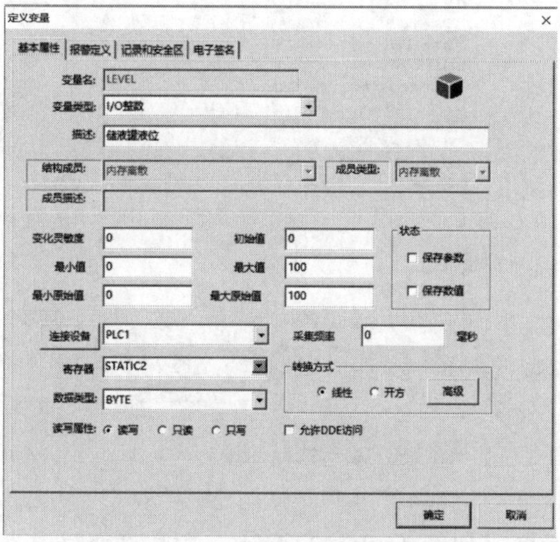

图 1-3-17　LEVEL 变量的定义

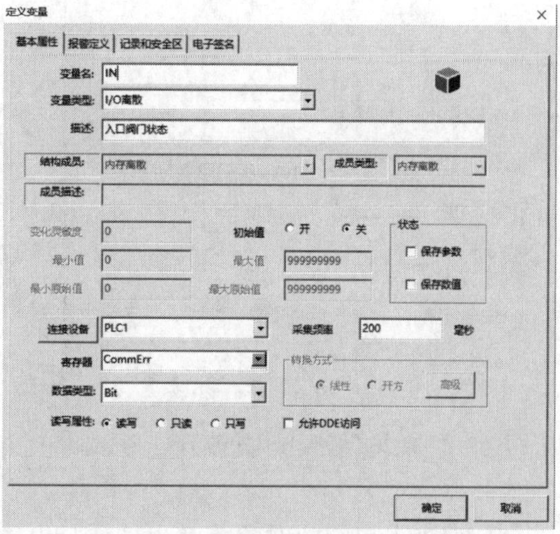

图 1-3-18　IN 变量的定义

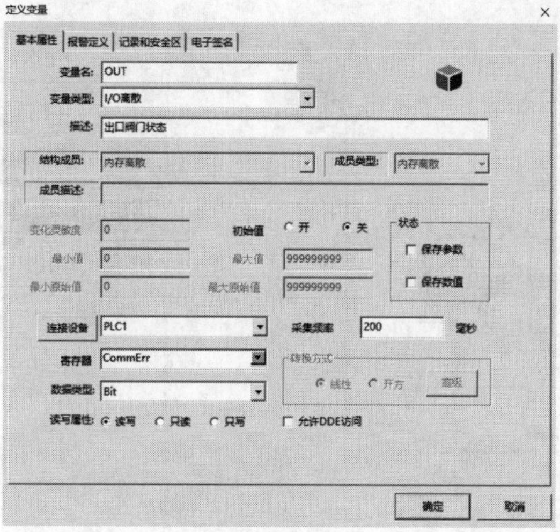

图 1-3-19　OUT 变量的定义

四、动画连接

1. 双击反应器对象，弹出“反应器”对话框。单击“变量名”右侧的“?”，弹出

“选择变量名”对话框。在“选择变量名”对话框中添加“LEVEL”变量，设置填充颜色、填充数值和比例，如图1-3-20和图1-3-21所示。

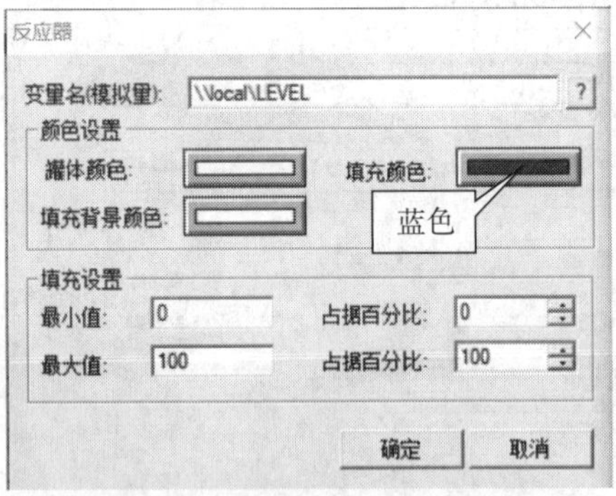

图1-3-20　设置反应器属性

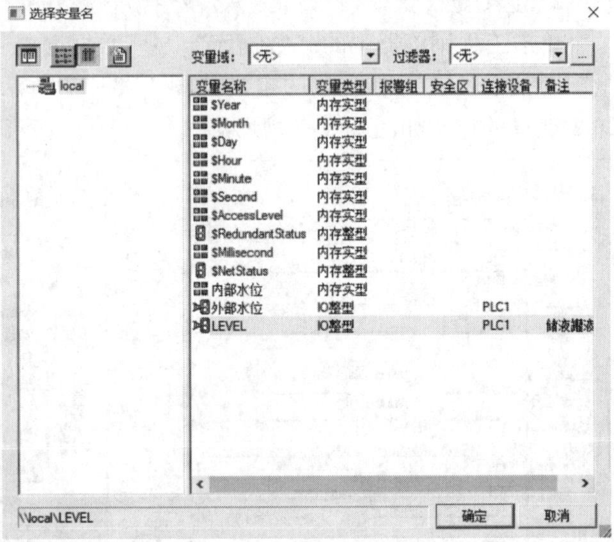

图1-3-21　选择变量

2. 双击入口阀门对象，弹出“阀门”对话框，如图1-3-22所示。单击“变量名”右侧的“?”，弹出“选择变量名”对话框，如图1-3-23所示。在“选择变量名”对话框中添加“IN”变量，相关属性均采用默认设置即可。

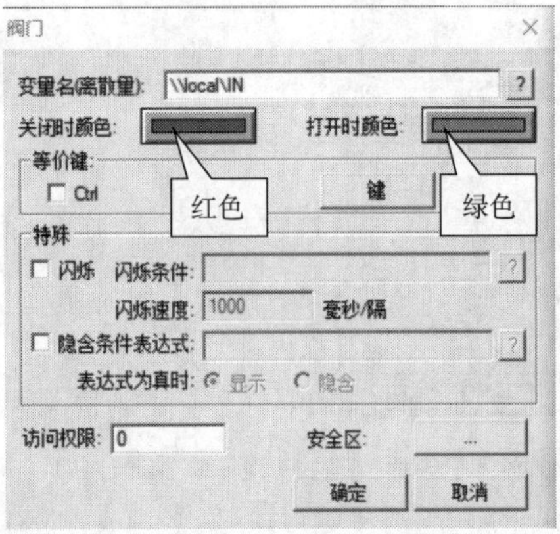

图1-3-22　“阀门”对话框

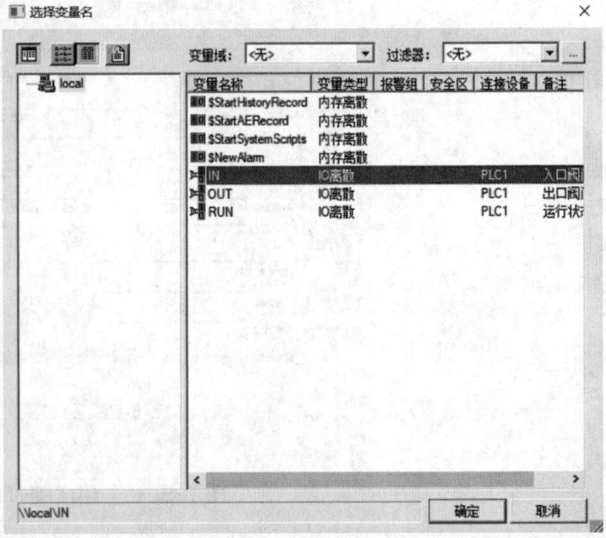

图1-3-23　“选择变量名”对话框

3. 双击入口阀门处的管道对象，弹出“动画连接”对话框，单击“特殊/流动”即可弹出“管道流动连接”对话框，如图 1-3-24 所示。单击“流动条件”右侧的“?”，弹出“选择变量名”对话框，设置流动条件变量为 IN，如图 1-3-25 所示。

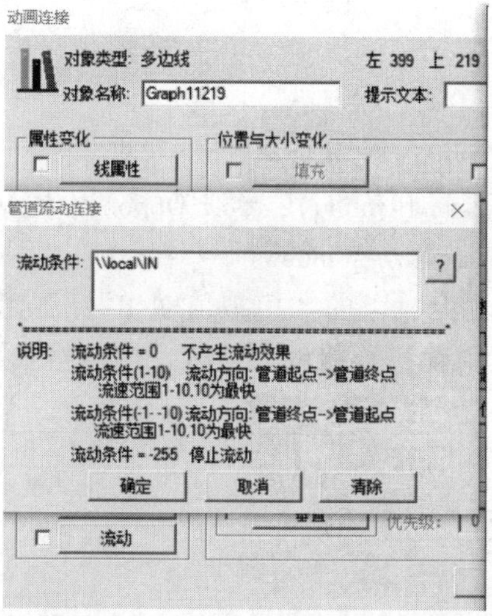

图 1-3-24　“管道流动连接”对话框

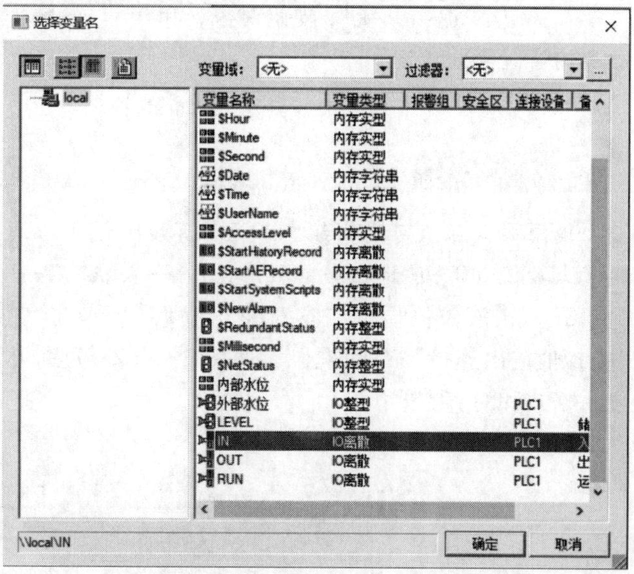

图 1-3-25　“选择变量名”对话框

4. 用同样的方法设置出口阀门及连接管道动画连接，连接变量为 OUT。

5. 双击“注液体”按钮对象，弹出“动画连接”对话框，如图 1-3-26 所示。单击“按下时”，弹出“命令语言”对话框，如图 1-3-27 所示，设置命令语言【`\\local\IN=1;`】；单击“弹起时”，弹出“命令语言”对话框，设置命令语言【`\\local\IN=0;`】。

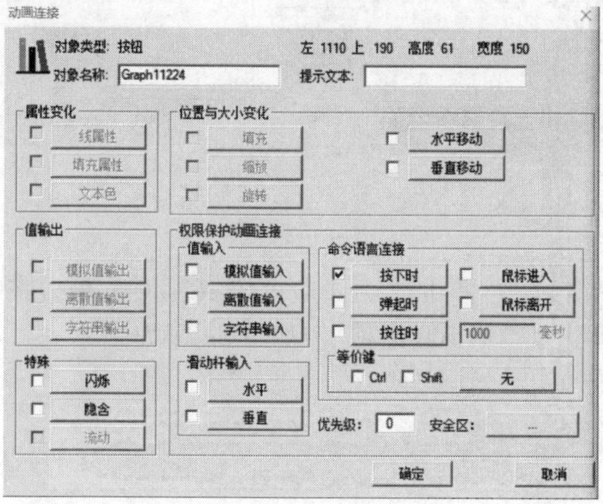

图 1-3-26　“动画连接”对话框

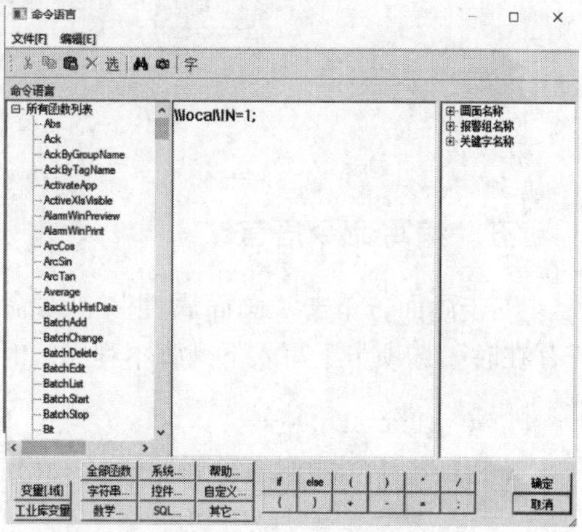

图 1-3-27　“命令语言”对话框

6. 双击“放液体”按钮对象，弹出“动画连接”对话框。单击“按下时”，弹出“命令语言”对话框，设置命令语言【\\local\OUT=1;】；单击“弹起时”，弹出“命令语言”对话框，设置命令语言【\\local\OUT=0;】。

7. 双击“退出系统”按钮对象，单击“按下时”，弹出“命令语言”对话框，设置命令语言【exit(0);】。

操作提示

使用 Exit 函数可退出组态王运行环境。调用形式：Exit（Option）；参数 Option 为整型变量或数值（0——退出当前程序，1——关机，2——重新启动 Windows）。

8. 双击液位值显示文本对象“####”，单击“值输出”下的“模拟值输出”，弹出“模拟值输出连接”对话框，参照图 1-3-28 分别设置值输出连接的表达式、输出格式、显示格式和对齐方式。

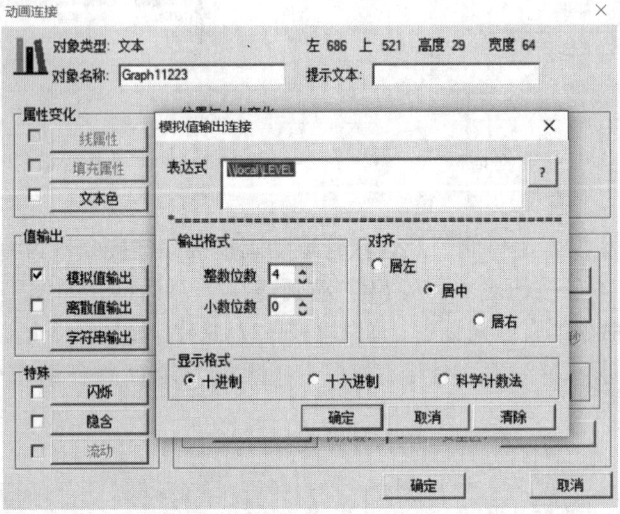

图 1-3-28 模拟值输出连接属性设置

五、编写命令语言

右击画面，单击“画面属性”→“命令语言”，弹出“画面命令语言”对话框，在“存在时”选项卡下写入下列脚本程序，时间设为“每 100 毫秒”，如图 1-3-29 所示。

```
if(\\local\IN==1)
{\\local\LEVEL=\\local\LEVEL+5;}
if(\\local\OUT==1)
{\\local\LEVEL=\\local\LEVEL-5;}
```

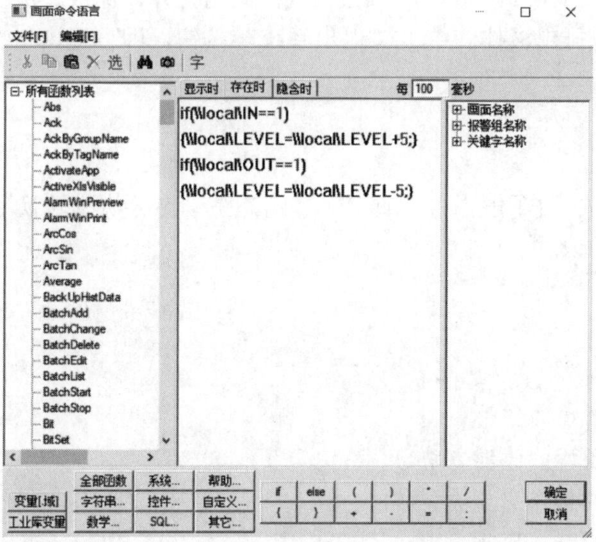

图 1-3-29　“画面命令语言”对话框

六、运行与调试

双击工程浏览器“系统配置”中的“设置运行系统”，弹出“运行系统设置”对话框，将运行系统主画面设置为“储液罐监控仿真画面”，如图 1-3-30 所示。

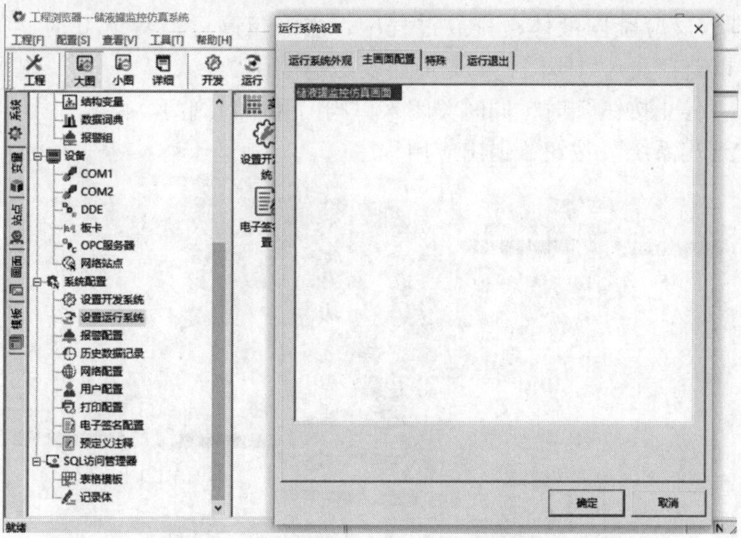

图 1-3-30　“运行系统设置”对话框

单击工程浏览器工具栏中的“VIEW”，进入组态王运行系统。按住“注液体”按钮，开始运行组态王内部程序。随后会看见阀门打开，储液罐液位开始上升，一旦储液罐被注满，则停止注液体。按住“放液体”按钮，放液阀门打开，储液罐液位开始下降，一旦储液罐被放空，则停止排出液体。单击“退出系统”按钮，即可退出组态王运行系统。

知识拓展

扫描右侧二维码，可了解内置仿真 PLC、组态王动态分辨率转换和组态王开发系统菜单命令快捷键相关知识。

思考与练习

1. 简述组态王图库的作用。
2. 简述组态王图库的管理方法。
3. 简述组态王的特殊变量类型。
4. 简述组态王的基本变量类型。

技能拓展

创建图 1-3-31 所示的反应釜监控组态工程，具体要求如下：

1. 运行时，按下“开始”按钮，入口阀门打开（变为绿色），向反应釜注入液体；当反应釜内液位高度值大于等于 100 时，关闭入口阀门（变为黑色），打开出口阀门（变为绿色），开始排放反应釜内液体；排放过程中，当液位高度值等于 0 时，关闭出口阀门（变为黑色），重新打开入口阀门，如此周而复始地循环。

2. 当按下“停止按钮”时，同时关闭入口阀门和出口阀门。

3. 单击“退出系统”按钮，退出应用程序。

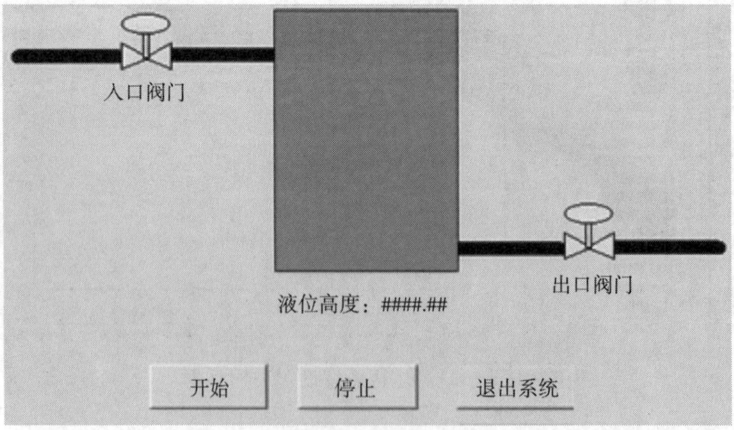

图 1-3-31　反应釜液位监控主窗口

项目二 灯光组态监控系统设计

组态王作为上位机监控软件，在实际工程中可与硬件设备连接，构成一个完整的检测控制系统。组态王支持的硬件设备包括可编程控制器（PLC）、智能模块、板卡、智能仪表、变频器等，用户可以把每一台下位机看作一种设备，通过驱动程序选择合适的通信方式与其连接。本项目学习组态王与PLC的连接和通信，通过学习能够了解组态王工程项目的创建过程，对组态监控过程具备全面的了解和认识。

任务1 一个灯组态监控系统设计

学习目标

1. 了解组态王逻辑设备的概念及分类。
2. 掌握三菱PLC变量定义相关知识。
3. 掌握运行系统设置的方法。
4. 能完成一个灯组态监控画面的设计。

任务引入

设计图2-1-1所示的一个灯组态监控画面，使用组态王与FX3U系列PLC进行通信连接，通过PLC程序实现对HL1灯的控制。要求按下“灯ON”按钮，HL1灯显示红色；按下“灯OFF”按钮，HL1灯显示绿色。

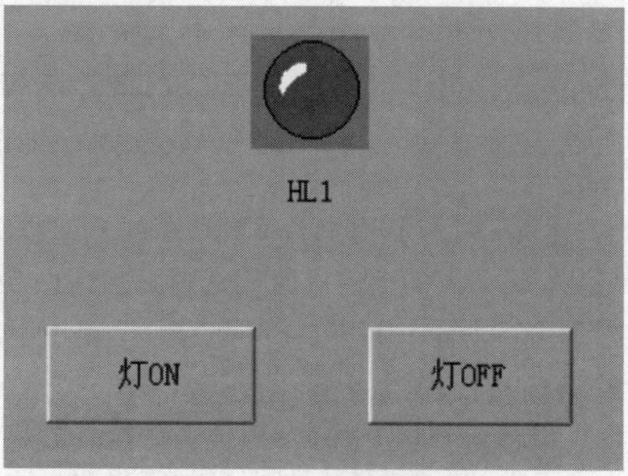

图2-1-1 一个灯组态监控画面

相关知识

一、组态王逻辑设备的概念

组态王对设备的管理是通过对逻辑设备名（下位机数据变量）的管理实现的，即每一个实际 I/O 设备都必须在组态王中指定一个唯一的逻辑名称，此逻辑设备名对应该 I/O 设备的生产厂家、实际设备名称、设备通信方式、设备地址、与上位 PC 机的通信方式等信息内容。

提示

逻辑设备名的管理方式就如同城市长途区号的管理，每个城市都有一个唯一的区号，这个区号就可以视为该城市的逻辑城市名。例如，北京市的区号为 010，则查看长途区号时就可以知道 010 代表北京。

在组态王中，具体 I/O 设备与逻辑设备名是一一对应的，特别是设备型号完全相同的多台 I/O 设备，要注意指定不同的逻辑设备名。组态王中变量、逻辑设备与实际设备的对应关系如图 2-1-2 所示。

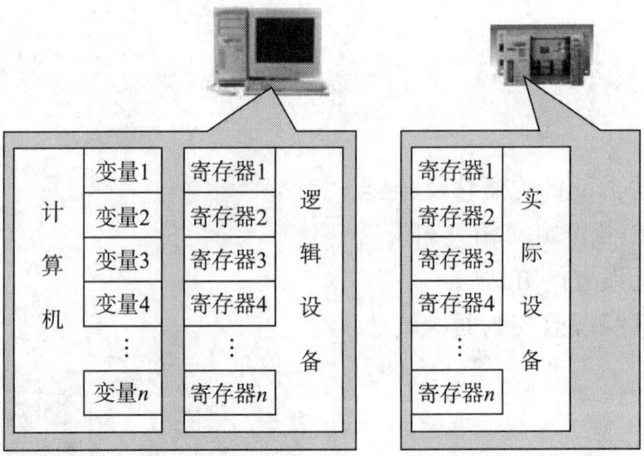

图 2-1-2　变量、逻辑设备与实际设备的对应关系

【例 2-1-1】有两台 FX3U 系列 PLC 作为下位机控制工业生产现场，这两台 PLC 均需与装有组态王的上位机通信，则必须为两台 FX3U 系列 PLC 指定不同的逻辑设备名，如图 2-1-3 所示。其中，PLC1、PLC2 是由组态王定义的设备逻辑名，而未必是实际的设备名称。

组态王中 I/O 变量与具体 I/O 设备的数据交换就是通过逻辑设备名来实现的，当在组态王中定义 I/O 变量属性时，就要指定与该 I/O 变量进行数据交换的逻辑设备名，I/O 变量与逻辑设备名的对应关系如图 2-1-4 所示。

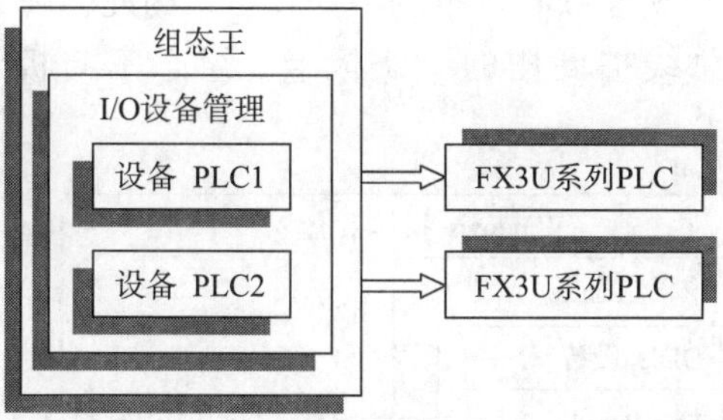

图 2-1-3 为两台 FX3U 系列 PLC 指定不同的逻辑设备名

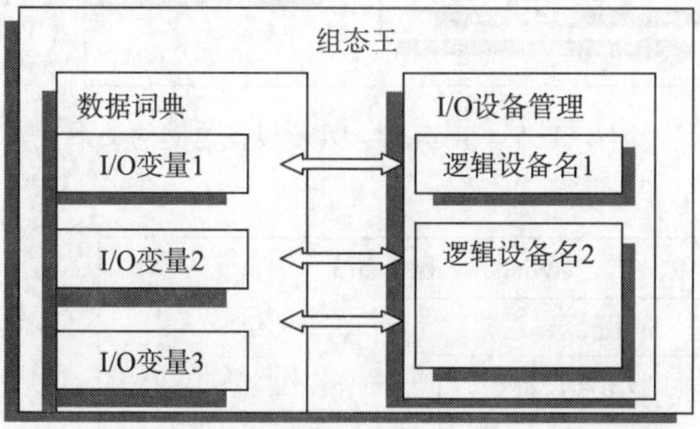

图 2-1-4 I/O 变量与逻辑设备名的对应关系

二、组态王逻辑设备的分类

组态王设备管理中的逻辑设备分为 DDE 设备、板卡类设备（即总线型设备）、串口类设备、人机界面卡和网络模块，可根据实际需要通过组态王的设备管理功能来配置、定义这些逻辑设备。

1. DDE 设备

DDE 设备是指与组态王进行 DDE 数据交换的 Windows 独立应用程序，该独立应用程序的扩展名通常为 exe，组态王与 DDE 设备之间通过 DDE 协议交换数据。例如，Excel 是 Windows 的独立应用程序，Excel 与组态王之间的数据交换就是通过 DDE 的通信方式进行；又如，莫迪康 Micro37 的 PLC 服务程序也是一个独立的 Windows 应用程序，可以为服务程序定义一个逻辑名称作为组态王的 DDE 设备。

组态王与 DDE 设备之间的关系如图 2-1-5 所示，图中组态王、Excel、Micro37 的 PLC 服务程序都是独立的 Windows 应用程序，而且都要处于运行状态，通过为 Excel、Micro37 的 PLC 服务程序分别指定一个逻辑设备名，组态王即可与 DDE 设备进行数据交换。

2. 板卡类设备

板卡类设备实际上是组态王软件内嵌的板卡驱动程序的逻辑名称，内嵌的板卡驱动程序不是一个独立的 Windows 应用程序，而是以 DLL 形式供组态王调用，这种内嵌的板卡驱动程序对应着实际插入计算机总线扩展槽的I/O设备，因此，一个板卡逻辑设备也就代表了一个实际插入计算机总线扩展槽的I/O板卡。组态王与板卡类设备之间的关系如图2-1-6所示。

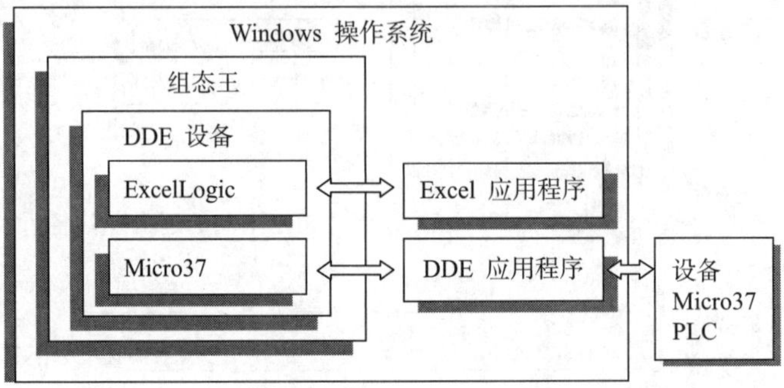

图2-1-5　组态王与DDE设备之间的关系

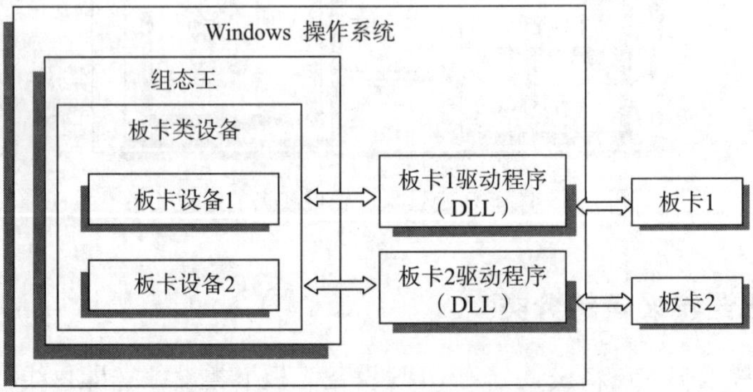

图2-1-6　组态王与板卡类设备之间的关系

3. 串口类设备

串口类设备实际上是组态王内嵌的串口驱动程序的逻辑名称，内嵌的串口驱动程序不是一个独立的Windows应用程序，而是以DLL形式供组态王调用，这种内嵌的串口驱动程序对应着实际与计算机串口相连的I/O设备，因此，一个串口逻辑设备也就代表了一个实际与计算机串口相连的I/O设备。组态王与串口类设备之间的关系如图2-1-7所示。

4. 人机界面卡

人机界面卡又称为高速通信卡，它往往由硬件厂商提供，如西门子公司S7-300的MPI卡、莫迪康公司的SA85卡。人机界面卡可以使设备与计算机进行高速通信，人机界面卡一般插在计算机的ISA板槽上，不占用计算机RS232串口。

5. 网络模块

组态王可以利用以太网和TCP/IP协议与专用的网络通信模块进行连接。例如，松下ET-LAN网络通信单元通过以太网与上位机相连，该单元与其他计算机上的组态王运行程序使用 TCP/IP 协议。

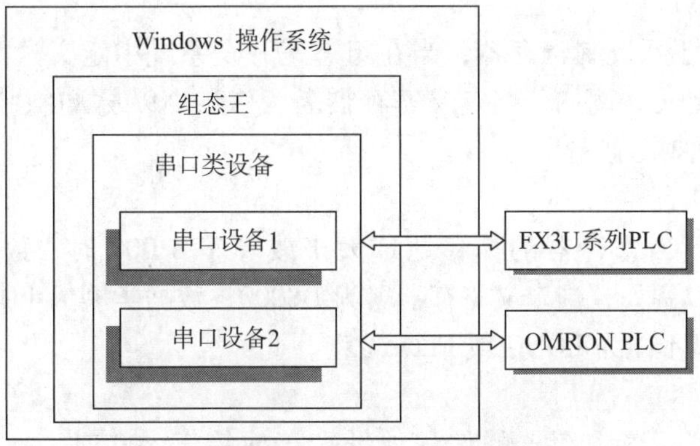

图 2-1-7　组态王与串口类设备之间的关系

三、三菱 PLC 变量定义

当组态王与三菱 FX3U 系列 PLC 采用串口通信连接时，PLC 内部寄存器的相关说明见表 2-1-1。

表 2-1-1　FX3U 系列 PLC 内部寄存器相关说明

寄存器类型	寄存器名称格式	数据类型	变量类型	取值范围
输入寄存器	X*ddo*（位格式）	Bit	I/O 离散	0~207
输出寄存器	Y*ddo*（位格式）	Bit	I/O 离散	0~207
辅助寄存器	M*dddd*（位格式）	Bit	I/O 离散	0~8 255
状态寄存器	S*ddd*（位格式）	Bit	I/O 离散	0~999
定时器接点	T*ddd*	Bit	I/O 离散	0~1 023
计数器接点	C*ddd*	Bit	I/O 离散	0~1 023
数据寄存器	D*dddd*	BCD、SHORT、USHORT、LONG、FLOAT（当偏移地址大于或等于 8 000 时，不支持 LONG 和 FLOAT 数据类型）	I/O 整型 I/O 实型	0~8 255
定时器经过值	T * *ddd*	SHORT，USHORT	I/O 整型	0~1 023
计数器经过值	C * *ddd*	SHORT，USHORT，LONG	I/O 整型	0~1 023
RD 寄存器	RD*dd*,*dd*	String	字符串型	—
WD 寄存器	WD*dd*,*dd*	String	I/O 整型	—

斜体字 *ddo*、*dddd*、*ddd* 等表示格式中的可变部分，*d* 表示十进制数，*o* 表示八进制数。组态王按照寄存器名称来读取下位机相应数据，组态王中定义的寄存器与下位机的寄

存器相对应。如定义非法寄存器，将不被承认，部分寄存器的相关说明如下：

1. X、Y 寄存器

X、Y 寄存器属于八进制寄存器，当在组态王开发系统中定义这两个寄存器时，带 8 或 9 的数据不能被定义。例如，当定义寄存器名为 X8、X9 或 X18、X19、Y80、Y96 时，系统会提示寄存器通道号越界。

2. D 寄存器

对于 D 寄存器，当寄存器的偏移地址大于或等于 8 000 时，数据类型不能定义为 LONG 或 FLOAT 型。例如，当定义寄存器名为 D8000、数据类型为 LONG 或 FLOAT 型时，系统会提示数据类型不能为 LONG 或 FLOAT 型。

3. C * 寄存器

对于 C * 寄存器，当寄存器的偏移地址大于或等于 200 时，数据类型只能定义为 LONG 型。例如，当定义寄存器名为 C * 200、数据类型为 SHORT 时，系统会提示数据类型只能为 LONG 型。

4. RD、WD 寄存器

RD 寄存器的名称格式为 RD*dd*,*dd*，其中第 1 个 *dd* 表示起始寄存器，第 2 个 *dd* 表示结束寄存器，用于读出二进制字符串（低位在前，高位在后）。

WD 寄存器的名称格式为 WD*dd*,*dd*，其中第 1 个 *dd* 表示起始寄存器。第 2 个 *dd* 表示结束寄存器，用于写入十六进制字符串（一个字中低字节在前，高字节在后）。

最多可以定义 8 个连续的寄存器（组态王字符串最多 128 字符），每个寄存器为 16 位。

例如，D12=1、D13=2，若要同时读出 D12~D13，则定义 RD12,13 寄存器，读出字符串（共 32 个字符的 0 和 1）的位排列顺序为：D12 的第 1 位（最低位）、第 2 位……第 16 位（最高位），D13 的第 1 位（最低位）、第 2 位……第 16 位（最高位）。如果同时写入 D12=1、D13=2，则定义 WD12,13 寄存器，写入字符串 01000200H。字节排列顺序为：D12 低字节、D12 高字节、D13 低字节、D13 高字节。

寄存器名称应用举例见表 2-1-2。

表 2-1-2　寄存器名称应用举例

寄存器名称	数据类型	变量类型	变量举例	说明
X1	Bit	I/O 离散	ON	0 通道的 1 点
X7	Bit	I/O 离散	ON	0 通道的 7 点
X8	Bit	I/O 离散	无	无法定义
M11	Bit	I/O 离散	ON	1 通道的 1 点
M17	Bit	I/O 离散	ON	1 通道的 7 点
Y8	Bit	I/O 离散	无	无法定义

续表

寄存器名称	数据类型	变量类型	变量举例	说明
Y19	Bit	I/O 离散	无	无法定义
T25	Bit	I/O 离散	ON	第 25 点
D45	SHORT	I/O 整型	1234	45 通道
D55	USHORT	I/O 整型	35537	55 通道

四、运行系统设置

在运行组态王工程之前，要对运行系统环境进行配置。单击工程浏览器菜单栏中的“配置”→“运行系统”或在工程目录显示区中双击“系统配置”→“设置运行系统”，弹出“运行系统设置”对话框。“运行系统设置”对话框由运行系统外观、主画面配置、特殊和运行退出四个选项卡组成。

1. 运行系统外观

“运行系统外观”选项卡如图 2-1-8 所示。

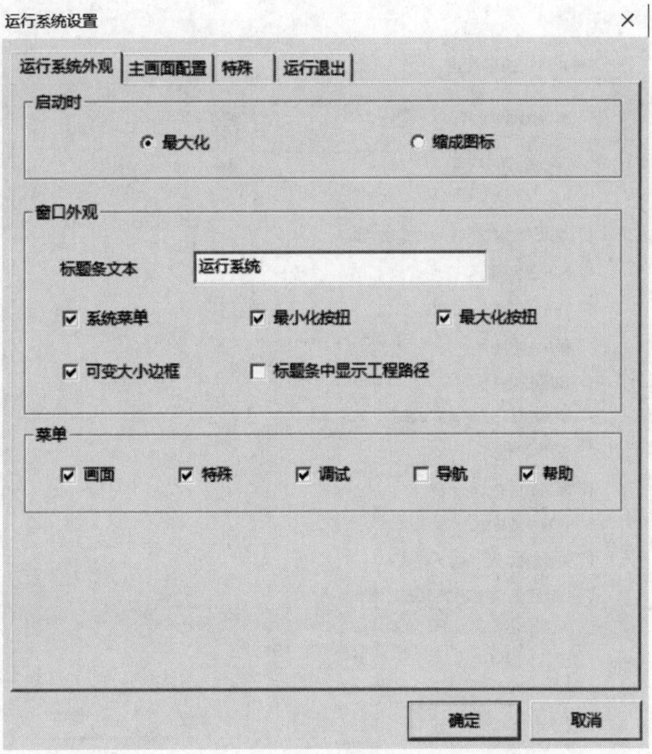

图 2-1-8　运行系统设置—运行系统外观

【最大化】：TouchView 启动时占据整个屏幕。

【缩成图标】：TouchView 启动时自动缩成图标。

【标题条文本】：输入 TouchView 运行时出现在标题栏中的标题。若此内容为空，则当 TouchView 运行时将隐去标题条，全屏显示。

【系统菜单】：当 TouchView 运行时，标题栏中带有系统菜单框。

【最小化按钮】：当 TouchView 运行时，标题栏中带有最小化按钮。

【最大化按钮】：当 TouchView 运行时，标题栏中带有最大化按钮。

【可变大小边框】：当 TouchView 运行时，可以改变窗口大小。

【标题条中显示工程路径】：使当前应用程序目录显示在标题栏中。

【菜单】：当 TouchView 运行时带有菜单。

2. 主画面配置

设定 TouchView 运行系统启动时自动调入的画面，如果几个画面互相重叠，最后调入的画面在前面。画面列表对话框中列出当前应用程序所有有效的画面，选中的画面高亮显示。

3. 特殊

“特殊”选项卡用于设置运行系统基准频率等特殊属性，如图 2-1-9 所示。

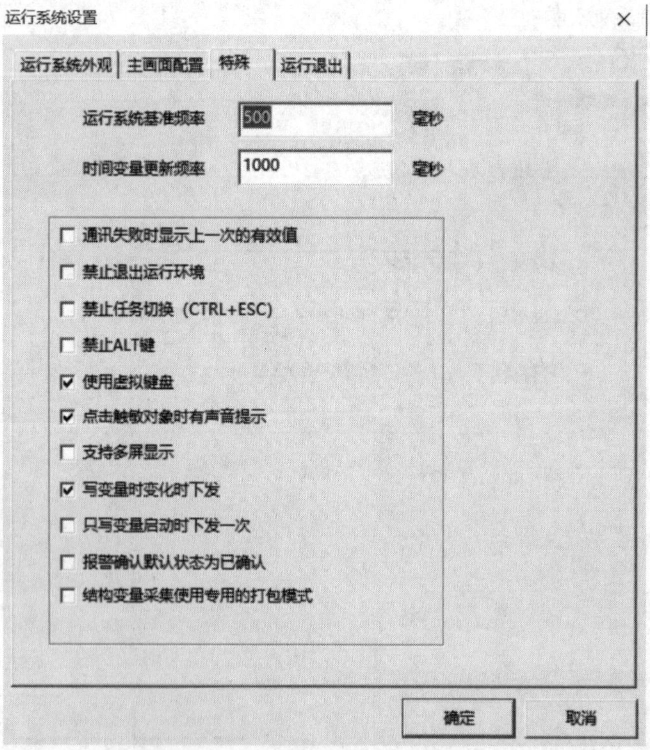

图 2-1-9　运行系统设置—特殊

【运行系统基准频率】：运行系统基准频率是一个时间值，其他所有与时间有关的操作选项（如有“闪烁”动画连接的图形对象的闪烁频率、趋势曲线的更新频率）都是它的整数倍。

【时间变量更新频率】：用于控制 TouchView 运行过程中时间变量的更新频率。

【通信失败时显示上一次的有效值】：用于控制组态王中的 I/O 变量通信失败后画面上的显示方式。勾选该复选框后，对于组态王 I/O 变量的“值输出”连接，当设备通信失败时画面将显示组态王最后采集的数据值，否则将显示“???”。

【禁止退出运行环境】：TouchView 启动后，除关机外不能退出。

【禁止任务切换（CTRL+ESC）】：禁用“Ctrl+Esc”键，用户不能进行任务切换。

【禁止 ALT 键】：禁用“Alt”键，用户不能通过“Alt”键调用菜单命令。

提示

若勾选上述所有复选框，则只能使用组态王提供的内部函数 Exit（Option）退出。

【使用虚拟键盘】：画面程序运行过程中，当用户需要使用键盘时（如输入模拟值），则弹出虚拟键盘窗口，用户在虚拟键盘上选择字符输入即可。

【点击触敏对象时有声音提示】：系统运行过程中，点击按钮等图素时，蜂鸣器会发出声音。

【支持多屏显示】：支持多显卡显示，一台主机可以连接多个显示器，组态王画面在多个显示器上显示。

【写变量时变化时下发】：如果变量的采集频率为 0，则组态王在写变量的过程中，只有变量值发生变化时才写，否则不写。

【只写变量启动时下发一次】：对于只写变量，组态王运行系统启动时，将初始值向下写一次，否则不写。

任务实施

一、创建新工程

1. 新建工程

启动组态王软件，打开工程管理器界面，新建“流水灯组态监控系统”工程。双击新建的“流水灯组态监控系统”工程，进入工程浏览器界面，单击“画面”，然后双击右侧视图中的“新建”图标，按图 2-1-10 所示要求设置新画面属性。

2. 设置通信串口

单击工程目录显示区中“设备”前的“+”，展开“设备”目录下的内容，双击其中的“COM1”，弹出“设置串口—COM1”对话框，按图 2-1-11 设置与三菱 FX3U 系列 PLC 相连的串口通信参数即可。

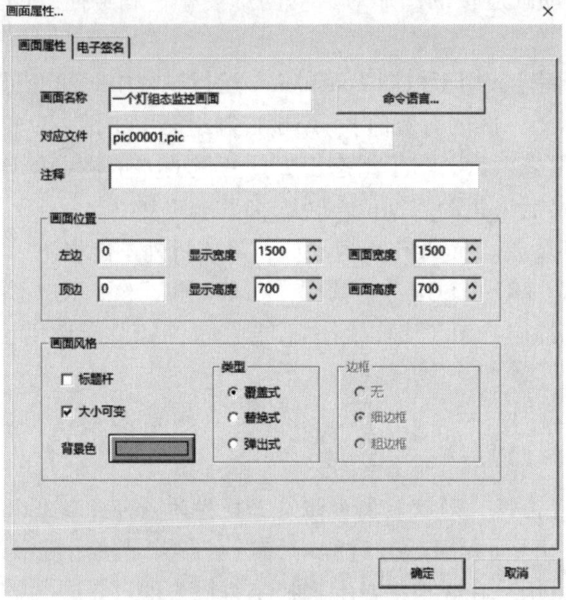

图 2-1-10　画面属性设置

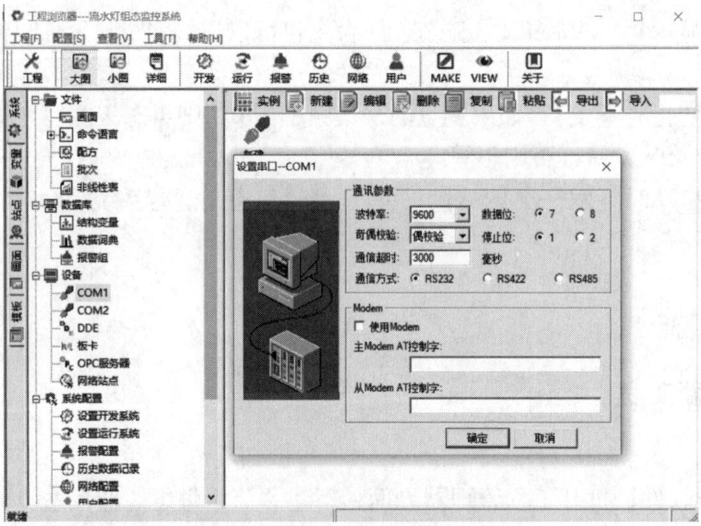

图 2-1-11　通信串口设置

注：图中“波特率”应为“比特率”，单位为 bps

操作提示

串口设置参数不能出错，否则无法与 PLC 进行通信，不同设备的通信参数可在组态王的“帮助”→“驱动帮助”中查找。

3. 创建 PLC 设备

双击内容显示区中的“新建”图标，弹出设备配置向导对话框，首先配置生产厂家、设备名称和通讯方式，选择“PLC”→“Mitsubishi”→“FX3u”→“Programmable port”，如图 2-1-12 所示。

单击“下一页”，设置 PLC 的逻辑名称为“FX3UPLC”或其他名称，如图 2-1-13 所示。

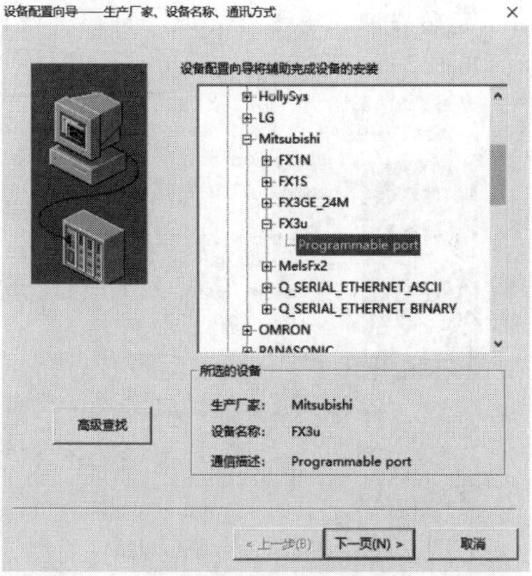

图 2-1-12 配置生产厂家、设备名称、通讯方式

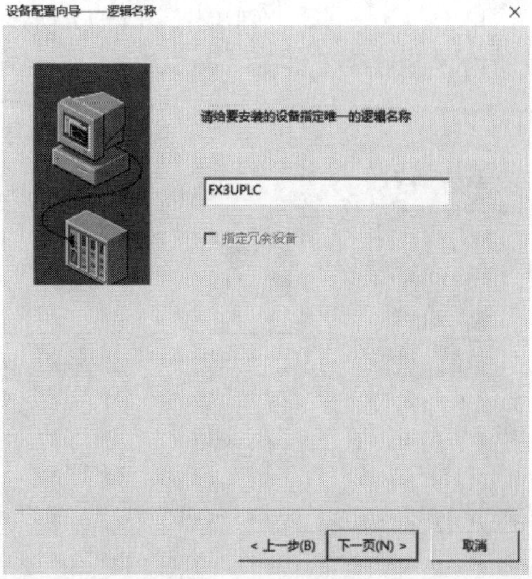

图 2-1-13 设置 PLC 逻辑名称

单击“下一页”，选择串口号“COM1”，如图 2-1-14 所示，要保证通讯串口号一致。然后再单击“下一页”，设置 PLC 的地址为“2”，如图 2-1-15 所示。

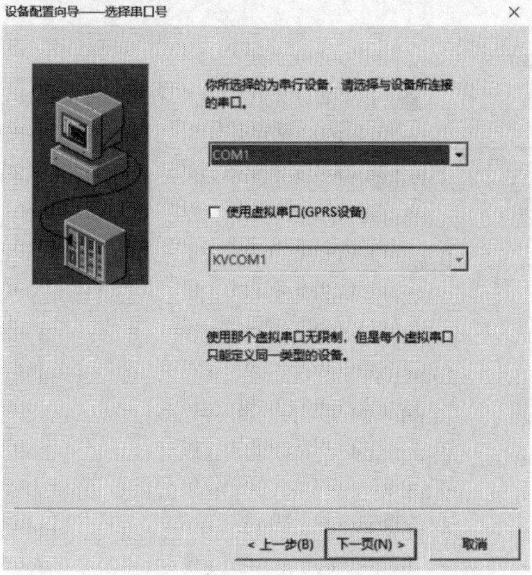

图 2-1-14 选择串口号

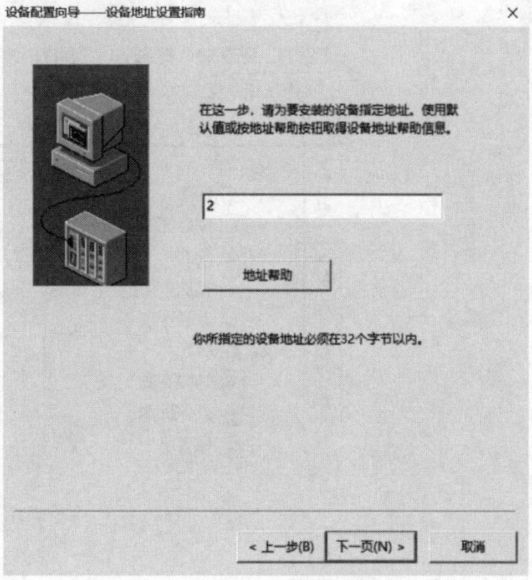

图 2-1-15 设置 PLC 地址

操作提示

设备地址不能设置为“0”，因为安装有组态王的计算机是主机，主机地址为“0”。

单击“下一页”，弹出通信参数设置界面，按照图 2-1-16 进行设置即可。

单击“下一页”，弹出图 2-1-17 所示的信息总结界面，单击“完成”即可。设置完成后内容显示区会出现“FX3UPLC”设备图标，如图 2-1-18 所示。

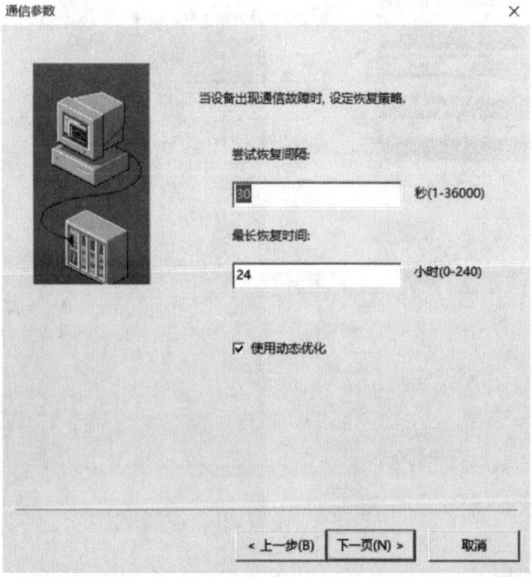

图 2-1-16　设置通信参数

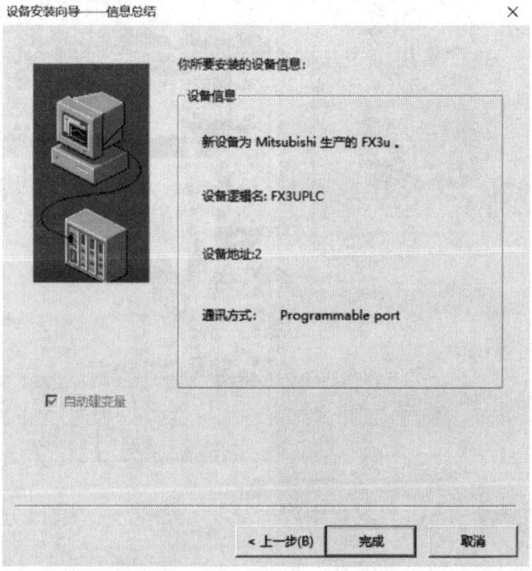

图 2-1-17　信息总结界面

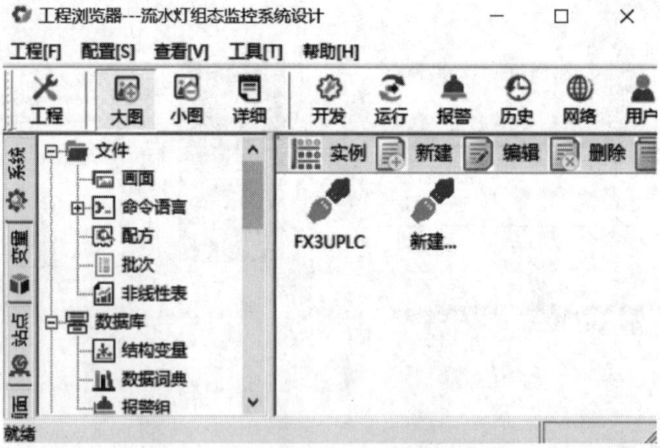

图 2-1-18　“FX3UPLC”设备图标

4. 测试通信

若要进行组态软件与 PLC 的通信测试，则必须关闭组态软件运行系统，并使 PLC 处于 RUN 状态。

右击“FX3UPLC”设备图标，打开下拉菜单，单击“测试 逻辑设备”，如图 2-1-19 所示。系统弹出“串口设备测试”对话框，单击“设备测试”选项卡，选择寄存器“Y”，添加数字“0”，即选择“Y0”，数据类型为“Bit”，单击“添加”，Y0 即可进入采集列表。使用相同方法添加“Y1”“Y2”，如图 2-1-20 所示。双击采集列表中的 Y0 寄存器，弹出该寄存器数据输入窗口，输入数据“1”，如图 2-1-21 所示。

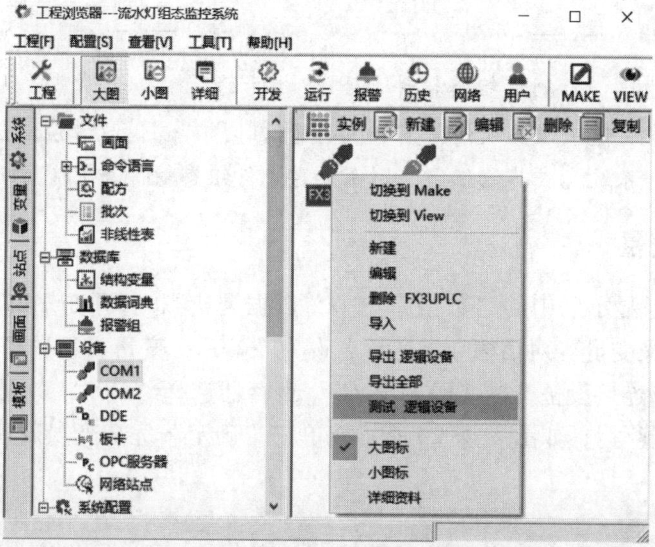

图 2-1-19 单击“测试 逻辑设备”

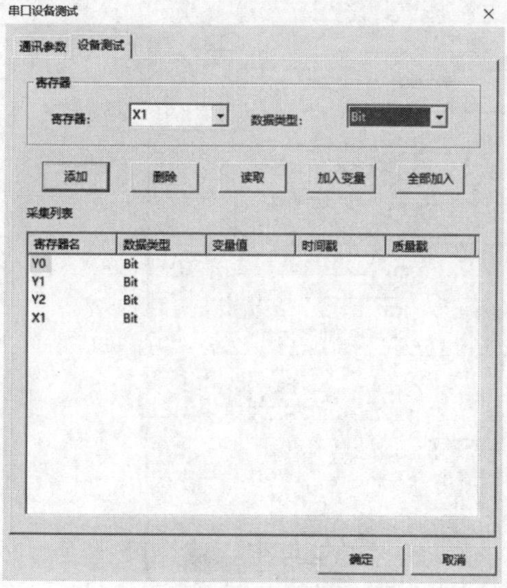

图 2-1-20 添加寄存器

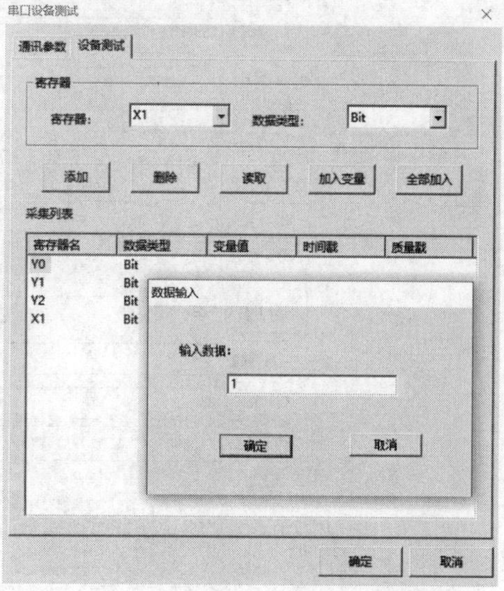

图 2-1-21 设置 PLC 的寄存器数据

Y0、Y1、Y2是PLC中的位寄存器，它的数据只有“1”或“0”两种情况，如果输入数据为“1”，单击“确定”，则Y0输出触点闭合，表示通信成功，反之则通信失败，如图2-1-22所示。

用同样的方法，读取X1输入点的状态。

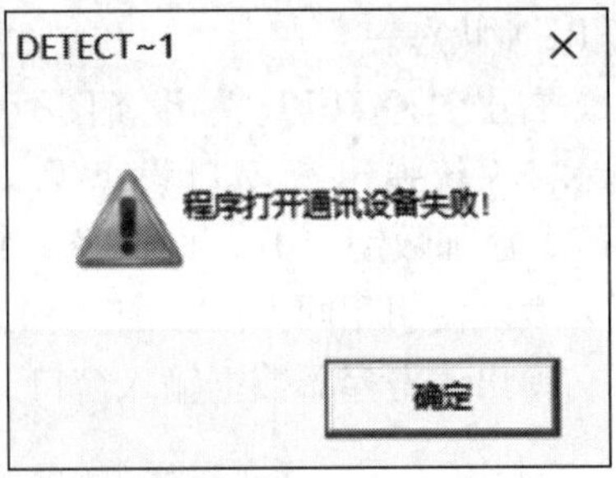

图2-1-22　打开通讯设备失败提示

操作提示

通信测试功能仅仅是测试组态软件与PLC之间的通信是否正常。首次进行组态软件与下位机的通信时，可以用此方法测试系统通信是否正常，以后若用同一系统完成其他任务，则无须再进行组态软件与PLC的通信测试。

二、定义变量

单击工程目录显示区中的“数据库”→“数据词典”，打开变量窗口，双击“新建”图标，弹出“定义变量”对话框。将变量名设为“M0”，变量类型选择“I/O离散”，初始值选择“关”，连接设备选择“FX3UPLC”，寄存器选择“M0”，数据类型选择“Bit”，读写属性选择“读写”，如图2-1-23所示，单击“确定”完成变量新建，并按表2-1-3新建其他变量。

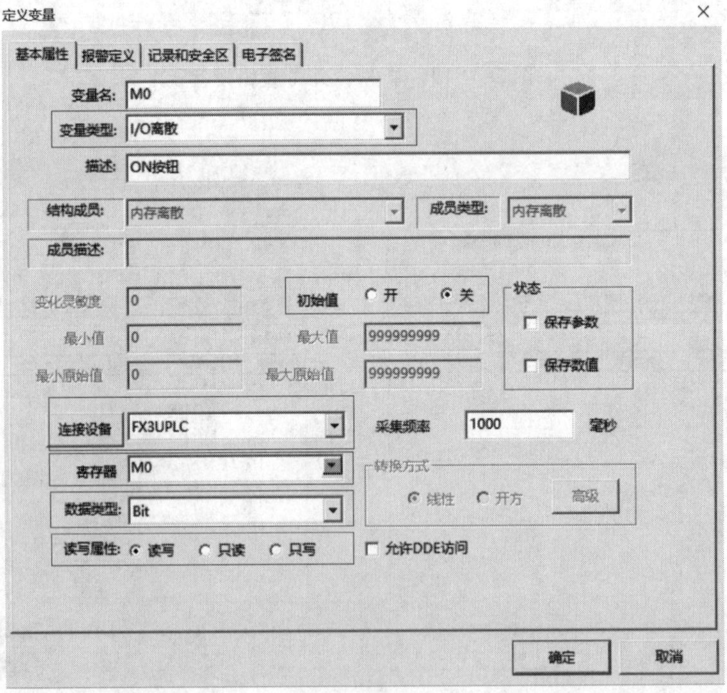

图2-1-23　新建变量M0

表 2-1-3　变量定义表

变量名	变量类型	描述	初始值	连接设备	寄存器	数据类型	读写属性
M0	I/O 离散	ON 按钮	关	FX3UPLC	M0	Bit	读写
M1	I/O 离散	OFF 按钮	关	FX3UPLC	M1	Bit	读写
Y0	I/O 离散	HL1	关	FX3UPLC	Y0	Bit	只读

操作提示

在画面设计与动画连接的过程中，若发现缺少变量可直接进行新建，可在图 2-1-24 所示的“选择变量名”对话框中单击“ ”直接新建变量。

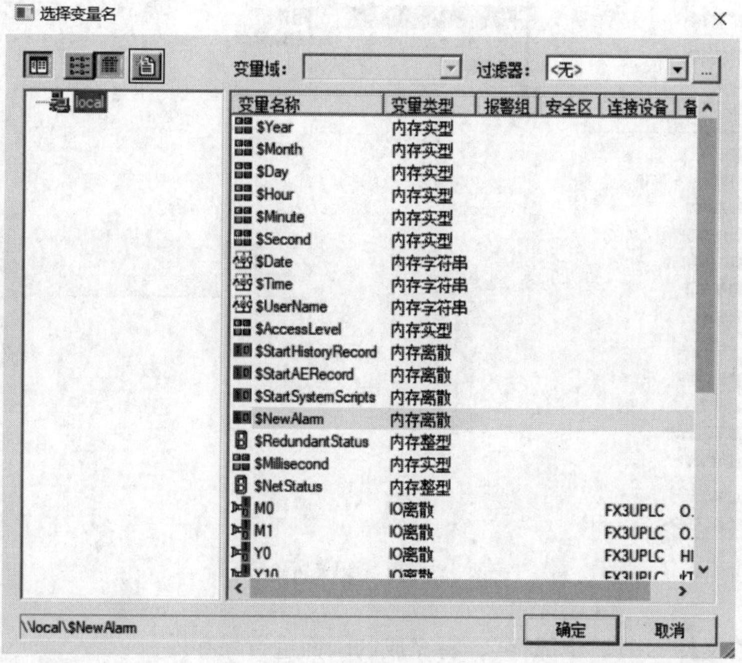

图 2-1-24　“选择变量名”对话框

三、设计画面

1. 选用工具箱中的“打开图库”工具或按“F2”键打开图库，根据图 2-1-1 选择合适的指示灯对象放置在画面中。

2. 选用工具箱中的“按钮”工具，根据图 2-1-1 绘制两个按钮，使用字符串替换功能将按钮文字分别修改为“灯 ON”“灯 OFF”，字体设为宋体、四号字。

操作提示

字体的修改方法：选中修改对象后，单击开发系统中的“工具”→“字体”，弹出字体设置对话框，如图 2-1-25 所示，可对字体、字号等进行更改。

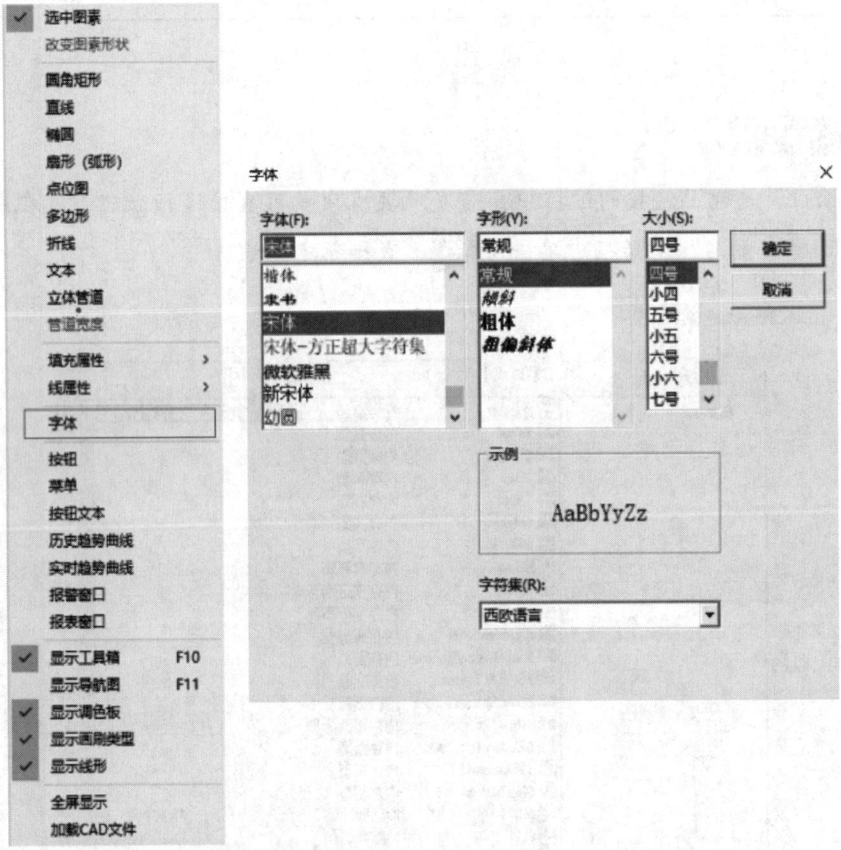

图 2-1-25　字体的修改

3. 单击“文件”→“全部存”，将完成的画面进行保存。

四、动画连接

1. 双击“灯 ON”按钮，弹出“动画连接”对话框。单击“命令语言连接”下的“按下时”，弹出“命令语言”对话框，通过“变量［. 域］”选择变量“M0”，输入赋值命令“=1”，加上结束符号“;”，如图 2-1-26 所示。

用同样的方法设置“灯 ON”按钮松开的命令语言【\\local\M0=0;】，“灯 OFF”按钮按下的命令语言【\\local\M1=1;】，“灯 OFF”按钮松开的命令语言【\\local\M1=0;】。

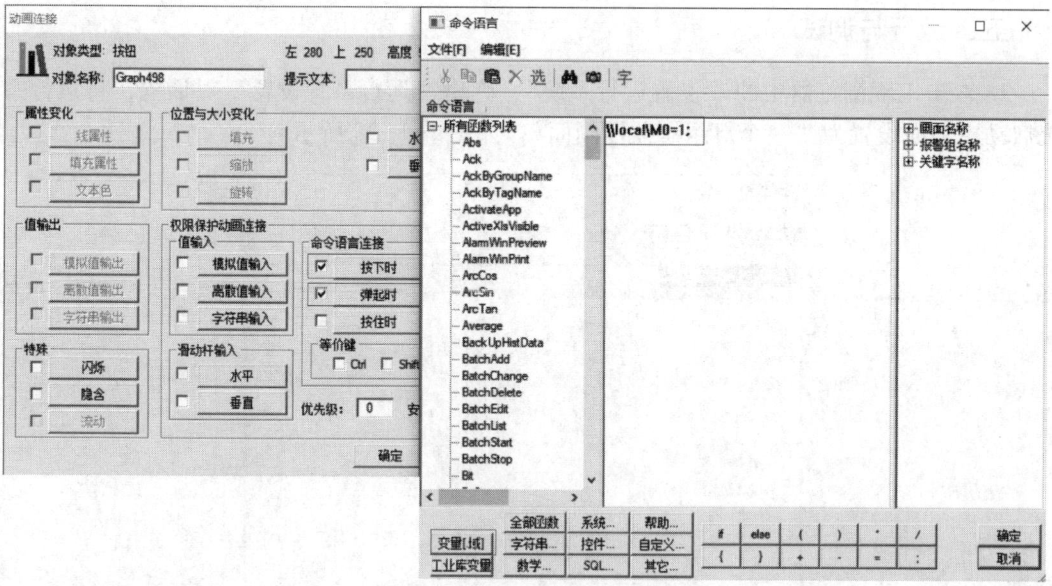

图 2-1-26　编辑命令语言

2. 双击指示灯对象，弹出“指示灯向导”对话框。单击“变量名”右侧的“?”，弹出“选择变量名”对话框，添加变量“Y0”，设置正常色为绿色，报警色为红色，如图 2-1-27 所示。

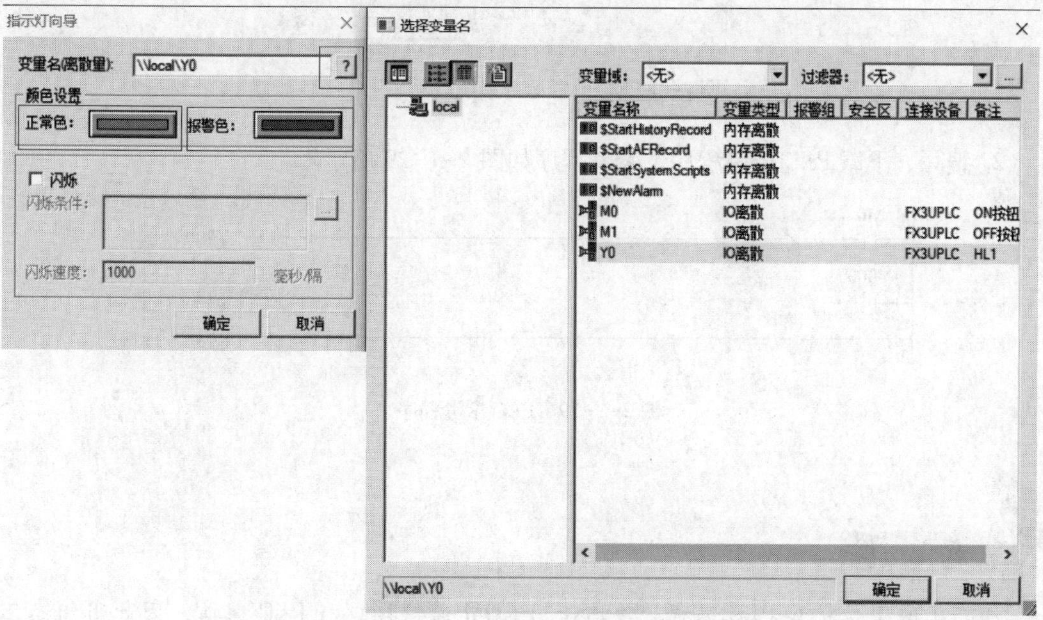

图 2-1-27　设置指示灯对象属性

五、运行与调试

1. 双击工程浏览器中的“设置运行系统”，弹出“运行系统设置”对话框，将运行系统启动主画面设置为“一个灯组态监控画面”，如图 2-1-28 所示。

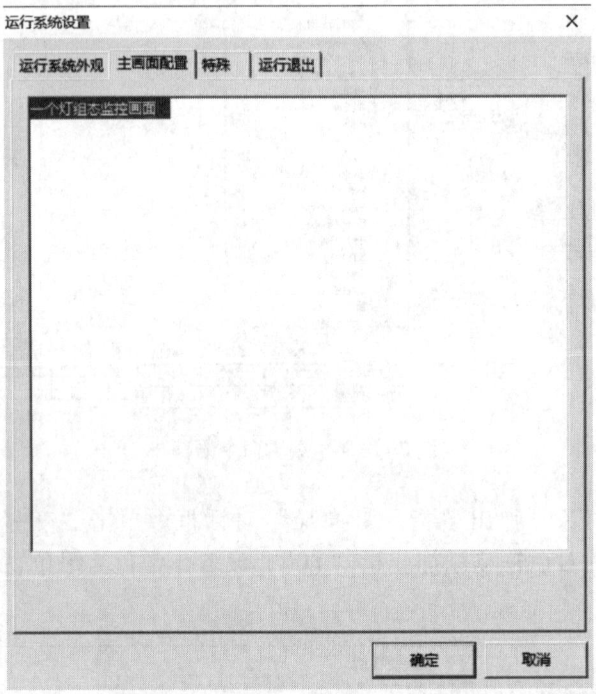

图 2-1-28 设置运行系统启动主画面

2. 编写、下载 PLC 控制程序，参考程序如图 2-1-29 所示。

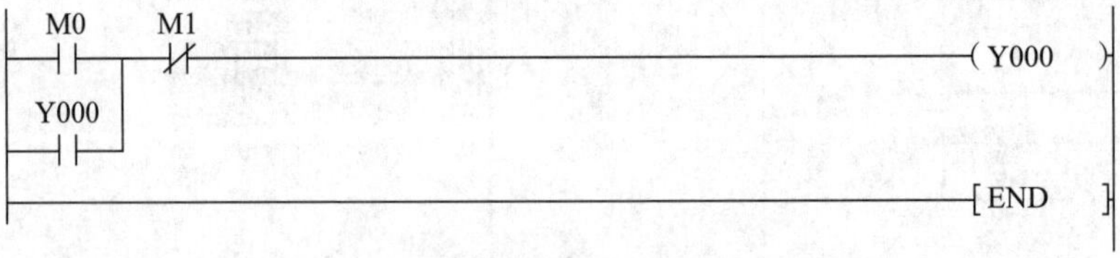

图 2-1-29 PLC 参考程序

操作提示

组态王的上位机和 PLC 编程软件均使用 COM 通信接口与 PLC 通信，因此当组态王运行时，不能下载和监控 PLC 程序，如需下载或监控 PLC 程序则应退出组态王运行系统。

3. 单击开发系统中的“文件”→“切换到 View”，进入组态王运行系统。按下组态监控画面中的“灯 ON”和“灯 OFF”按钮，观察并记录系统运行状态。

知识拓展

扫描右侧二维码，可了解 FX2-485 协议、运行系统菜单、组态王信息窗口相关知识。

思考与练习

1. 简述组态王逻辑设备的分类。
2. 当组态王与三菱 PLC 使用串口通信连接时，串口通信参数应如何设置？
3. 组态王与三菱 PLC 连接后，如何测试通信是否正常？

任务 2 流水灯组态监控系统设计

学习目标

1. 掌握文本色连接、模拟值输入连接等动画连接方法。
2. 掌握常用的图形编辑工具。
3. 掌握连接表达式常用运算符的含义及优先级。
4. 能完成流水灯组态监控设计。

任务引入

组态软件通常作为上位机监控软件，常与 PLC 等设备连接实现联机监控功能。创建图 2-2-1 所示的流水灯组态监控系统画面，设置按钮、指示灯、文字等对象的动画连接，由 PLC 程序实现流水灯控制，由组态监控画面实现流水灯运行状态监控。具体要求如下：

1. 按下“开始按钮”，“精益求精独具匠心”8 个字依次点亮，文字点亮时为红色，不亮时为绿色。文字对应的指示灯依次点亮，点亮时为绿色，不亮时为红色。三排指示灯按箭头状依次点亮，点亮时为绿色，不亮时为红色。按下“停止按钮”，程序仍然运行，所有灯和文字熄灭。

2. 停止时可修改点亮间隔时间，初始时间为 1 s，设置范围为 1~100 s。

3. 按下“退出系统”按钮，退出运行系统。

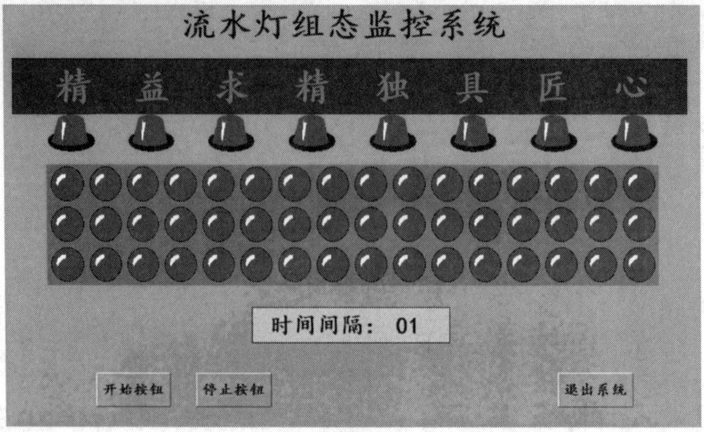

图 2-2-1　流水灯组态监控系统画面

相关知识

一、动画连接

1. 文本色连接

文本色连接是使文本对象的颜色随连接表达式的值的改变而改变，通过定义一些分段点（包括颜色和对应数值），使文本颜色在特定数值段内为指定颜色。

【例 2-2-1】设置“压力”文本的文本色连接，定义某分段点，阈值为 0，对应文本色为红色，另一分段点阈值为 100，对应文本色为蓝色。则当“压力”的值为 0~100（包括 0）时，“压力”的文本色为红色，当“压力”的值大于等于 100 时，“压力”的文本色为蓝色。

在“动画连接”对话框中单击“文本色”，弹出图 2-2-2 所示的“文本色连接”对话框。

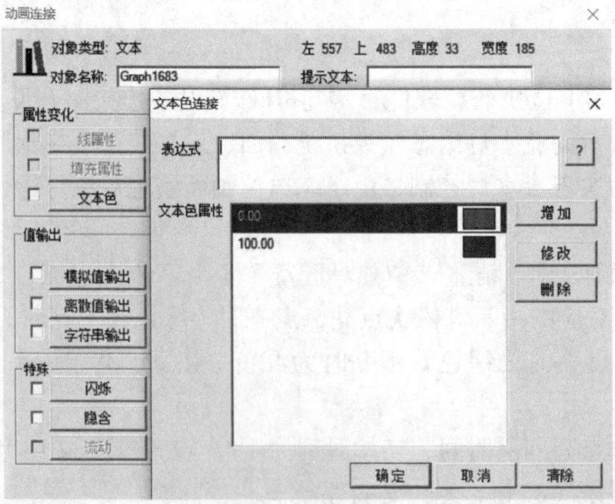

图 2-2-2　“文本色连接”对话框

【表达式】：用于输入连接表达式，单击右侧的“?”可以查看已定义的变量名。

【增加】：用于增加新的分段点，单击“增加”，弹出图 2-2-3 所示的“输入新值”对话框。在“输入新值”对话框中可以设置新的分段点的阈值和颜色，单击“文本色”右侧的颜色按钮，打开漂浮式窗口，移动鼠标选择颜色；也可以使“文本色”按钮获得输入焦点，按空格键打开漂浮式窗口，通过移动键选择颜色，按空格键或回车键结束。

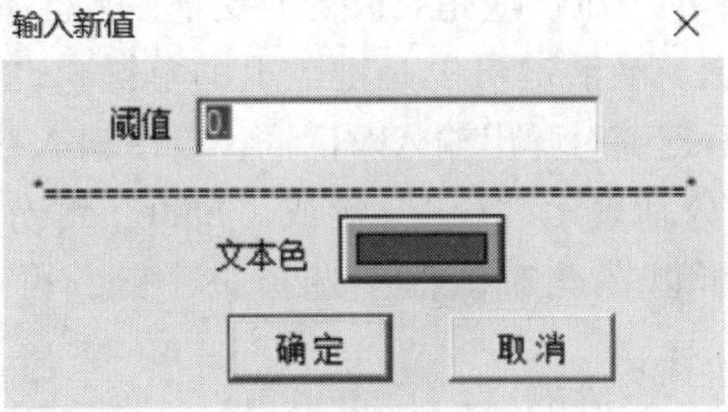

图 2-2-3 “输入新值”对话框

【修改】：修改选中的分段点。单击“修改”，弹出“修改”对话框，“修改”对话框的设置方法与“输入新值”对话框类似。

【删除】：删除选中的分段点。

2. 模拟值输入连接

模拟值输入连接使被连接对象在运行时为触敏对象，单击此对象或按下指定热键将弹出输入对话框，用户可以在对话框中输入连接变量的新值，以改变数据库中某个模拟型变量的值。

【例 2-2-2】如图 2-2-4 所示，绘制一个矩形框，设置模拟值输入连接以改变温度变量的值。在运行过程中单击矩形框，将弹出输入对话框，可以在此对话框中输入变量的新值。如果在组态王工程浏览器中勾选了“系统配置 \ 设置运行系统”下“特殊”选项卡中的“使用虚拟键盘”复选框，则弹出输入对话框的同时还将显示模拟键盘窗口，在模拟键盘上单击按钮的效果与键盘输入相同。

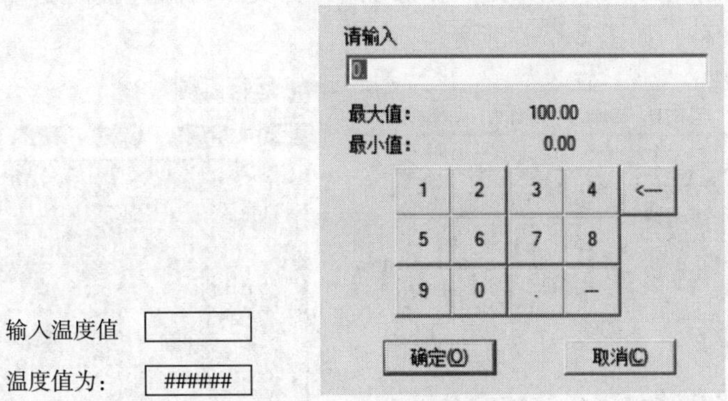

图 2-2-4 模拟值输入连接实例

在“动画连接”对话框中单击“模拟值输入”，弹出图2-2-5所示的“模拟值输入连接”对话框。

【变量名】：要改变的模拟型变量的名称。单击右侧的“?”可以查看已定义的变量和变量域。

【提示信息】：显示在弹出对话框中，用于提示输入内容。

【值范围】：规定输入值的范围。应是要改变的变量在数据库中的最大值和最小值。

【激活键】：定义激活键。激活键可以是键盘上的单键，也可以是组合键，在TouchView运行过程中可以用激活键随时弹出输入对话框，以便输入新的模拟值。当“Ctrl”或“Shift”复选框被勾选时，分别表示“Ctrl”键或“Shift”键有效。单击“键…”，弹出图2-2-6所示的对话框，可以在此对话框中选择一个键，再单击“关闭”，完成热键设置。

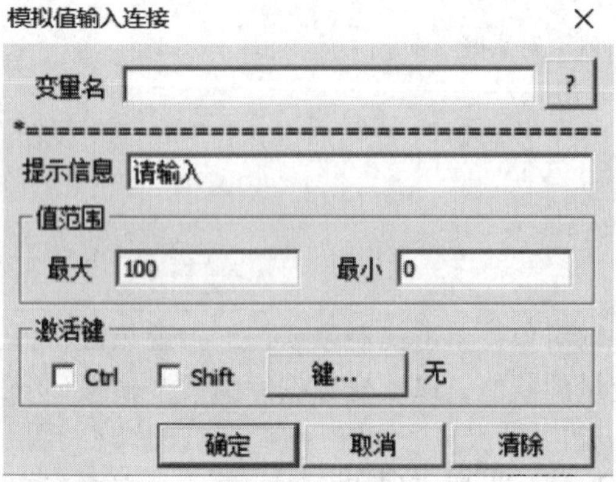

图2-2-5 “模拟值输入连接”对话框

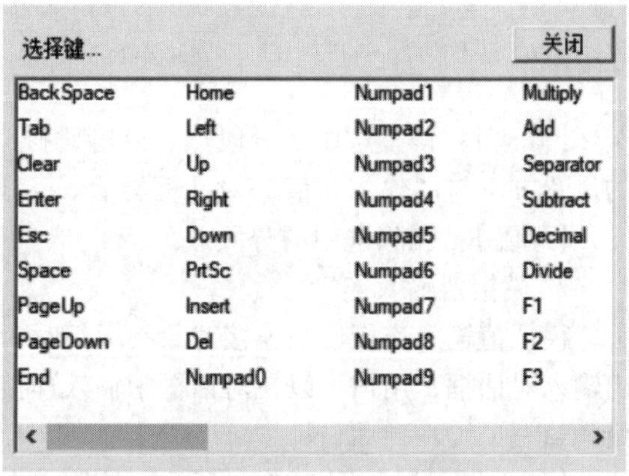

图2-2-6 定义激活键

3. 模拟值输出连接

模拟值输出连接的目的是使文本对象的内容在程序运行时被连接表达式的值取代。

【例2-2-3】建立文本对象以表示系统时间，为文本对象连接的变量是系统预定义变量$时、$分、$秒，如图2-2-7所示。

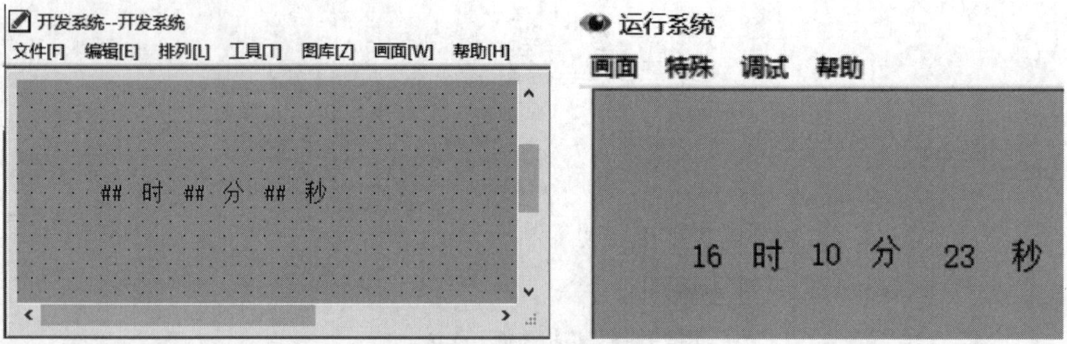

图2-2-7 模拟值输出实例

在“动画连接”对话框中单击“模拟值输出”，弹出图 2-2-8 所示的“模拟值输出连接”对话框。

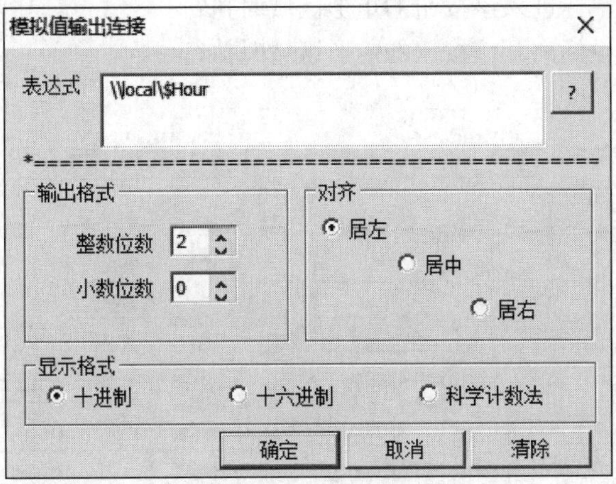

图 2-2-8 “模拟值输出连接”对话框

【表达式】：输入合法的连接表达式，单击右侧的“?”可以查看已定义的变量名和变量域。

【整数位数】：输出值的整数部分的位数。若实际输出时整数的位数少于此处填入的值，则高位填 0。若实际输出时整数的位数多于此值，则按照实际位数输出。例如，若设定整数位数是 4，而实际值为 12，则显示为 0012。若实际值为 12345，则显示为 12345。若不希望出现补 0 的情况，可设置整数位数为 0。

【小数位数】：输出值的小数部分的位数。若实际输出时小数的位数小于此值，则填 0 补充。若实际输出时小数的位数多于此值，则按照实际位数输出。例如，若设定小数位数为 4，而实际值为 0. 12，则显示为 0. 1200。

【对齐】：输出的模拟值字符串与当前被连接字符串在位置上按照居左、居中、居右方式对齐。

【十进制】：设定输出值用十进制显示。

【十六进制】：设定输出值用十六进制显示。

4. 按钮命令语言连接

对于图素而言，有时一般的动画连接表达式无法完成工作，需要单击画面中的按钮等图素程序才能执行。单击一个按钮，执行一连串的动作或执行一些运算、操作时，可以使用动画连接命令语言。组态王中的大多数图素都可以定义动画连接命令语言。

在画面上绘制一个按钮并双击，弹出图 2-2-9 所示的“动画连接”对话框。“命令语言连接”选项中包含以下几个复选框：

【按下时】：当鼠标在该按钮上按下或与该连接相关联的热键被按下时执行一次。

【弹起时】：当鼠标在该按钮上弹起或与该连接相关联的热键弹起时执行一次。

【按住时】：当鼠标在该按钮上按住或与该连接相关联的热键被按住时，周期性执行该段命令语言。“按住时”命令语言连接的执行周期可以定义，在该按钮右侧的“毫秒”标签编辑框中输入目标执行周期即可。

【鼠标进入】：当鼠标进入该按钮的矩形区域时执行一次。

【鼠标离开】：当鼠标离开该按钮的矩形区域时执行一次。

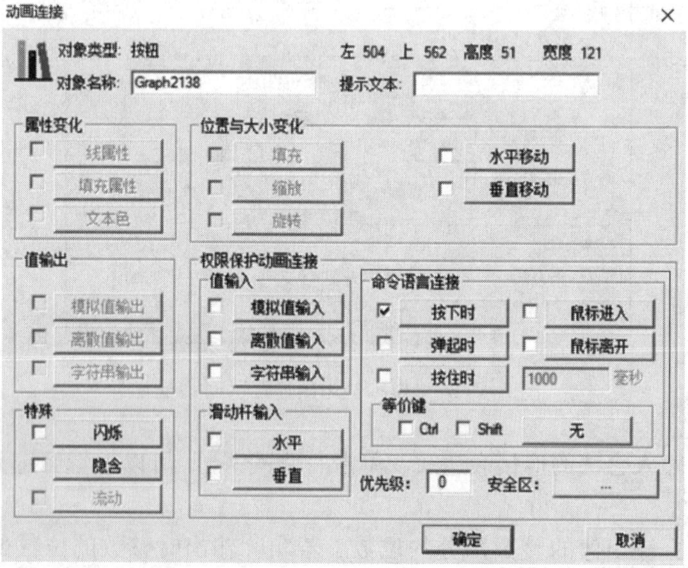

图 2-2-9 “动画连接”对话框

二、图形编辑工具

1. 画刷类型工具

组态王提供32种过渡色类型。显示/隐藏画刷类型工具条可通过单击“工具”→“显示画刷类型”或选用工具箱中的“ ”（显示画刷类型）来实现。通过画刷类型工具条可以方便地选用各种填充类型和过渡色效果，如图 2-2-10 所示。

目前支持画刷填充和过渡色的图素有圆角矩形、椭圆、扇形（弧形）和多边形。

具体使用方法为：在画面中选中需改变画刷类型的图素，再从画刷类型工具条中选择目标类型按钮。

2. 线形类型工具

“线形”工具条可以改变图素线条的类型，如图 2-2-11 所示。组态王系统支持 11 种线形，包括无线条 1 种（ ）、虚线 4 种（ ）和实线 6 种（ ）。

具体使用方法为：在画面中选定需修改线形的图素后，再从“线形”工具条中选择目标线形。

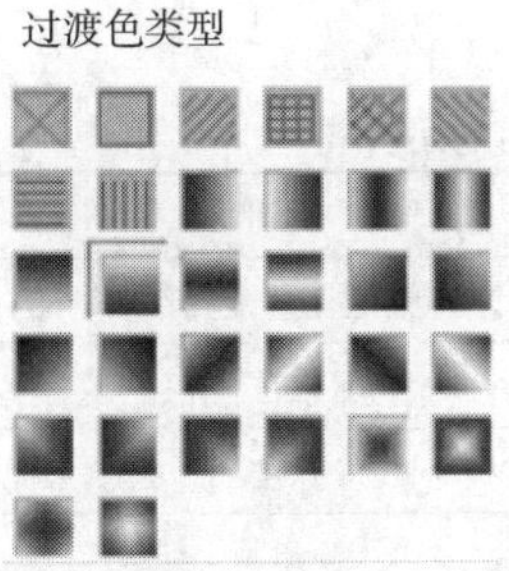

图 2-2-10　画刷类型工具条

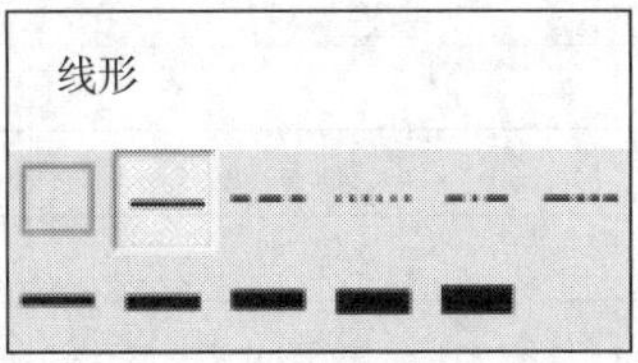

图 2-2-11　“线形”工具条

3. 调色板

调色板相当于颜料盒，共有无限种颜色，如图 2-2-12 所示。可通过单击“工具”→“显示调色板”或选用工具箱中的“”（显示调色板）来显示或隐藏调色板。使用调色板可以对各种图形、文本、窗口等颜色进行修改。调色板具有无限色功能，即除了可以选定基本颜色外，还可以编辑各种颜色，并能保存和读取调色信息。用户移动调色板的位置后，组态王会自动记忆调色板的位置，当用户下次进入组态王时，调色板会返回上次用户使用时的位置。

【图素对象选择按钮】：选择要填充颜色的对象，从左到右依次为：线条色、填充色、背景色、字符色、窗口色、透明色。

【基本颜色选择】：从当前调色板中选择需要的基本颜色，确定基本颜色后，可从颜色选择区中确定最终需要的颜色。第一个按钮为多色选择，其余为单色选择。

【用户调色窗】：为用户提供无限色功能，其上方按钮从左到右依次为：系统调色窗口、吸色管、存储调色信息和读取调色信息，下方为选色区。

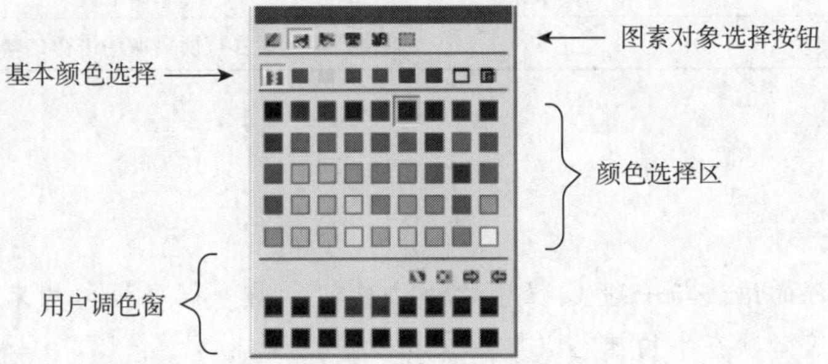

图 2-2-12　调色板

三、运算符及其优先级

1. 运算符

用运算符连接变量或常量就可以组成较简单的命令语言语句，如赋值、比较、数学运算等。命令语言中可使用的运算符以及运算符的优先级与连接表达式相同。

连接表达式中可使用的运算符见表 2-2-1。

表 2-2-1　连接表达式中可使用的运算符

<table>
<tr><th>序号</th><th>运算符</th><th>说明</th></tr>
<tr><td>1</td><td>~</td><td>取补码，将整型变量变为“2”的补码</td></tr>
<tr><td>2</td><td>*</td><td>乘法</td></tr>
<tr><td>3</td><td>/</td><td>除法</td></tr>
<tr><td>4</td><td>%</td><td>模运算</td></tr>
<tr><td>5</td><td>+</td><td>加法</td></tr>
<tr><td>6</td><td>-</td><td>减法</td></tr>
<tr><td>7</td><td>&</td><td>整型量按位与</td></tr>
<tr><td>8</td><td>|</td><td>整型量按位或</td></tr>
<tr><td>9</td><td>^</td><td>整型量异或</td></tr>
<tr><td>10</td><td>&&</td><td>逻辑与</td></tr>
<tr><td>11</td><td>||</td><td>逻辑或</td></tr>
<tr><td>12</td><td><</td><td>小于</td></tr>
<tr><td>13</td><td>></td><td>大于</td></tr>
<tr><td>14</td><td><=</td><td>小于或等于</td></tr>
<tr><td>15</td><td>>=</td><td>大于或等于</td></tr>
<tr><td>16</td><td>==</td><td>等于（判断）</td></tr>
<tr><td>17</td><td>! =</td><td>不等于</td></tr>
<tr><td>18</td><td>=</td><td>等于（赋值）</td></tr>
<tr><td>19</td><td>—</td><td>取反</td></tr>
<tr><td>20</td><td>!</td><td>逻辑非</td></tr>
<tr><td>21</td><td>()</td><td>括号。保证运算按所需次序进行，增强运算功能</td></tr>
</table>

提示

命令语言程序的语法与一般 C 程序的语法类似，每一程序语句的末尾应该用分号结束，所有命令语言必须在半角状态（即英文输入法）下输入。

【例 2-2-4】

自动开关=1;//将自动开关置为开（1 表示开，0 表示关）

颜色=2;//将颜色置为黑色（如果数字 2 代表黑色）

反应罐温度.priority=3;//将反应罐温度的报警优先级设为 3

2. 运算符的优先级

运算符在运算过程中存在优先次序，首先计算最高优先级的运算符，再依次计算较低优先级的运算符。运算符的优先级如图 2-2-13 所示，同一行的运算符有相同的优先级。

()　　　　　　　　　　最高优先级

—（单目）、！、~

*、/、%

+、−

<、>、<=、>=、= =、! =

&、|、^

&&、||

=　　　　　　　　　　最低优先级

图 2-2-13　运算符的优先级

任务实施

一、定义变量

单击工程浏览器“数据库”中的“数据词典”，双击“新建”图标，弹出“定义变量”对话框，按表 2-2-2 定义相关变量。

表 2-2-2　变量定义表

变量名	变量类型	描述	初始值	连接设备	寄存器	数据类型	读写属性
Y10	I/O 离散	灯 1	关	FX3UPLC	Y10	Bit	读写
Y11	I/O 离散	灯 2	关	FX3UPLC	Y11	Bit	读写
Y12	I/O 离散	灯 3	关	FX3UPLC	Y12	Bit	读写
Y13	I/O 离散	灯 4	关	FX3UPLC	Y13	Bit	读写
Y14	I/O 离散	灯 5	关	FX3UPLC	Y14	Bit	读写
Y15	I/O 离散	灯 6	关	FX3UPLC	Y15	Bit	读写
Y16	I/O 离散	灯 7	关	FX3UPLC	Y16	Bit	读写
Y17	I/O 离散	灯 8	关	FX3UPLC	Y17	Bit	读写
M10	I/O 离散	运行	关	FX3UPLC	M10	Bit	读写
TM	I/O 整数	计时时间	0	FX3UPLC	D500	SHORT	读写
TM1	I/O 整数	间隔时间	0	FX3UPLC	D501	SHORT	读写

操作提示

为提高数据变量的读写刷新速度，新建变量时可将变量的采集频率设为 100 ms。

二、新建并设计画面

1. 新建画面

打开工程管理器界面，打开“流水灯组态监控系统”工程，进入工程浏览器界面。在工程浏览器中单击“文件”下的“画面”，在右侧视图中双击“新建”图标，按图 2-2-14 所示要求设置新画面属性。

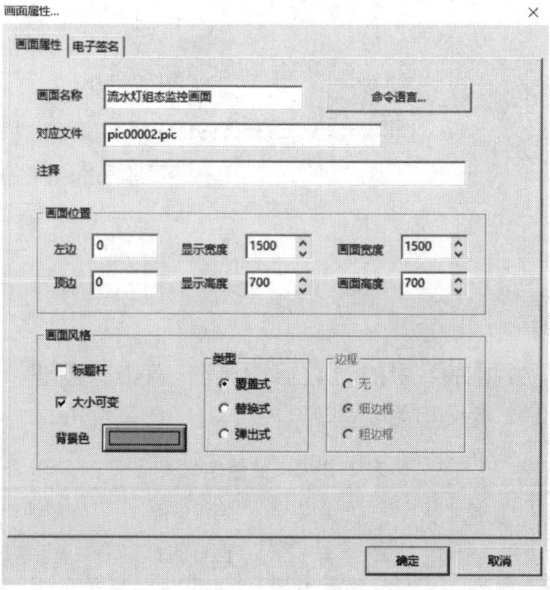

图 2-2-14　画面属性设置

2. 设计画面

（1）选用工具箱中的“文本”工具，添加文字“流水灯组态监控系统”，单击菜单栏中的“工具”→“字体”，将文本设为楷体、粗体、38 号字，将文字颜色设为黑色。

（2）选用工具箱中的“圆角矩形”工具绘制文字背景框，将背景框填充底色设置为合适颜色。再选用工具箱中的“文本”工具，分别添加文字“精”“益”“求”“精”“独”“具”“匠”“心”，将文本设为楷体、粗体、初号字，将文字颜色设为红色。

选中第一个字“精”并将其移动至背景框最左端的合适位置，再将最后一个字“心”放置在背景框最右端合适位置，最后将其他几个字按顺序放置在“精”和“心”字中间。同时选中 8 个字，单击“排列”→“对齐”→“上对齐”和“排列”→“水平方向等间隔”，将 8 个字等距等高排列。

操作提示

也可以通过工具箱中的排列工具 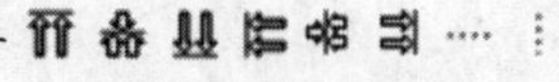 对文字进行排列。

（3）选用工具箱中的“打开图库”工具或按“F2”键，选择指示灯放置在画面中，使用复制、粘贴的方法共放置 8 个指示灯对象，再使用对齐功能将 8 个指示灯依次放在文字下方。

用同样的方法，选择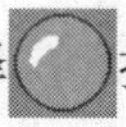指示灯放置在画面中，使用复制、粘贴的方法共放置 48 个指示灯对象，再使用对齐功能将 48 个指示灯按图 2-2-1 进行排列。

操作提示

微调图形元素位置时，可通过工具箱中的“”关闭栅格。

（4）先选用工具箱中的“圆角矩形”工具，绘制文字背景框，将背景框填充底色设置为合适颜色。再选用工具箱中的“文本”工具，分别添加“时间间隔:”和“####”两组文字，将文本设为楷体、粗体、25 号字，文字颜色设为黑色。

（5）选用工具箱中的“按钮”工具，绘制 3 个按钮对象，选择按钮对象并通过字符串替换功能分别将 3 个按钮的名称改为“开始按钮”“停止按钮”和“退出系统”。将文本设为楷体、粗体、三号字，文字颜色设为黑色。

（6）流水灯组态监控系统完整画面如图 2-2-15 所示，画面设计完成后单击“文件”→“全部存”，将完成的画面进行保存。

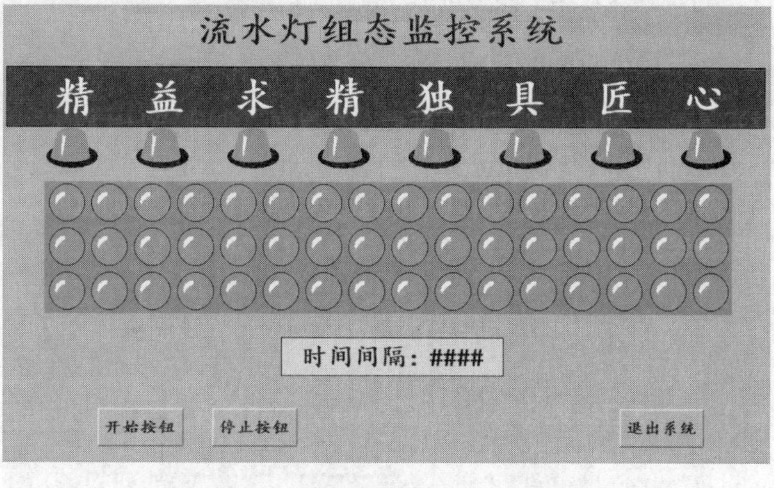

图 2-2-15　流水灯组态监控系统完整画面

三、动画连接

1. 双击“精”文本对象，弹出“动画连接”对话框，单击“文本色”，弹出图 2-2-16 所示的“文本色连接”对话框，单击“表达式”右侧的“?”，弹出变量选择对话框，选择变量“Y10”，设置文本色属性值=0 时为绿色，文本色属性值=1 时为红色。依次将其他7个文本对象的变量设为“Y11～Y17”，文本色属性与“精”文本对象相同。

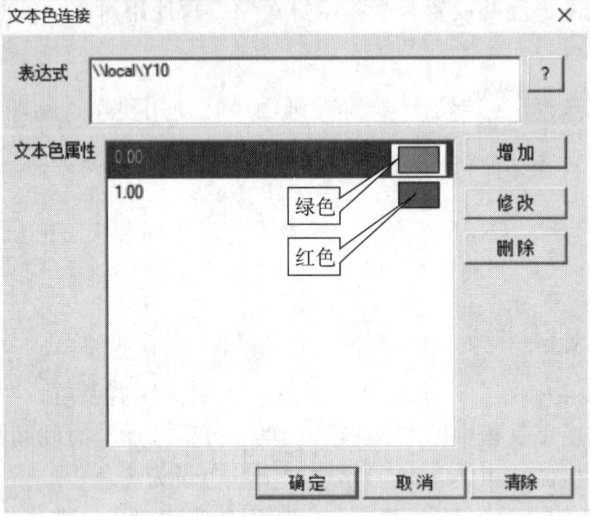

图2-2-16 “文本色连接”对话框

2. 双击指示灯，弹出图2-2-17所示的“指示灯向导”对话框，单击“变量名(离散量)”右侧的“?”，弹出变量选择对话框，依次将文字下方的8个指示灯的变量设为“Y10～Y17”，正常色为绿色，报警色为红色。

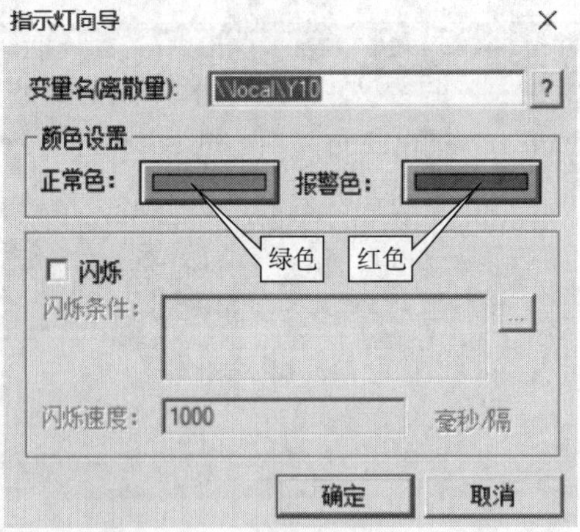

图2-2-17 “指示灯向导”对话框

参照图2-2-18，按箭状依次将指示灯动画连接的变量设为“Y10～Y17”，正常色为绿色，报警色为红色。

3. 双击“####”文本对象，弹出“动画连接”对话框，单击“模拟值输入”，弹出“模拟值输入连接”对话框，选择变量“TM”，设置值范围为“0～100”。

4. 双击“开始按钮”对象，弹出“动画连接”对话框。单击“按下时”，弹出“命令语言”对话框，输入启动信号置 1 运算命令【\\local\M10=1;//开始位置 1】，如图 2-2-19 所示。

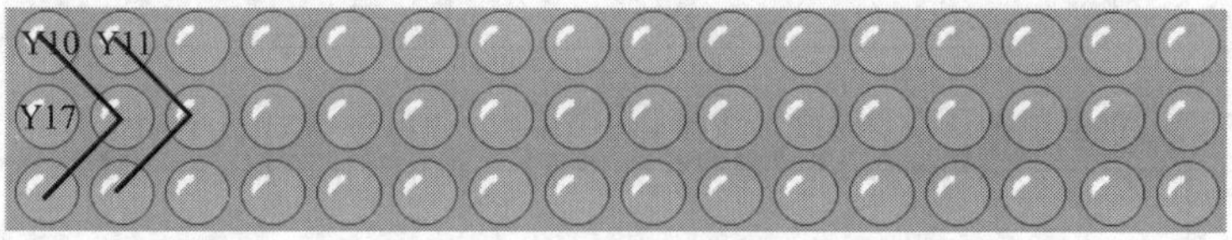

图 2-2-18　指示灯变量设置示意图

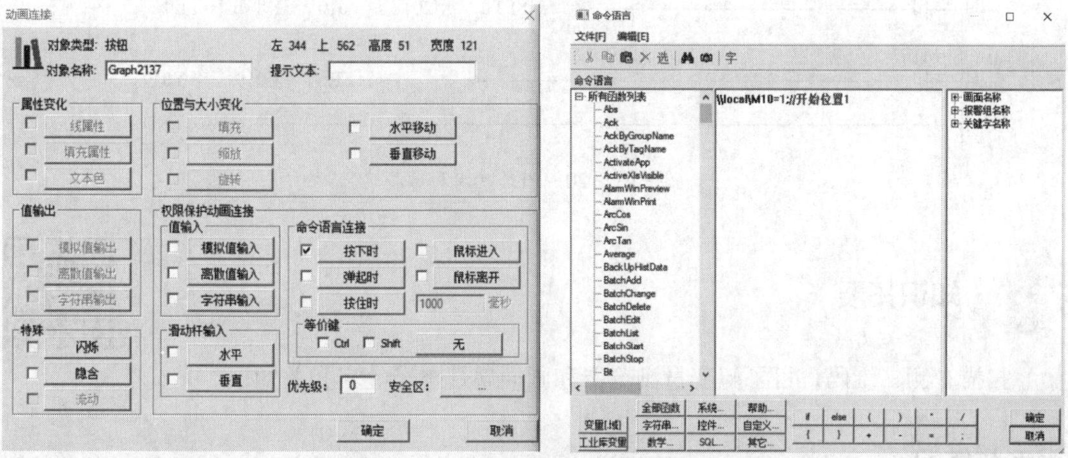

图 2-2-19　输入启动信号置 1 运算命令

5. 双击“停止按钮”对象，弹出“动画连接”对话框。单击“按下时”，弹出“命令语言”对话框，输入启动信号置 0 运算命令【\\local\M10=0;//开始位置 0】。

6. 双击“退出系统”对象，弹出“动画连接”对话框。单击“按下时”，弹出“命令语言”对话框，输入退出系统命令语言【Exit(0);//退出运行系统】。

四、运行与调试

1. 双击工程浏览器中“系统配置”下的“设置运行系统”，弹出“运行系统设置”对话框，将运行系统启动主画面设置为“流水灯组态监控画面”。

2. 按照任务要求编写、下载流水灯 PLC 控制程序，参考程序如图 2-2-20 所示，并完成 PLC 控制线路安装。

3. 单击开发系统中的“文件”→“切换到 View”，进入组态王运行系统。

（1）单击组态监控系统界面上的“开始按钮”，观察并记录系统画面和 PLC 输出 Y10~Y17 的运行状态。

（2）单击组态监控系统界面上的“停止按钮”，系统停止运行，单击时间设置可修改间隔时间，再次单击“开始按钮”运行系统，观察并记录系统运行状态。

（3）单击“退出系统”按钮，退出组态王运行系统。

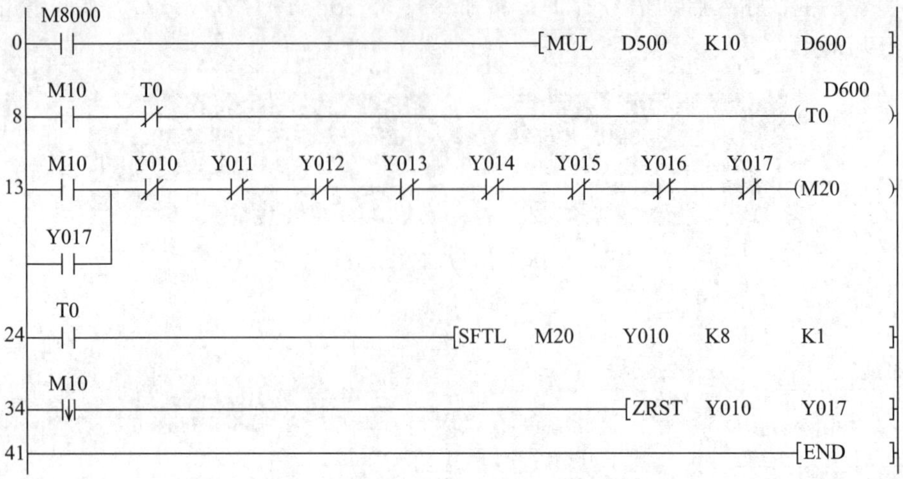

图 2-2-20　PLC 参考程序

知识拓展

扫描右侧二维码，可了解变量浏览器和画面属性电子签名相关知识。

思考与练习

1. 简述文本色连接的设置方法。
2. 简述模拟值输入连接的设置方法。
3. 简述模拟值输出连接的设置方法。
4. 组态王提供的画刷类型工具有哪几种？简述每种画刷类型工具的作用。
5. 组态王支持的线形有几种？

技能拓展

创建图 2-2-21 所示的音乐喷泉组态监控画面，设置动画连接、编写 PLC 控制程序，实现 PLC 与组态王联机对音乐喷泉的监控。具体要求如下：

选择单步运行，每单击一次“启动”按钮，灯从外圈向内圈依次点亮，单击“停止”按钮，灯全部关闭。选择连续运行，单击“启动”按钮，灯从外圈向内圈每间隔 1 s 依次点亮且循环工作，单击“停止”按钮，灯全部关闭。单击“退出系统”按钮，退出组态王运行系统。

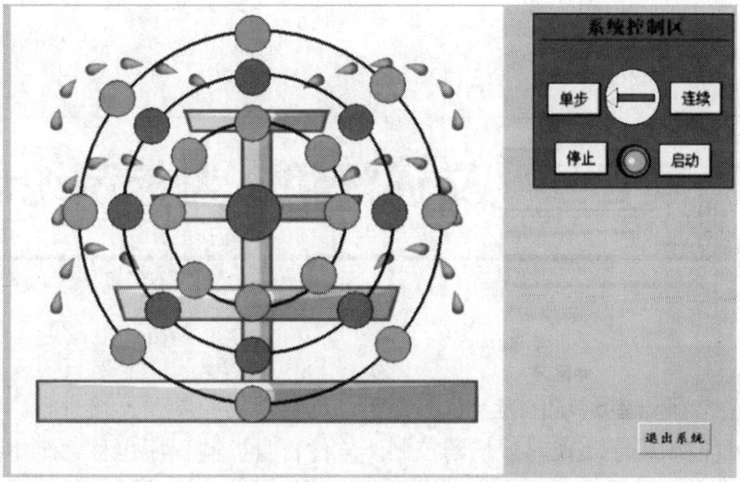

图 2-2-21　音乐喷泉监控画面

项目三　交通灯组态监控系统设计

组态软件在工业控制现场作为上位机，不仅可与现场控制器连接进行画面监控，还可以通过软件自身控制程序实现对现场的控制。软件自身控制程序也称为脚本程序，是组态软件中的一种内置编程语言引擎，能够增强系统的灵活性。本项目通过交通灯组态监控系统设计，学习组态王脚本程序的使用，进一步熟悉画面制作技巧。

任务1　交通灯组态监控系统画面设计

学习目标

1. 掌握线属性、填充属性、闪烁和隐含连接的功能及其设置方法。
2. 能正确设计交通灯组态监控系统画面。

任务引入

组态王监控工程的画面设计是工程的基础性工作，直接关系到动画连接后的实际效果，设计图 3-1-1 所示的交通灯监控画面，学习组态王画面编辑工具的使用技巧。

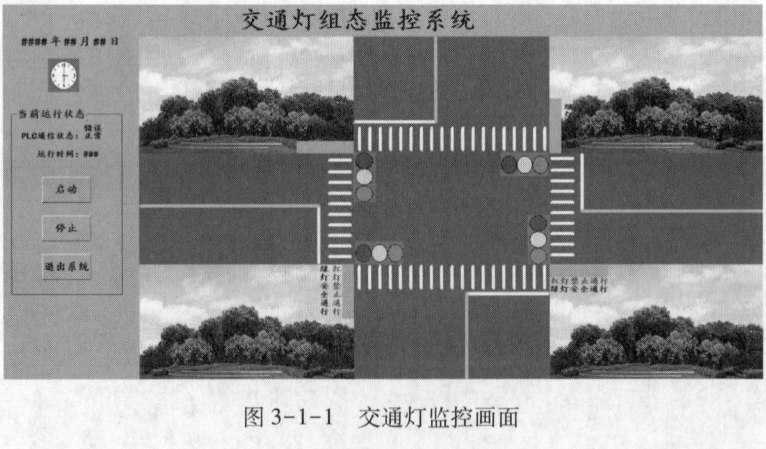

图 3-1-1　交通灯监控画面

相关知识

动画连接

1. 线属性连接

线属性连接使被连接对象的边框或线的颜色和线形随连接表达式的值的改变而改变。在“动画连接”对话框中，单击“线属性”，弹出图 3-1-2 所示的“线属性连接”对话框。定义这类连接需要同时定义分段点（阈值）和对应的线属性，利用连接表达式的多样性，可以设计很多实用的连接。

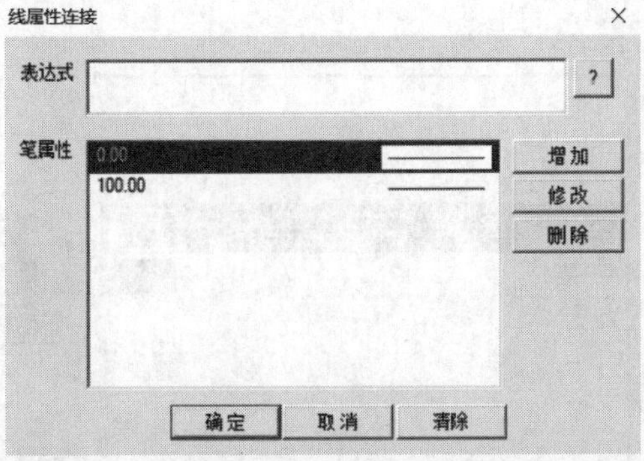

图 3-1-2 “线属性连接”对话框

【表达式】：用于输入连接表达式，单击“?”可以查看已定义的变量名和变量域。

【增加】：增加新的分段点。单击“增加”，弹出图 3-1-3 所示的“输入新值”对话框，在对话框中可以输入新的分段点（阈值）并设置笔属性。单击“线形”对应按钮打开漂浮式窗口，通过移动鼠标进行选择；也可以使“线形”对应按钮获得输入焦点，按空格键打开漂浮式窗口，通过“Tab”键在颜色和线形间切换，用方向键选择，按空格或回车键确定选择。

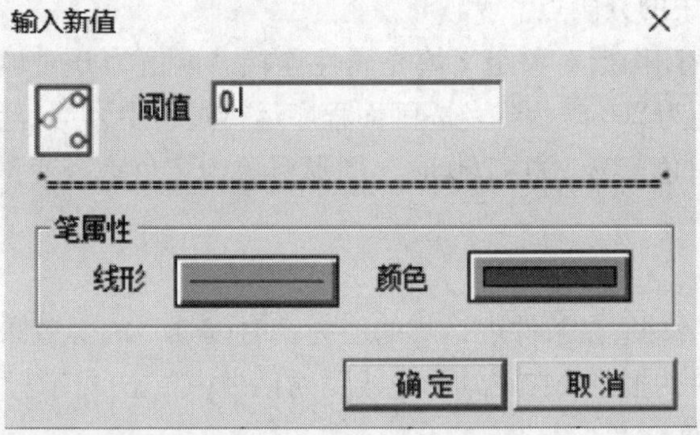

图 3-1-3 “输入新值”对话框

【修改】：修改选中的分段点。“修改”对话框的设置方法同“输入新值”对话框。

【删除】：删除选中的分段点。

【例3-1-1】可以通过线颜色表示离散变量EX的报警状态。只需在连接表达式中输入“EX. Alarm”，然后将两个笔属性的颜色对应值改为0（蓝色）和1（红色）即可。运行过程中，当警报发生时（EX. Alarm==1），线由蓝色变为红色；当警报解除时，线由红色变为蓝色。

2. 填充属性连接

填充属性连接使图形对象的填充颜色和填充类型随连接表达式的值的改变而改变，通过定义一些分段点，使图形对象的填充属性在一段数值内为指定值。在“动画连接”对话框中单击“填充属性”，弹出“填充属性连接”对话框，如图3-1-4所示。

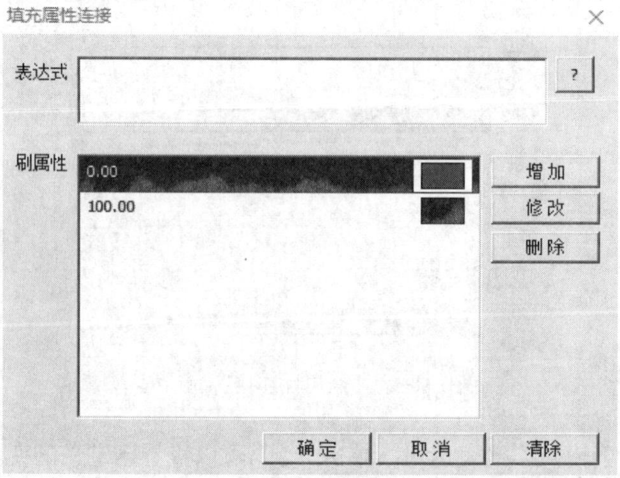

图3-1-4 “填充属性连接”对话框

【表达式】：用于输入连接表达式，单击“?”可以查看已定义的变量名和变量域。

【增加】：增加新的分段点。单击“增加”可以弹出“输入新值”对话框。

【修改】：修改选中的分段点。“修改”对话框的设置方法同“输入新值”对话框。

【删除】：删除选中的分段点。

【例3-1-2】为封闭图形对象定义填充属性连接，阈值为0时填充属性为白色，阈值为100时为黄色，阈值为200时为红色。画面程序运行过程中，当变量“温度”的值为0~100时，图形对象为白色；为100~200时，图形对象为黄色；当变量值大于200时，图形对象为红色。

3. 闪烁连接

闪烁连接使被连接对象在条件表达式的值为真时闪烁。闪烁效果容易引起注意，故常用于出现非正常状态时的报警。在“动画连接”对话框中单击“闪烁”，弹出图3-1-5所示的“闪烁连接”对话框。

【闪烁条件】：用于输入闪烁条件表达式，当此条件表达式的值为真时，图形对象开

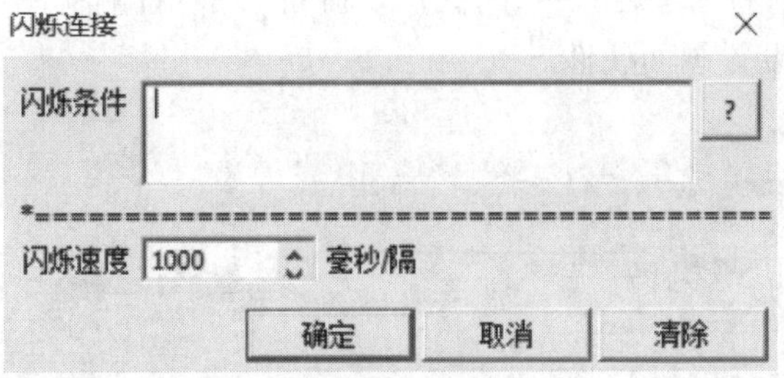

图 3-1-5 “闪烁连接”对话框

始闪烁，当表达式的值为假时闪烁自动停止。单击“?”可以查看已定义的变量名和变量域。

【闪烁速度】：设置闪烁的频率。

4. 隐含连接

隐含连接使被连接对象根据条件表达式的值而显示或隐含。在“动画连接”对话框中单击“隐含”，弹出图 3-1-6 所示的“隐含连接”对话框。

【条件表达式】：用于输入显示或隐含的条件表达式，单击“?”可以查看已定义的变量名和变量域。

【表达式为真时】：设定当条件表达式的值为真时，被连接对象是显示还是隐含。当条件表达式的值为假时，定义为“显示”状态的对象自动隐含，定义为“隐含”状态的对象自动显示。

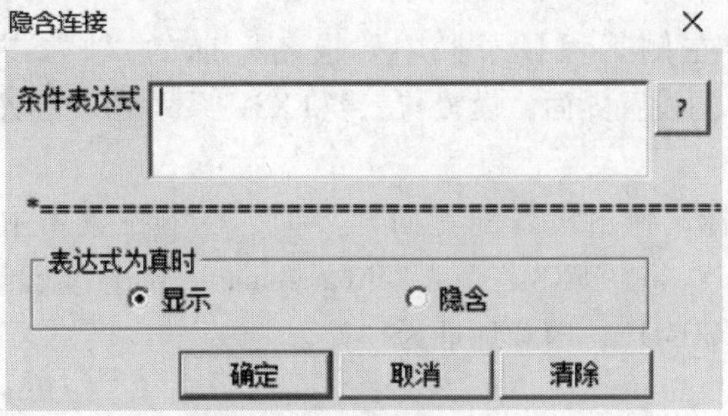

图 3-1-6 “隐含连接”对话框

任务实施

一、创建新工程

1. 新建工程

启动组态王软件，打开工程管理器，新建“交通灯组态监控系统”工程。双击新建的“交通灯组态监控系统”工程，进入工程浏览器界面。

在工程浏览器左侧的工程目录栏中单击“画面”，在右侧视图中双击“新建”图标，按图 3-1-7 所示要求设置画面属性。

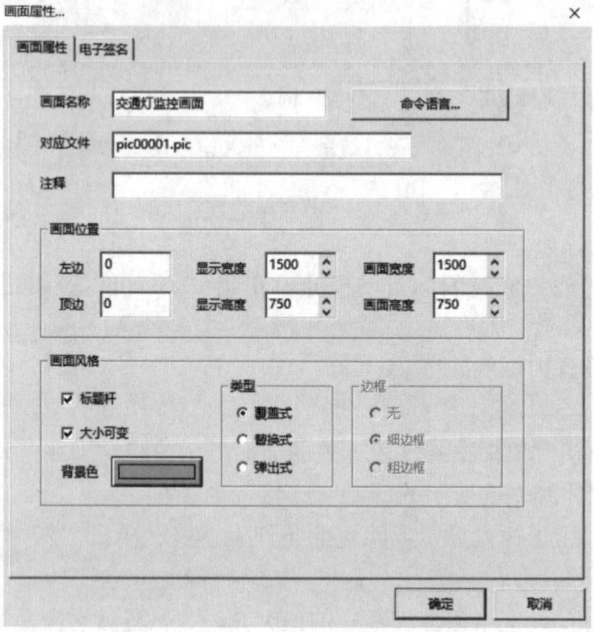

图 3-1-7　画面属性设置

2. 设置通信串口

单击工程浏览器左侧工程目录栏中“设备”前的“+”，展开相应目录，双击“COM1”，弹出 COM1 的设置界面，设置与三菱 FX3U 系列 PLC 相连的串口通信参数。

3. 创建 PLC 设备

双击“新建”图标，弹出设备配置向导界面，在下拉菜单中单击“PLC”左侧的“+”，单击“Mitsubishi”→“FX3u”→“Programmable port”。设置 PLC 的逻辑名称为“FX3U”，串口号为“COM1”，PLC 地址为“2”。

二、设计画面

1. 绘制静态位图

选用工具箱中的“圆角矩形”工具，绘制页眉和左侧框图，线条、填充色均设为淡蓝色，放置到指定位置。选中页眉和左侧框图，使用工具箱中的“合成组合图素”工具将两个框图合并为一个图素。使用同样的方法绘制十字路口道路位图。

操作提示

“合成组合图素”和“合成单元”工具都是将若干图素单元合成一个整体，合成图素后可对整个图素进行动画连接，合成单元则需要在合成前对各图素单元进行动画连接，合成单元后无法进行动画连接。

选用工具箱中的“点位图”工具，在十字路口四个角位置插入点位图，右击插入的点位图，弹出的菜单中增加了图 3-1-8 所示的点位图选项，单击“从文件中加载”可以导入需要的点位图。

图 3-1-8　点位图选择菜单

选择全部图素，单击“编辑”→“锁定”，锁定后图素将不能移动，防止后续操作改变图素位置。

选用工具箱中的“直线”工具，绘制斑马线和交通线，线形选择最宽，斑马线选用白色，交通线选用黄色。

操作提示

绘制斑马线时，可以将一条直线的线形、颜色设置好，再使用复制、粘贴功能，完成其余直线的快速绘制，最后使用工具箱中的排列工具进行排列即可。

完成后，选择全部图素并进行锁定，效果如图 3-1-9 所示。

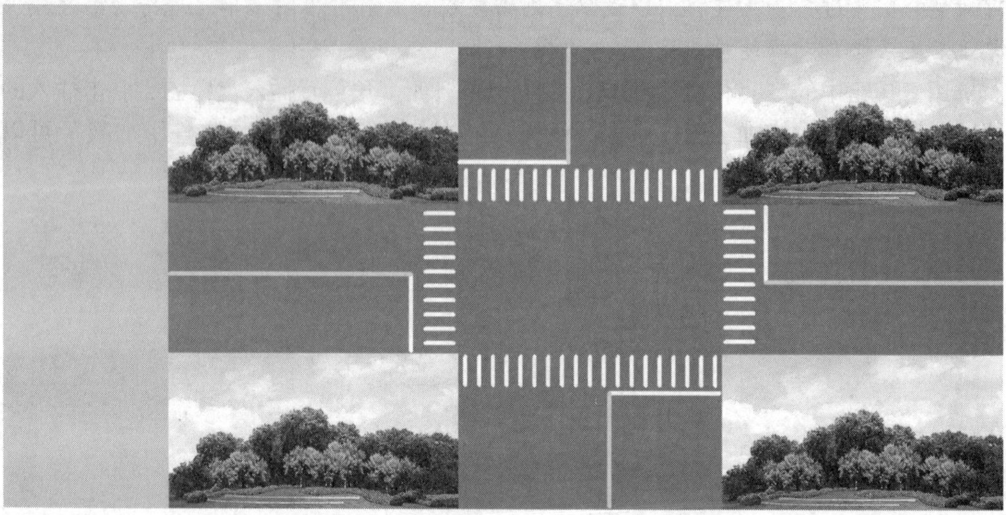

图 3-1-9 交通灯静态位图效果

2. 绘制文字、按钮、信号灯等对象

选用工具箱中的“文本”工具，按图 3-1-1 绘制文字对象，绘制完成后使用排列工具进行排列调整。其中，“红灯禁止通行”对象文本色为红色，“绿灯安全通行”对象文本色为蓝色，其余文本对象文本色为黑色。

操作提示

因需要连接不同变量，“##”“年”“月”“日”“错误”“正常”对象需要独立绘制。

选用工具箱中的“按钮”工具，绘制“启动”“停止”“退出系统”按钮对象，并使用排列工具进行排列调整。

选用工具箱中的“圆角矩形”工具，绘制信号灯背景方框，边框线条颜色和填充色均为灰色。

选用工具箱中的“椭圆”工具，绘制信号灯，边框线条颜色为黑色，填充色分别为红色、黄色、绿色。

选用工具箱中的“打开图库”工具或按“F2”键打开图库，放置时钟对象。

完成后，选择全部图素并进行锁定，整体效果如图 3-1-1 所示。

操作提示

在画面设计过程中，经常会出现对象重叠放置后无法显示的情况，此时可使用工具箱中的“图素前移”“图素后移”工具进行调整。

3. 保存画面

单击“文件”→“全部存”，将完成的画面进行保存。

知识拓展

扫描右侧二维码，可了解编辑图库精灵的相关知识。

思考与练习

1. 简述线属性连接的作用及其设置方法。
2. 简述填充属性连接的作用及其设置方法。
3. 简述闪烁连接的作用及其设置方法。
4. 简述隐含连接的作用及其设置方法。
5. 简述“合成组合图素”与“合成单元”工具的区别。

任务 2　交通灯组态监控系统动画连接

学习目标

1. 了解命令语言的类型。
2. 掌握命令语言的语法。
3. 能完成交通灯组态监控系统动画连接。

任务引入

组态软件作为上位机监控软件不仅具有监控功能，还可以通过编写脚本程序对画面和连接设备进行控制。本任务要求设置按钮、指示灯、文字等对象的动画连接，通过编写脚本程序实现上位机对连接设备 PLC 被控对象的监控，交通灯组态监控系统动画图如图 3-2-1 所示。具体要求如下：

1. 单击“启动”按钮或按“F1”键程序运行，南北方向红灯亮 25 s，同时东西方向绿灯亮 20 s，20 s 后东西方向绿灯灭，黄灯闪亮 5 s。5 s 后南北方向红灯灭，东西方向黄灯灭，东西方向红灯亮 25 s，同时南北方向绿灯亮 20 s。20 s 后南北方向绿灯灭，黄灯闪亮 5 s，循环此过程。单击“停止”按钮或按“F2”键程序停止，所有信号灯关闭。

2. 监控画面可显示日期、时间、PLC 通信状态和运行时间。当东西或南北方向红灯

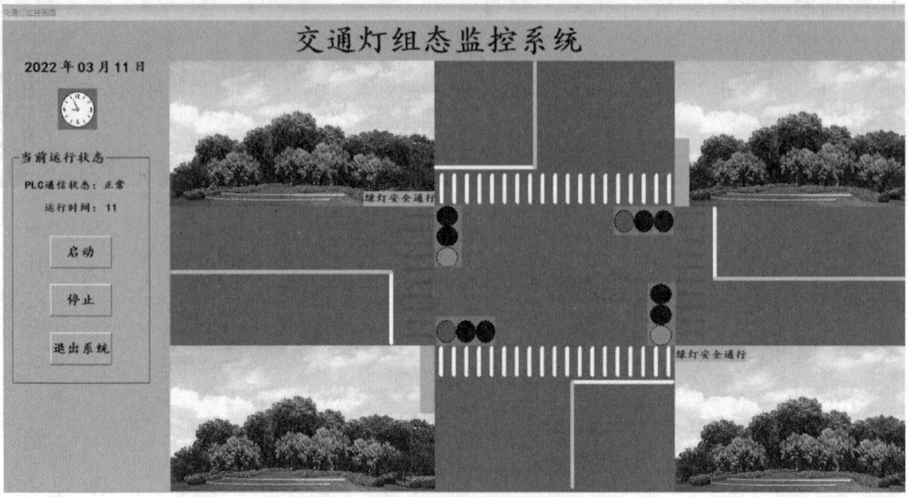

图 3-2-1　交通灯组态监控系统动画图

亮时，对应人行横道斑马线显示为红色，对应方向闪烁显示“红灯禁止通行”红色文字；东西或南北方向绿灯亮时，对应人行横道斑马线显示为白色，对应方向显示“绿灯安全通行”蓝色文字。

3. 单击“退出系统”按钮或按“Esc”键，退出应用程序。

相关知识

一、命令语言类型

组态王命令语言都是通过事件触发执行的，如定时时间到、数据的变化、键盘键的按下、鼠标的点击等。根据事件和功能的不同，命令语言分为应用程序命令语言、热键命令语言、事件命令语言、数据改变命令语言、自定义函数命令语言、动画连接命令语言、画面命令语言等。其中，应用程序命令语言、热键命令语言、事件命令语言、数据改变命令语言可以称为后台命令语言，它们的执行不受画面打开与否的限制，只要符合条件即可执行。另外，可以通过单击运行系统中的“特殊”→“开始执行后台任务”和“特殊”→“停止执行后台任务”控制应用程序命令语言在系统运行时是否执行，也可以通过修改系统变量“$启动后台命令语言”的值来控制，当值置 0 时停止执行，置 1 时开始执行。

1. 应用程序命令语言

应用程序命令语言是组态王运行系统应用程序启动时、运行期间和退出时执行的命令语言程序。在运行系统运行期间，该程序按照指定时间间隔定时执行。

单击工程浏览器工程目录显示区中“命令语言”下的“应用程序命令语言”，则右侧的内容显示区会显示“请双击这儿进入<应用程序命令语言>对话框 ...”图标，双击图标，弹出“应用程序命令语言”对话框，如图 3-2-2 所示。

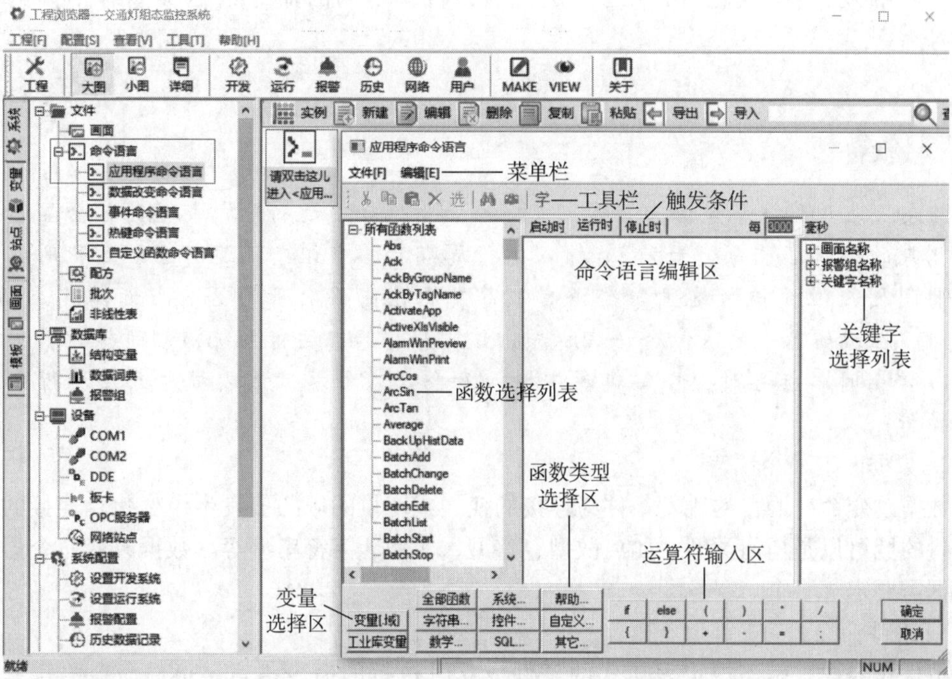

图 3-2-2 “应用程序命令语言”对话框

（1）菜单栏：包括“文件”和“编辑”菜单。“文件”菜单中有“确认”和“取消”菜单项，这两个菜单项与编辑器右下角的“确定”和“取消”按钮作用相同。“编辑”菜单提供使用编辑器编辑命令语言时的常用工具。

（2）工具栏：提供编辑命令语言的工具。包括剪切、复制、粘贴、删除、全选、查找、替换和字体。

（3）关键字选择列表：可以在此列表中直接选择现有的画面名称、报警组名称和关键字名称（如运算连接符）输入命令语言编辑器中。例如，单击一个画面名称，该画面名称即可自动添加到编辑器中。

（4）函数选择列表和函数类型选择区：双击函数选择列表中的某一函数，该函数即可被添加到编辑器中。此外，单击函数类型选择区中的某一按钮，即可打开相关函数选择列表。单击“全部函数”，显示组态王提供的所有函数列表；单击“系统”，只显示系统函数列表；单击“字符串”，只显示与字符串操作相关的函数列表；单击“数学”，只显示数学函数列表；单击“SQL”，只显示 SQL 函数列表；单击“控件”可以选择 Active X 控件的属性和方法；单击“自定义”，显示自定义函数列表。

（5）运算符输入区：单击某一按钮，该按钮对应的运算符或语句会自动输入编辑器中。

（6）变量选择区：选择变量或变量域到编辑器中。

（7）命令语言编辑区：输入命令语言程序的区域。

（8）触发条件：触发命令语言执行的条件，不同的命令语言类型有不同的触发条件。

提示

组态王应用程序命令语言只能定义一个。当选择“运行时”标签时，会显示输入执行周期的编辑框“每…毫秒”。输入执行周期后，当组态王运行系统运行时，将按照该时间周期性地执行这段命令语言程序，无论画面打开与否。当选择“启动时”标签时，在编辑器中输入命令语言程序，该段程序只在运行系统启动时执行一次。当选择“停止时”标签时，在编辑器中输入命令语言程序，该段程序只在运行系统停止时执行一次。

2. 数据改变命令语言

数据改变命令语言的触发条件为连接的变量或变量的域的值发生了变化。连接的变量和变量的域可以是任何类型，如离散型、整型、实型、字符串型等。数据改变命令语言可以根据需要定义多个。

3. 事件命令语言

事件命令语言是当规定表达式的条件成立时执行的命令语言。事件命令语言有发生时、存在时、消失时三种类型。

（1）发生时：事件条件成立初始执行一次。

（2）存在时：事件存在期间定时执行，在“每…毫秒”编辑框中输入执行周期，则在事件条件成立期间周期性执行命令语言。

（3）消失时：当事件条件由成立变为不成立时执行一次。

提示

使用事件命令语言和数据改变命令语言时要注意防止死循环。例如，变量A变化触发数据改变命令语言程序中含有命令B=B+1，若用B变化再触发事件命令语言或数据改变命令语言，则其程序中不能再有类似A=A+1的命令。数据改变命令语言和事件命令语言的条件如果引用远程变量，则下面的命令语言不执行。

4. 热键命令语言

热键命令语言可以将命令语言程序链接到指定的计算机键盘热键上，运行期间操作人员按下键盘上相应的热键即可启动对应的命令语言程序。热键命令语言可以指定使用权限和操作安全区。

【例3-2-1】使用热键命令语言实现：按“F1”键，开启或关闭出料阀。具体步骤如下：

（1）选择工程浏览器中的“文件”→“命令语言”→“热键命令语言”，双击“新建”图标，弹出“热键命令语言”对话框，如图3-2-3所示。

（2）单击“键 ...”，在弹出的“选择键”对话框中双击“F1”确认。

（3）在命令语言编辑区输入以下命令语言：

```
if(\\local\出料阀==1)
\\local\出料阀=0;
else
\\local\出料阀=1;
```

（4）单击“确定”，关闭对话框。

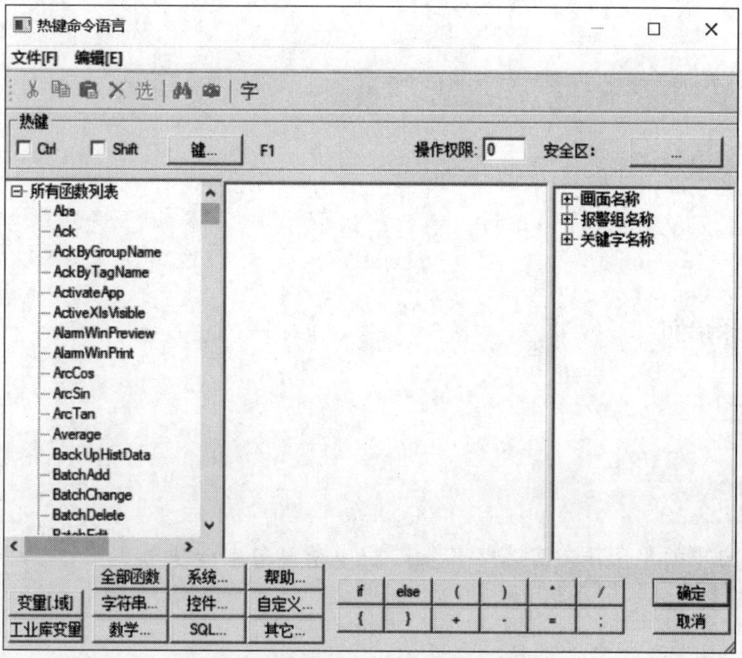

图 3-2-3　“热键命令语言”对话框

5. 画面命令语言

画面命令语言是与画面显示与否有关的命令语言程序。画面命令语言在画面属性中定义，分为显示时、存在时、隐含时三种类型。

（1）显示时：当打开或激活画面为当前画面，或画面由隐含变为显示时执行一次。

（2）存在时：画面显示过程中周期性地执行，可以设定执行周期。

（3）隐含时：当画面由激活状态变为隐含状态或被关闭时执行一次。只有画面被关闭或被其他画面完全遮盖时，画面命令语言才会停止执行。

提示

只与画面相关的命令语言（如画面上动画的控制语言）可以写到画面命令语言中，

而不必写到后台命令语言中，这样可以减轻后台命令语言的压力，提高系统运行的效率。

二、命令语言语法

命令语言的语法与一般 C 程序的语法没有太大区别，每一程序语句的末尾应该用“;”结束，当使用 if…else…、while（）等语句时，其程序要用“{ }”括起来。

1. if-else 语句

if-else 语句的功能是按表达式的状态有条件地执行不同的程序，可以嵌套使用。语法为：

```
if(表达式)
{
一条或多条语句;
}
else
{
一条或多条语句;
}
```

提示

if-else 语句中的单条语句可省略“{ }”，多条语句则必须写在“{ }”中。

【例 3-2-2】

```
if(step==3)
颜色=“红色”;
```

上述语句表示当变量 step 与数字 3 相等时，将变量颜色置为“红色”（变量“颜色”为内存字符串变量）。

【例 3-2-3】

```
if(出料阀==1)
出料阀=0; //将离散变量“出料阀”设为0状态
else
出料阀=1;
```

上述语句表示将内存离散变量“出料阀”设为相反状态。

2. while（）语句

当 while（）语句括号中的表达式条件成立时，循环执行“{ }”中的程序。语法为：

```
while(表达式)
```

```
{
一条或多条语句;
}
```

提示

与 if 语句相同，while 语句中的单条语句可省略“{ }”，多条语句必须写在“{ }”中。while（）语句要慎用，避免造成死循环。

【例 3-2-4】

```
while(循环<=10)
{
ReportSetCellvalue("实时报表",循环,1,原料罐液位);
循环=循环+1;
}
```

上述语句表示当变量“循环”的值小于等于 10 时，向报表第一列的 1~10 行写入变量“原料罐液位”的值。应该注意使 whlie 表达式条件满足，然后退出循环。

3. 命令语言程序的注释

为命令语言程序添加注释能够增强程序的可读性，也方便程序的维护和修改。组态王的所有命令语言都支持添加注释，注释可以在程序的任何位置添加。

注释分为单行注释和多行注释。单行注释在注释语句的开头加注释符“//”；多行注释在注释语句前加“/* ”，在注释语句后加“* /”。多行注释符也可以用在单行注释上。

【例 3-2-5】

```
//设置装桶速度
if(游标刻度>=10)  //判断液位的高低
装桶速度=80;
```

【例 3-2-6】

```
/* 判断液位的高低
改变装桶的速度*/
if(游标刻度>=10)
{装桶速度=80;}
else
装桶速度=60;
```

提示

多行注释不能嵌套使用。

任务实施

一、定义变量

单击工程浏览器中的“系统”→“数据库”→“数据词典”，双击“新建”图标，弹出“定义变量”对话框，按表3-2-1定义相关变量。

表3-2-1 变量定义表

变量名	变量类型	描述	初始值	连接设备	寄存器	数据类型	读写属性
东西红灯	I/O离散	东西红灯	关	FX3UPLC	Y0	Bit	读写
东西黄灯	I/O离散	东西黄灯	关	FX3UPLC	Y1	Bit	读写
东西绿灯	I/O离散	东西绿灯	关	FX3UPLC	Y2	Bit	读写
南北红灯	I/O离散	南北红灯	关	FX3UPLC	Y3	Bit	读写
南北黄灯	I/O离散	南北黄灯	关	FX3UPLC	Y4	Bit	读写
南北绿灯	I/O离散	南北绿灯	关	FX3UPLC	Y5	Bit	读写
运行信号	I/O离散	运行	关	FX3UPLC	M30	Bit	读写
通信状态	I/O离散	通信错误信号	关	FX3UPLC	CommErr	Bit	只读
计时时间	内存整数	计时器	0	—	—	—	—

二、动画连接

1. 对象值显示连接

双击年对应的“####”文本对象，弹出“动画连接”对话框，单击“模拟值输出”，弹出“模拟值输出连接”对话框，如图3-2-4所示。单击“?”，选择变量“$Year”，设置“输出格式整数位数”为4，居中对齐，单击“确定”完成。

分别双击月、日对应的“##”文本对象并选择变量“$Month”“$Day”，设置“输出格式整数位数”为2，居中对齐，单击“确定”完成。

双击运行时间对应的“###”文本对象，选择变量“计时时间”，设置“输出格式整数位数”为2，居中对齐，单击“确定”完成。

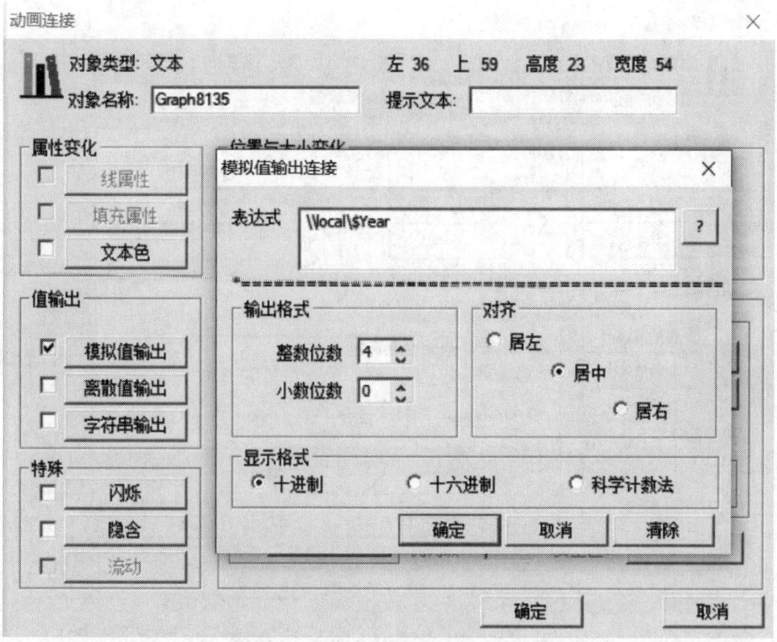

图 3-2-4 “模拟值输出连接”对话框

操作提示

进行组态王画面对象动画连接、命令语言编辑的过程中，设置完成后必须单击“确定”，才能保存设置内容。

2. 对象隐含连接

双击“错误”文本对象，弹出“动画连接”对话框，单击“隐含”，弹出“隐含连接”对话框，如图 3-2-5 所示，单击“?”并选择变量“通信状态”，设置表达式为真时显示，单击“确定”完成。

按照同样的方法，双击“正常”文本对象，单击“隐含”，选择变量“通信状态”，设置表达式为真时隐含。

按照同样的方法，分别双击南北向“绿灯安全通行”、东西向“绿灯安全通行”、南北向“红灯禁止通行”和东西向“红灯禁止通行”文本对象，将变量“南北绿灯”“东西绿灯”“南北红灯”“东西红灯”均设置为表达式为真时显示。

操作提示

PLC 通信状态“错误”“正常”两个文本对象的动画连接设置完成后，将“错误”“正常”文本对象对齐放置并合成为单元。

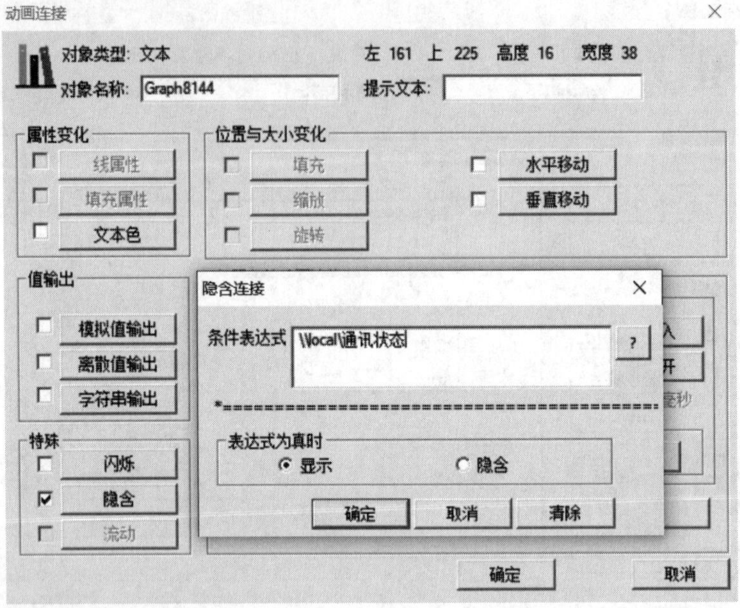

图 3-2-5 “隐含连接”对话框

3. 对象闪烁连接

分别双击东西向和南北向“红灯禁止通行”文本对象，弹出“动画连接”对话框，单击“闪烁”，弹出“闪烁连接”对话框，如图 3-2-6 所示。单击“?”并分别选择变量“东西红灯”和“南北红灯”，设置“闪烁速度”为 1 000 毫秒/隔。

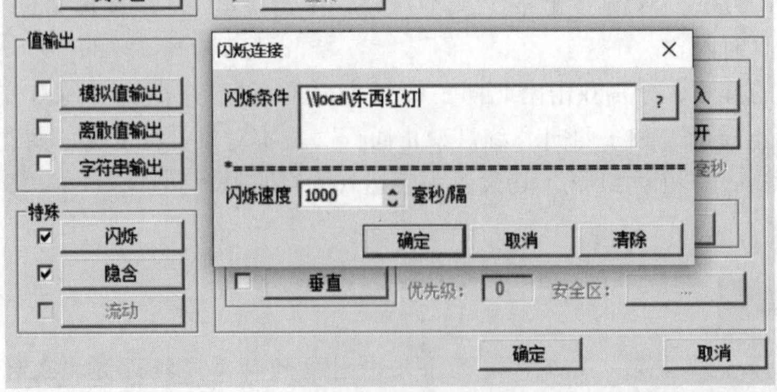

图 3-2-6 “闪烁连接”对话框

分别双击黄灯对象，分别选择变量“南北黄灯”和“东西黄灯”，设置“闪烁速度”为 1 000 毫秒/隔。

操作提示

各方向“红灯禁止通行”和“绿灯安全通行”文本对象的动画连接设置完成后，将“红灯禁止通行”“绿灯安全通行”和底框放置在一起，或使用图素水平/垂直对齐工具进行移动，并将其合成为单元，如图 3-2-7 所示。

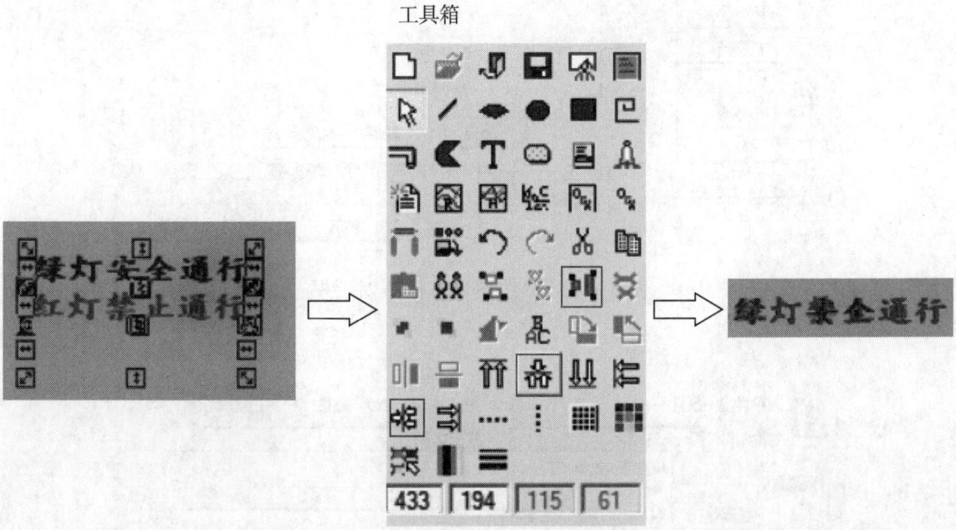

图 3-2-7　合成为单元

4. 对象线属性连接

双击东西向人行横道对象，弹出“动画连接”对话框，单击“线属性”，弹出“线属性连接”对话框，如图 3-2-8 所示。单击“?”并选择变量“南北红灯”，设置笔属性 0 为白色，1 为红色。

双击南北向人行横道对象，单击“线属性”，选择变量“东西红灯”，设置笔属性 0 为白色，1 为红色。

5. 对象填充属性连接

双击东西向红灯对象，弹出“动画连接”对话框，单击“填充属性”，弹出“填充属性连接”对话框，如图 3-2-9 所示。单击“?”并选择变量“东西红灯”，设置笔属性 0 为黑色，1 为红色。

双击东西向黄灯对象，单击“填充属性”，选择变量“东西黄灯”，设置笔属性 0 为黑色，1 为黄色。

双击东西向绿灯对象，单击“填充属性”，选择变量“东西绿灯”，设置笔属性 0 为黑色，1 为绿色。

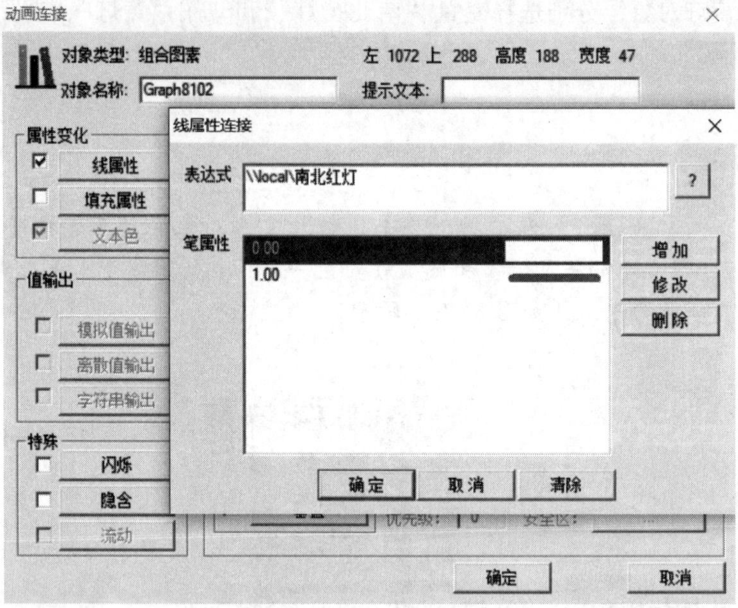

图 3-2-8 “线属性连接”对话框

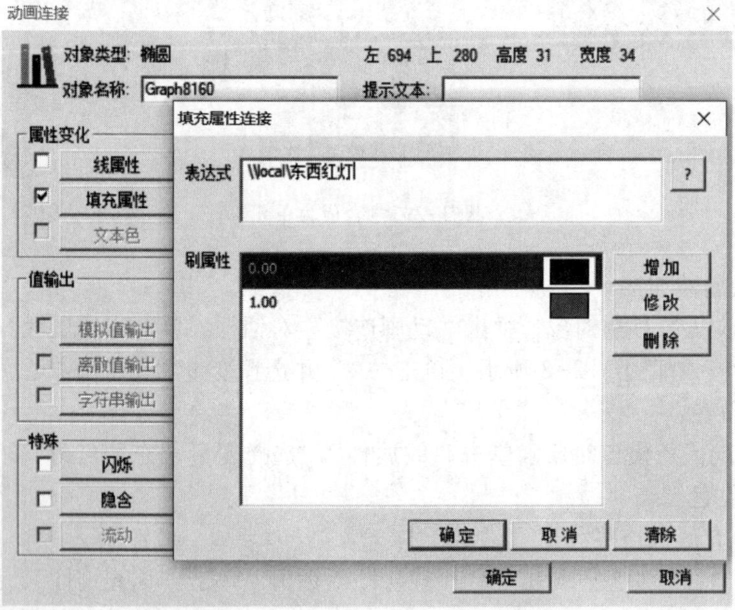

图 3-2-9 “填充属性连接”对话框

双击南北向红灯对象，单击“填充属性”，选择变量“南北红灯”，设置笔属性 0 为黑色，1 为红色。

双击南北向黄灯对象，单击“填充属性”，选择变量“南北黄灯”，设置笔属性 0 为黑色，1 为黄色。

双击南北向绿灯对象，单击“填充属性”，选择变量“南北绿灯”，设置笔属性 0 为黑色，1 为绿色。

操作提示

各方向信号指示灯的动画连接设置完成后，将其合成为单元。

三、编写命令语言

1. 编写按钮对象连接命令语言

双击“启动”按钮对象，弹出“动画连接”对话框，单击“按下时”，弹出“命令语言”对话框，输入命令语言【\\local\运行信号=1;】。

双击“停止”按钮对象，单击“按下时”，弹出“命令语言”对话框，输入命令语言【\\local\运行信号=0;】。

双击“退出系统”按钮对象，单击“按下时”，弹出“命令语言”对话框，输入命令语言【Exit(0);】。

2. 编写画面命令语言

右击画面并单击“画面属性”→“命令语言”，弹出“画面命令语言”对话框，如图 3-2-10 所示。单击“存在时”选项卡，将时间设置为“每 100 毫秒”，写入以下脚本程序：

```
if(\\local\计时时间==1)//计时开始时
{\\local\东西绿灯=1;
\\local\南北红灯=1;}//东西绿灯、南北红灯同时亮

if(\\local\计时时间==20)//计时=20 s 时
{\\local\东西绿灯=0;
\\local\东西黄灯=1;}//东西绿灯灭、东西黄灯亮

if(\\local\计时时间==25)//计时=25 s 时
{\\local\东西黄灯=0;
\\local\东西红灯=1;
\\local\南北红灯=0;
\\local\南北绿灯=1;}//东西黄灯、南北红灯灭,东西红灯、南北绿灯亮

if(\\local\计时时间==45)//计时=45 s 时
{\\local\南北绿灯=0;
\\local\南北黄灯=1;}//南北绿灯灭,南北黄灯亮
```

```
if(\\local\计时时间==50)//计时=50 s 时
{\\local\东西红灯=0;
\\local\南北黄灯=0;
\\local\东西绿灯=1;
\\local\南北红灯=1;}//东西红灯、南北黄灯灭,东西绿灯、南北红灯亮
```

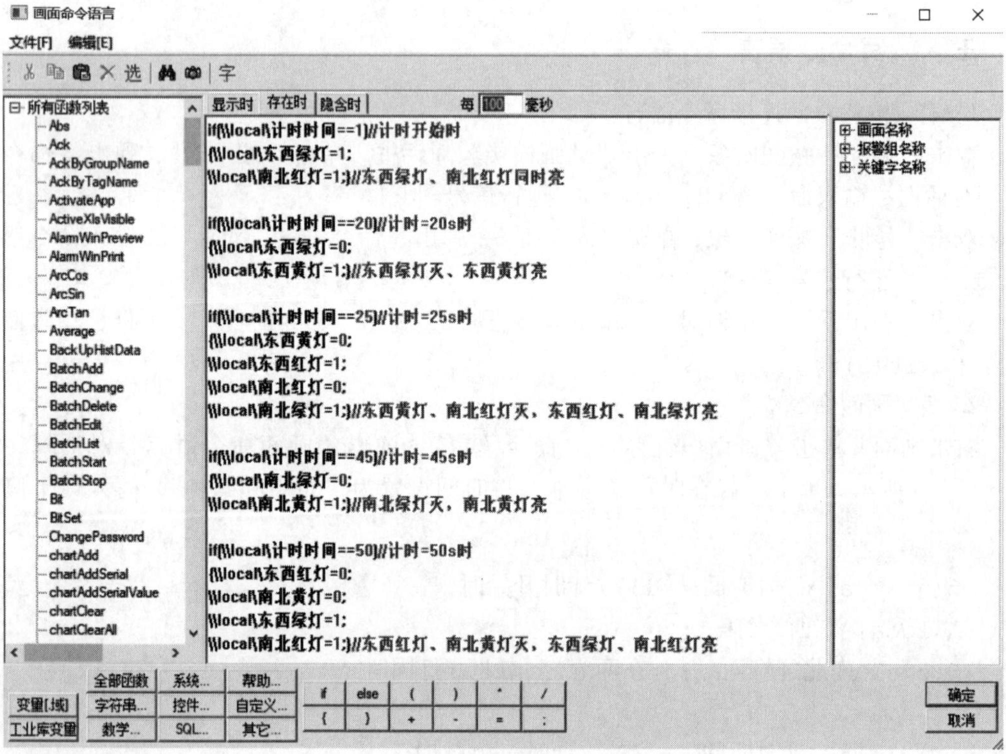

图 3-2-10 “画面命令语言”对话框

想一想

画面命令语言中的启动条件是什么？本段应用程序的主要作用是什么？

3. 编写应用程序命令语言

在工程浏览器中，双击“命令语言”→“应用程序命令语言”，弹出“应用程序命令语言”对话框，如图 3-2-11 所示。在“启动时”选项卡下输入运行复位命令语言：

```
\\local\运行信号=0;
\\local\计时时间=0;
```

想一想

本段应用程序命令语言的主要作用是什么？

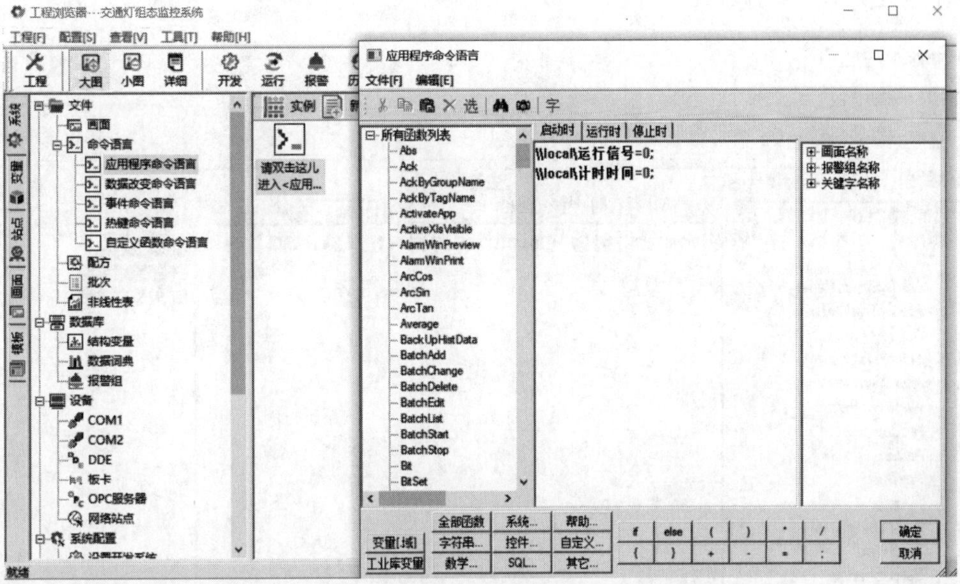

图 3-2-11 “应用程序命令语言”对话框

4. 编写事件命令语言

(1) 在工程浏览器中，选择“命令语言”→“事件命令语言”，双击“新建”图标，弹出“事件命令语言”对话框，如图 3-2-12 所示。单击“存在时”选项卡，将时间设置为“每 1 000 毫秒”，在“事件描述”中输入事件条件【\\local\运行信号==1】，输入命令语言【\\local\计时时间=\\local\计时时间+1;//每隔 1 s 加 1 计时】。

单击“消失时”选项卡，输入以下命令语言：

```
\\local\计时时间=0;//停止后复位程序
\\local\东西红灯=0;
\\local\东西黄灯=0;
\\local\东西绿灯=0;
\\local\南北红灯=0;
\\local\南北黄灯=0;
\\local\南北绿灯=0;
```

(2) 双击“新建”图标，弹出“事件命令语言”对话框，在“事件描述”中输入事件条件【\\local\计时时间==51】，在“发生时”选项卡下输入命令语言【\\local\计时时间=1;//计时 51 s 后循环置 1】。

操作提示

“事件描述”中的语言需要在命令语言编辑区进行编辑，编辑完成后使用剪切和粘贴操作将其移动到“事件描述”中。

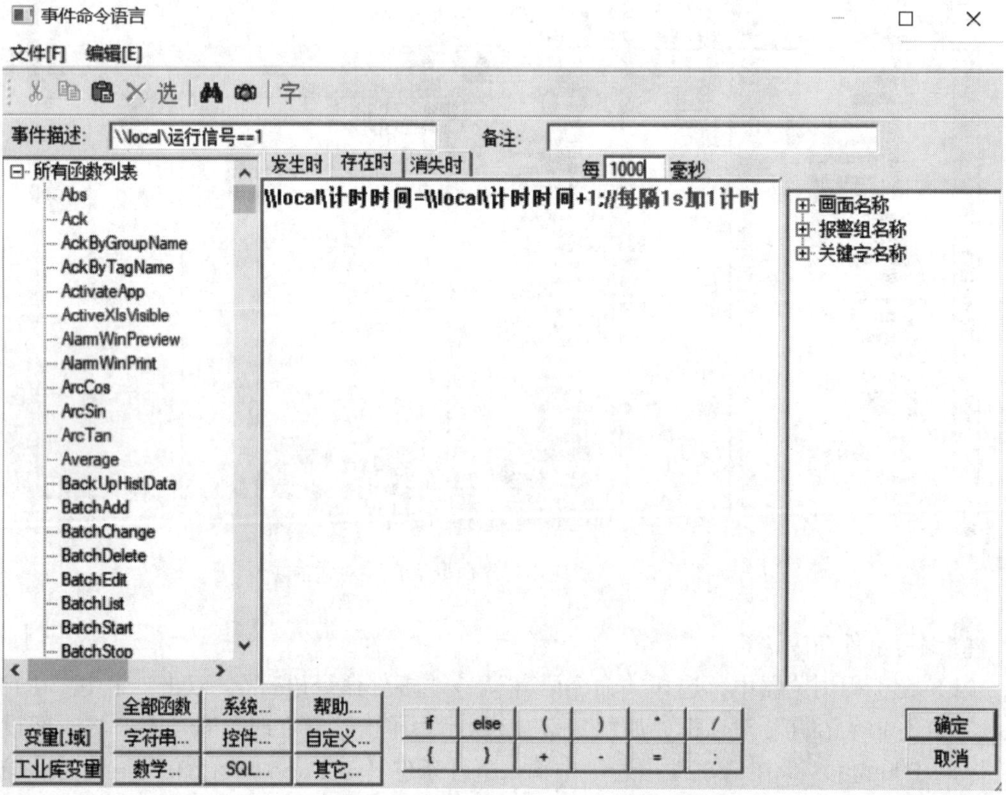

图 3-2-12 “事件命令语言”对话框

5. 编写热键命令语言

在工程浏览器中，选择“命令语言”→“热键命令语言”，双击“新建”图标，弹出“热键命令语言”对话框，如图 3-2-13 所示。单击“键…”，弹出图 3-2-14 所示对话框，选择“F1”键，关闭后输入命令语言【\\local\运行信号=1;】。

新建热键“F2”，命令语言输入【\\local\运行信号=0;】。

新建热键“Esc”，命令语言输入【Exit(0);】。

四、运行与调试

1. 在工程浏览器中，双击“系统配置”→“设置运行系统”，弹出“运行系统设置”对话框，将运行系统启动主画面设置为“交通灯监控画面”。

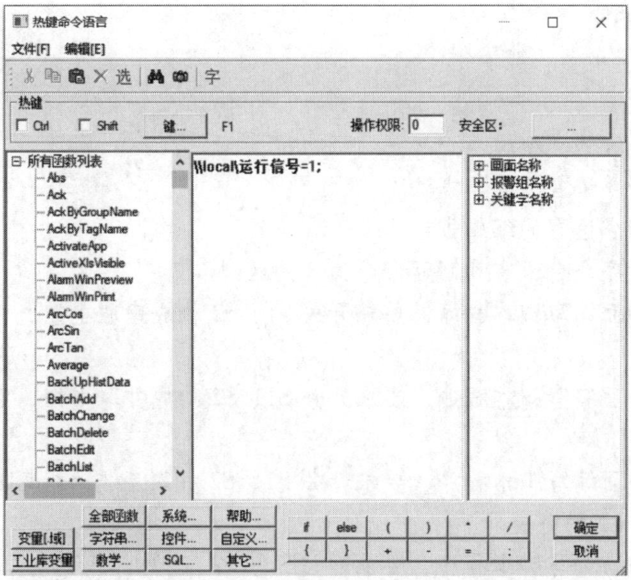

图 3-2-13　“热键命令语言”对话框

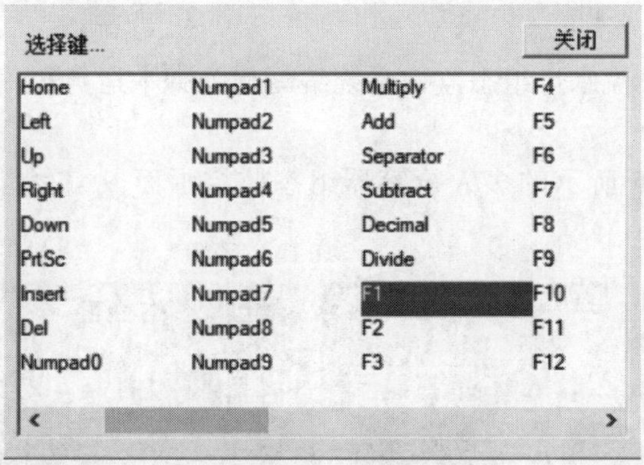

图 3-2-14　“选择键 ...”对话框

2. 连接 PLC 通信数据线，在开发系统中单击“文件”→“切换到 View”，进入组态王运行系统。

（1）单击组态监控画面上的“启动”按钮或按“F1”键，系统开始运行，观察并记录系统运行状态。

（2）单击组态监控画面上的“停止”按钮或按“F2”键，系统停止运行。

（3）单击组态监控画面上的“退出系统”按钮或按“Esc”键，退出组态王运行系统。

知识拓展

扫描右侧二维码，可了解画面分组管理相关知识。

思考与练习

1. 简述命令语言的类型。

2. 简述事件命令语言的编辑方法。

3. 简述热键命令语言的编辑方法。

4. 简述应用程序命令语言和画面命令语言的区别。

5. 设计一个画面编写脚本程序，要求开关 S1、S2 构成串联电路，以与逻辑控制灯 L1 的亮灭。

6. 设计一个画面编写脚本程序，要求开关 S1、S2 构成并联电路，以或逻辑控制灯 L1 的亮灭。

7. 设计一个画面编写脚本程序，要求开关 S1、S2 并联后与 S3 串联，构成混合电路，以与或逻辑控制灯 L1 的亮灭。

8. 设计一个画面编写脚本程序，要求开关 S1、S2 双控灯 L1 的亮灭。

技能拓展

1. 为项目二任务 2 流水灯组态监控系统编写相关脚本运行程序，替代 PLC 程序实现对流水灯的控制。

2. 创建图 3-2-15 所示的多人抢答器组态监控画面，编写脚本程序实现以下具体要求：

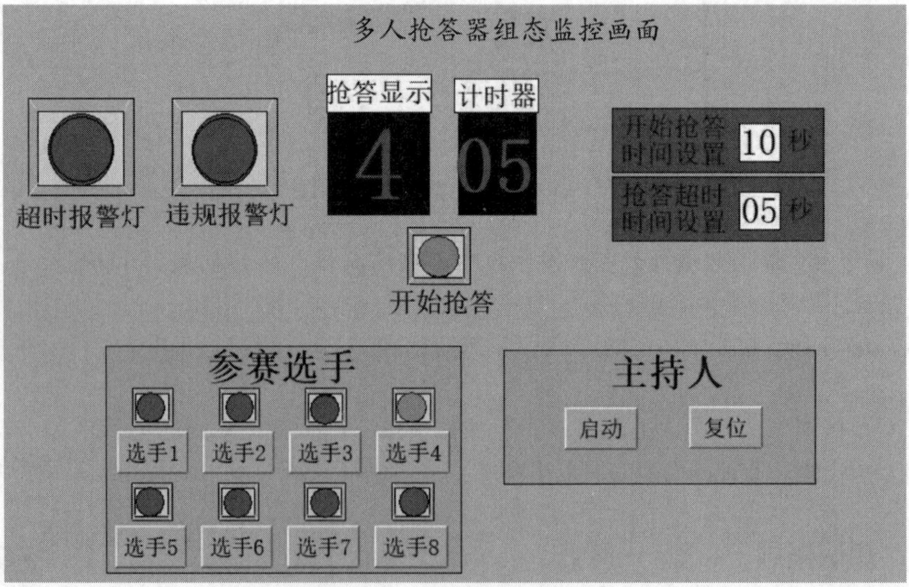

图 3-2-15　多人抢答器组态监控画面

（1）可设置开始抢答时间、抢答超时时间，具有超时报警、违规报警指示。

（2）主持人按下“启动”按钮则开始抢答，对应指示灯亮同时开始倒计时，规定时间内任一选手按下抢答按钮，对应指示灯亮且显示选手编号，选手在规定时间内完成答题。抢答结束后按下“复位”按钮，系统复位。

项目四　液体搅拌机组态监控系统设计

在化工等行业中经常需要将不同液体进行混合，这些行业的现场工作环境往往十分恶劣，不适合人工现场操作，可以利用组态软件中的动画效果和远程监控功能实现对生产现场的实时监控。

任务1　液体搅拌机组态监控系统界面创建设计

学习目标

1. 掌握填充、流动、离散值输出和字符串输出动画连接的方法。
2. 掌握菜单的定义方法。
3. 能完成液体搅拌机组态监控系统界面的创建设计。

任务引入

控制系统中的自动控制可由下位机（如 PLC）控制器实现，还可以通过上位机中的运行程序实现。创建图 4-1-1 所示的液体搅拌机组态监控系统画面，设置相应动画连接，利用组态软件的脚本程序与下位机 PLC 配合实现液体搅拌机监控系统运行。具体要求如下：

1. 各页面中页眉可以实时显示日期、时间，通过画面菜单可以选择任意画面。

2. 初始状态：所有阀门处于关闭状态，搅拌电动机处于停止状态，液位开关处于断开状态。

3. 在主窗口中单击“启动”按钮，阀门 Y000 打开，注入 A 料，液位开始上升，液位值从 0 开始增加，下液位 = ON。当液位上升到中液位时，中液位 = ON，阀门 Y000 关闭，阀门 Y001 打开，注入 B 料。当液位上升至上液位时，上液位 = ON，阀门 Y001 关闭，搅拌电动机开始工作。8 s 后停止搅拌，放出成品料，此时阀门 Y003 打开，液位开始下降。当液位下降至下液位以下时，下液位 = OFF，阀门 Y003 关闭。开始下一周期，如此循环。

4. 单击“停止”按钮，系统完成当前工作周期后停止。

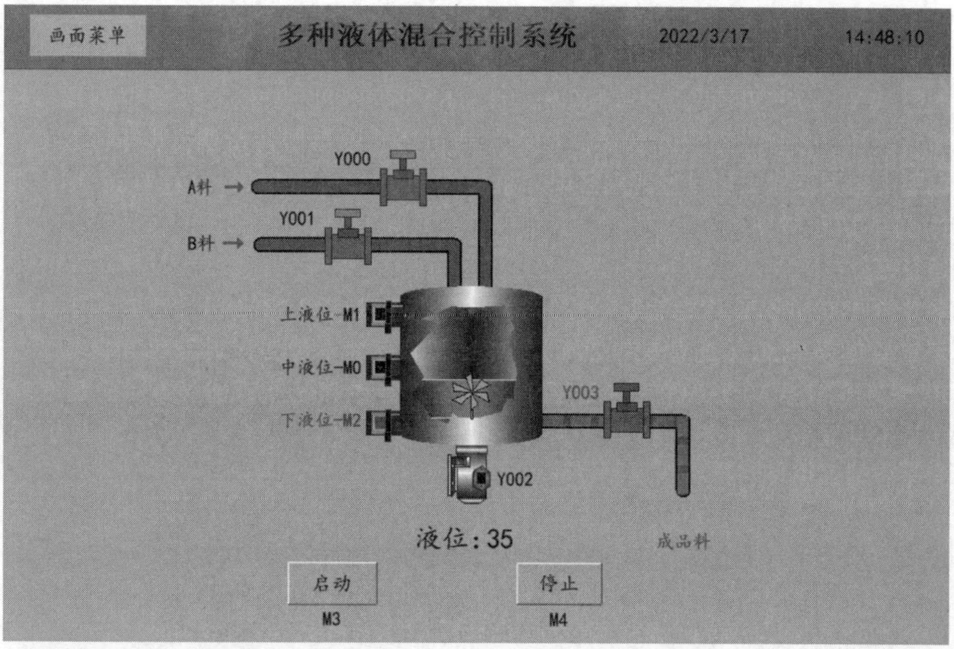

a）

b）

c）

图 4-1-1　液体搅拌机组态监控系统画面
a）主画面　b）实时曲线画面　c）历史曲线画面

5. 阀门对象变量等于 1 时为红色，等于 0 时为绿色；液位开关、料名等文本对象变量等于 1 时为红色，等于 0 时为黑色。

6. 画面菜单可进行画面切换，“退出系统”菜单项可退出组态王运行系统。

相关知识

一、动画连接

1. 填充连接

填充连接的功能是使被连接对象的填充物（颜色和填充类型）占整体的百分比随连接

表达式的值的变化而变化。

【例 4-1-1】建立一个矩形对象，以表示变量“液位”的变化，如图 4-1-2 所示。

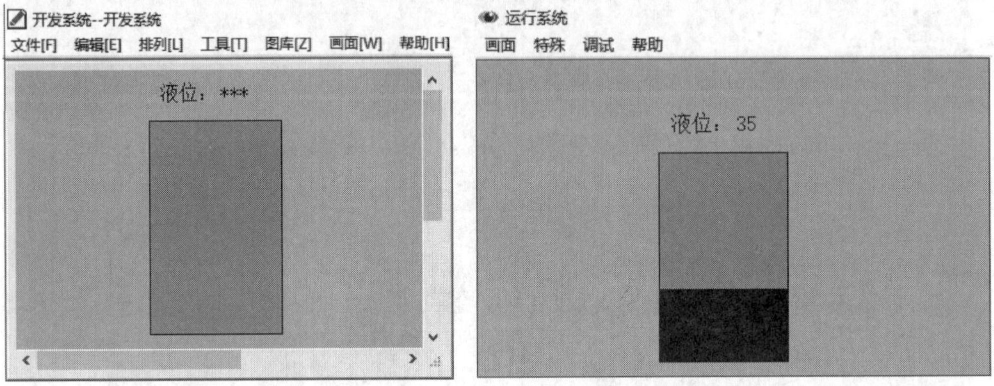

a）　　　　　　　　　　　　　　　　　　b）

图 4-1-2　填充连接实例

a）设计状态　b）Touchview 运行状态

在“动画连接”对话框中单击“填充”，弹出“填充连接”对话框，如图 4-1-3 所示。

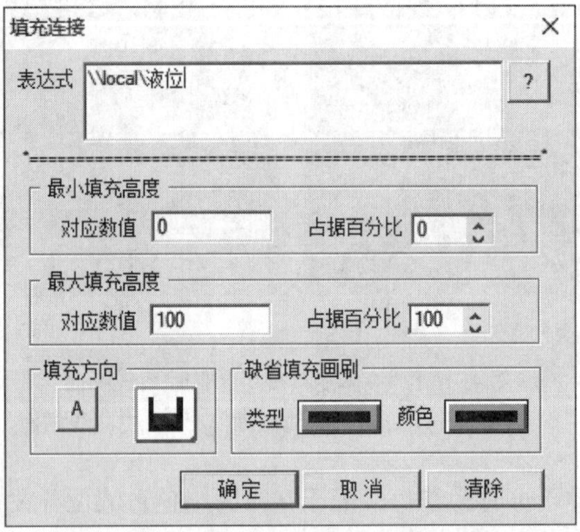

图 4-1-3　“填充连接”对话框

【表达式】：在此编辑框内输入合法的连接表达式，单击“?”可以查看已有的变量名和变量域。

【最小填充高度】：输入对象填充高度最小时占据的被连接对象高度（或宽度）的百分比（占据百分比）及对应的表达式的值（对应数值）。

【最大填充高度】：输入对象填充高度最大时占据的被连接对象高度（或宽度）的百分比（占据百分比）及对应的表达式的值（对应数值）。

【填充方向】：设定填充方向，由“填充方向”对应按钮和填充方向示意图两部分组成。共有向上填充、向下填充、向左填充、向右填充 4 种填充方向，如图 4-1-4 所示。

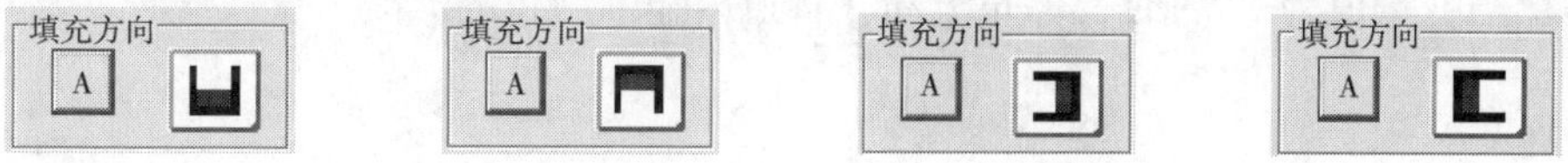

a）　　b）　　c）　　d）

图 4-1-4　填充方向
a）向上填充　b）向下填充　c）向左填充　d）向右填充

【缺省填充画刷】：用于设置对象填充的类型与颜色，若本连接对象没有填充属性连接，则运行时用此缺省填充画刷。

动画连接中填充与缩放的区别是什么？

2. 流动连接

流动连接用于设置立体管道内液体流线的流动状态。流动状态根据“流动条件”表达式的值确定。

在画面上绘制立体管道并双击该管道，在“动画连接”对话框中单击“流动”，弹出图 4-1-5 所示的“管道流动连接”对话框。

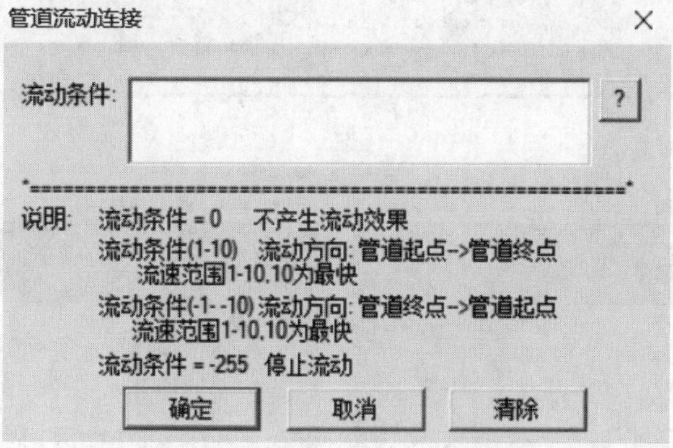

图 4-1-5　“管道流动连接”对话框

【流动条件】：输入流动状态关联变量，应为整型变量，单击“?”可以选择已定义的变量名。管道流动的状态由关联变量的值确定：

（1）当变量值为 0 时，不产生流动效果，管道内不显示流线。

（2）当变量值为 1~10 时，管道内液体流线的流动方向为管道起点至管道终点，流速为设定值，10 为速度的最大值。

（3）当变量值为-10~-1时，管道内液体流线的流动方向为管道终点至管道起点，流速为设定值，-10为速度的最大值。

（4）当变量值为-255时，停止流动，管道内显示静止的流线。

提示

流动速度还与组态王运行系统基准频率有关，运行系统的基准频率设置值越大，管道显示流动速度越慢。

3. 离散值输出连接

离散值输出连接的功能是使文本对象内容在运行时显示连接表达式的指定字符串。

【例4-1-2】创建“液位状态”文本对象，其内容在变量“液位”的值小于100时显示“液位正常”，当变量值不小于100时显示“液位过高”，如图4-1-6所示。

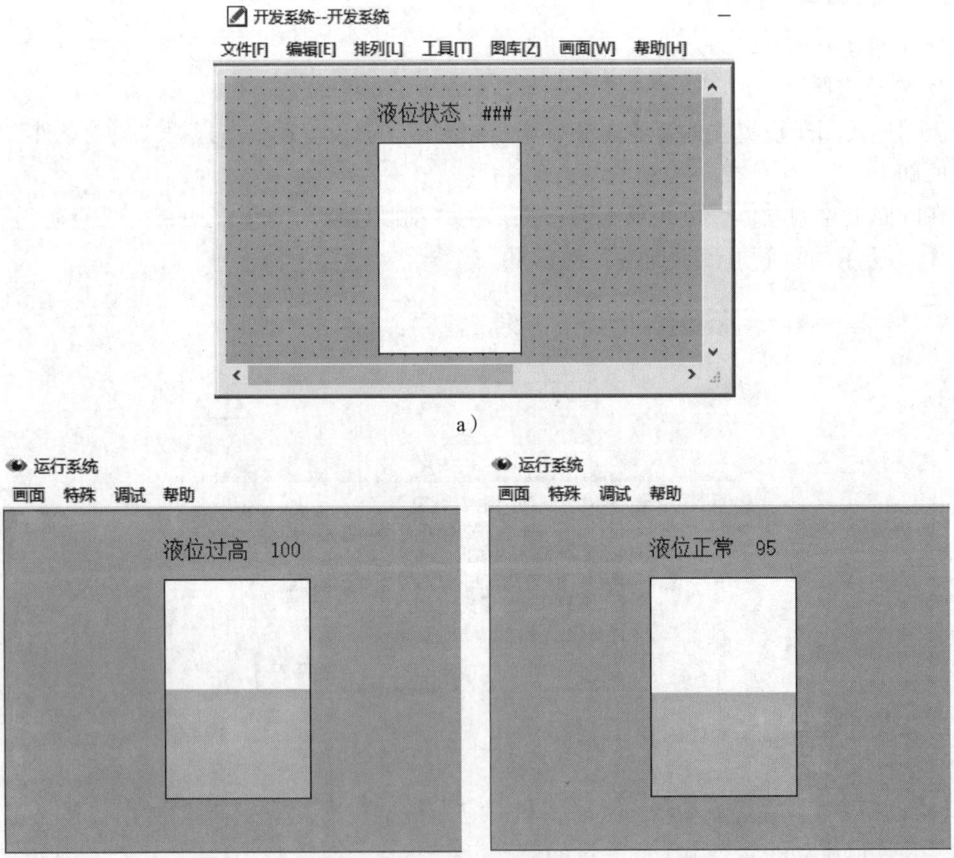

a）

b）　　c）

图4-1-6　离散值输出连接实例

a）设计状态　b）Touchview运行状态——液位过高　c）Touchview运行状态——液位正常

在“动画连接”对话框中单击“离散值输出”，弹出“离散值输出连接”对话框，如图 4-1-7 所示。

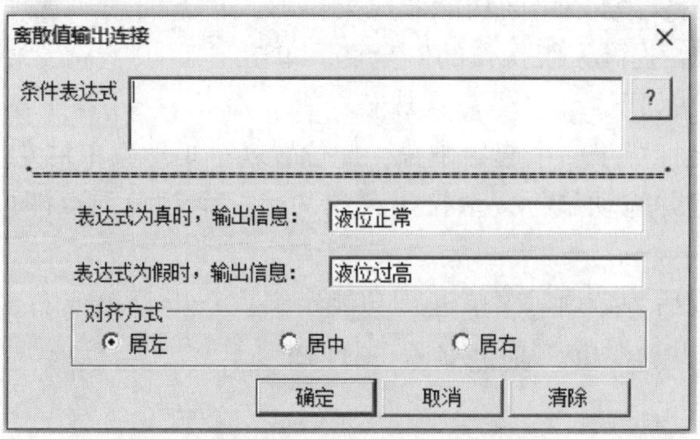

图 4-1-7 “离散值输出连接”对话框

【条件表达式】：输入合法的连接表达式，单击右侧的“？”可以选择已定义的变量名和变量域。

【表达式为真时，输出信息】：当表达式为真时，被连接对象（文本）输出的内容。

【表达式为假时，输出信息】：当表达式为假时，被连接对象（文本）输出的内容。

【对齐方式】：运行时输出的离散量字符串与当前被连接字符串在位置上按照居左、居中、居右方式对齐。

4. 字符串输出连接

字符串输出连接的功能是使画面中文本对象的内容在运行时显示数据库中某个变量的字符串值。

在“动画连接”对话框中单击“字符串输出”，弹出“文本输出连接”对话框，如图 4-1-8 所示。

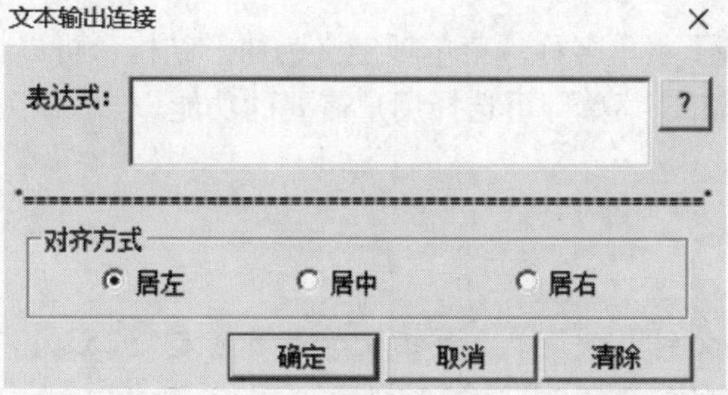

图 4-1-8 “文本输出连接”对话框

【表达式】：输入要显示内容的字符串变量，单击右侧的“？”可以选择已定义的变量名和变量域。

【对齐方式】：选择运行时输出的字符串与当前被连接字符串在位置上的对齐方式。

二、菜单定义

组态王允许用户将经常调用的功能做成菜单形式，方便用户管理，并且可以对该菜单设置权限，提高系统操作的安全性。单击“工具”→“菜单”，鼠标光标变为“十”字形，操作方法如下：

1. 首先将鼠标光标置于一个起始位置，此位置就是矩形菜单的左上角。

2. 按住鼠标左键并拖动鼠标，牵拉出菜单的另一个对角顶点即可，松开鼠标左键则菜单出现并固定。

3. 菜单绘制完成后，必须对菜单进行功能定义。双击菜单或右击菜单并单击“动画连接”，弹出图 4-1-9 所示的“菜单定义”对话框。

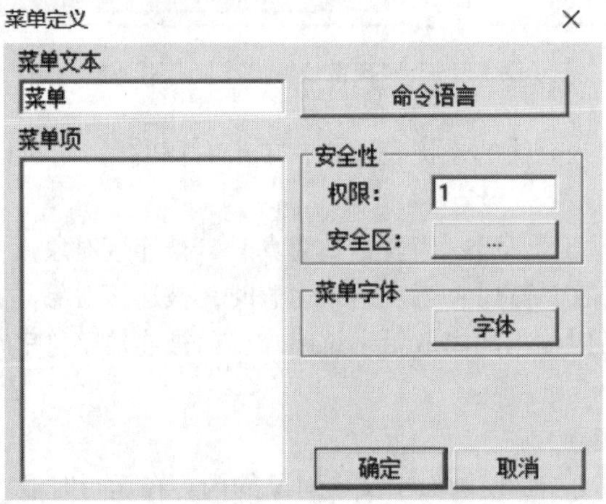

图 4-1-9 “菜单定义”对话框

【菜单文本】：定义主菜单名称，可以输入任何文本（包括空格），长度不能超过 31 个字符。

【菜单项】：定义各子菜单名称。菜单项定义为树形结构，可以将各个功能做成下拉菜单的形式。运行时，单击该菜单即可选择用户需要的功能。

提示

自定义菜单支持定义到二级菜单。每级菜单最多可定义 255 个项或子项，两级菜单名都可输入任何文本（包括空格），长度不能超过 31 个字符。

【命令语言】：单击“命令语言”，弹出“命令语言”对话框，在编辑区输入命令语言来实现菜单各项要执行的功能。该命令实际是执行一个系统函数“void OnMenuClick (LONG MenuIndex，LONG ChildMenuIndex)；”。

函数中“MenuIndex”为第一级菜单项的索引号；“ChildMenuIndex”为第二级菜单项的索引号。当没有第二级菜单项时，命令语言中条件应为 ChildMenuIndex = = -1。

根据需要将“MenuIndex”和“ChildMenuIndex”的不同值定义不同的功能。“MenuIndex”和“ChildMenuIndex”都是从等于0开始，MenuIndex==0表示一级菜单中的第一个菜单；ChildMenuIndex==0表示一级菜单中的第一个二级菜单。

【安全性】：定义菜单按钮运行时的权限，即没有授权的用户不可以操作该菜单。

【权限】：输入菜单按钮的操作优先级，范围为1~999。

【安全区】：选择该菜单按钮的操作安全区，安全区只允许选择，不允许直接输入，防止输入错误。

任务实施

一、创建新工程

1. 新建工程

启动组态王软件，进入工程管理器，新建“液体搅拌机监控系统”工程。双击新建的“液体搅拌机监控系统”工程，进入工程浏览器。

单击工程目录显示区中的“画面”，双击右侧的“新建”图标，分别新建“页眉”“液体混合控制主画面”“实时曲线”“历史曲线”四个画面，各画面的属性参照图4-1-10设置。

提示

画面显示宽度和高度一般根据计算机显示器的分辨率设置，为保证组态工程运行时画面不超过显示器屏幕范围，设置时画面的尺寸一般要小于显示器分辨率。

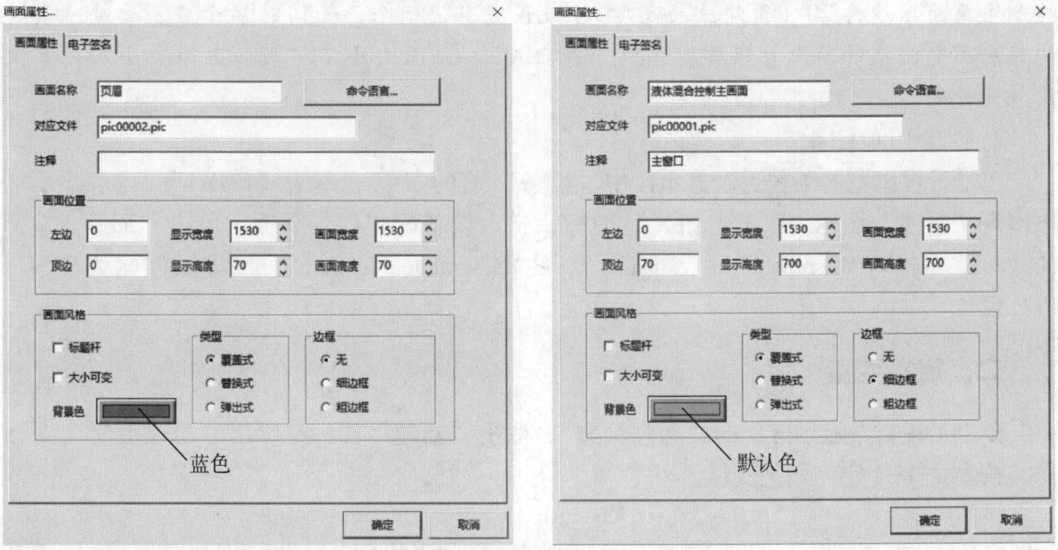

a）　　　　b）

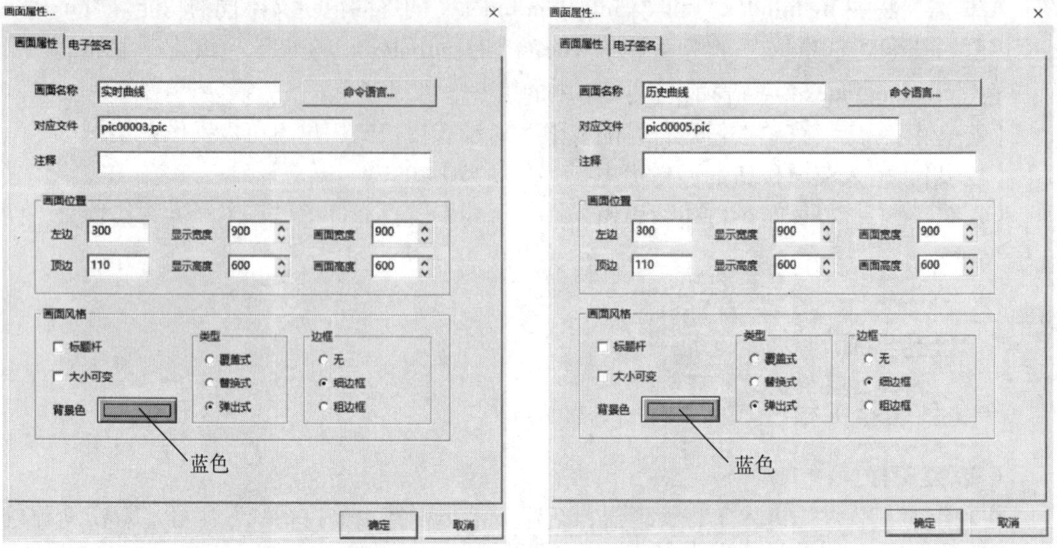

c）　　　　　　　　d）

图 4-1-10　画面属性

a）页眉　b）液体混合控制主画面　c）实时曲线　d）历史曲线

操作提示

任务中页眉和液体混合控制主画面的打开类型选择“覆盖式”，显示宽度均为 1 530，高度分别为 70 和 700，画面大小不可调，画面位置左边均为 0，页眉顶边为 0，控制主画面顶边为 70（页眉画面高度），此设置可使两个画面同时显示且不重叠。实时曲线和历史曲线的画面打开类型选择“弹出式”，画面大小不可调，画面大小和位置采用相同设置。

2. 创建 PLC 设备

单击工程浏览器工程目录显示区中“设备”前的“+”，单击“COM1”，内容显示区中出现“新建”图标。双击“新建”图标，弹出设备配置向导界面，单击“PLC”左侧的“+”，单击“Mitsubishi”→“FX3u”→“Programmable port”，按提示创建“FX3U”PLC 设备。

二、定义变量

单击工程目录显示区中的“数据词典”，双击“新建”图标，弹出“定义变量”对话框，按表 4-1-1 定义相关变量。

表 4-1-1　变量定义表

变量名	变量类型	描述	初始值	连接设备	寄存器	数据类型	读写属性
中液位开关	I/O 离散	中液位传感器	关	FX3U	M0	Bit	读写
上液位开关	I/O 离散	上液位传感器	关	FX3U	M1	Bit	读写
下液位开关	I/O 离散	下液位传感器	关	FX3U	M2	Bit	读写
启动按钮	I/O 离散	启动按钮	关	FX3U	M3	Bit	读写
停止按钮	I/O 离散	停止按钮	关	FX3U	M4	Bit	读写
进液体 A	I/O 离散	—	关	FX3U	Y0	Bit	只读
进液体 B	I/O 离散	—	关	FX3U	Y1	Bit	只读
搅拌电动机	I/O 离散	—	关	FX3U	Y2	Bit	只读
放成品阀	I/O 离散	—	关	FX3U	Y3	Bit	只读
搅拌器	内存实数	搅拌机动作	0	—	—	—	—
液位	内存实数	—	0	—	—	—	—

三、设计画面

1. 设计页眉画面

选用工具箱中的“文本”工具，绘制“多种液体混合控制系统”文本，字体为楷体、字形为粗体、二号字，分别绘制“＊＊＊”文本，字体为楷体、字形为常规、三号字。

选用工具箱中的“菜单”工具，绘制“画面菜单”对象。

绘制完成后，调整图素位置，如图 4-1-11 所示。

图 4-1-11　页眉画面效果

操作提示

日期和时间显示对象直接使用文本对象，动画连接时选择系统日期、时间变量即可实现显示。

2. 设计液体混合控制主画面

选用工具箱中的“打开图库”工具或按“F2”键打开图库，分别选择反应器、马达、阀门、传感器、搅拌器放置到控制主画面。

选用工具箱中的“立体管道”工具，分别绘制 A 料、B 料、成品料管道。右击 A 料管道并单击“管道属性”，弹出“管道属性”对话框，设置管道宽度、内壁颜色、流线宽度、流线颜色和流线长度，如图 4-1-12 所示。

图 4-1-12　管道属性设置

为模拟液体混合效果，A 料、B 料和成品料的流线颜色设为三种不同颜色。

选用工具箱中的“文本”工具，分别绘制“A 料”“B 料”等文本，字体为楷体、字形为常规、三号字。

选用工具箱中的“按钮”工具，分别绘制“启动”“停止”按钮，文字字体为楷体、字形为常规、三号字。

选用工具箱中的“图素前移”、对齐等工具调整图素对象的位置，最终效果如图 4-1-13 所示。

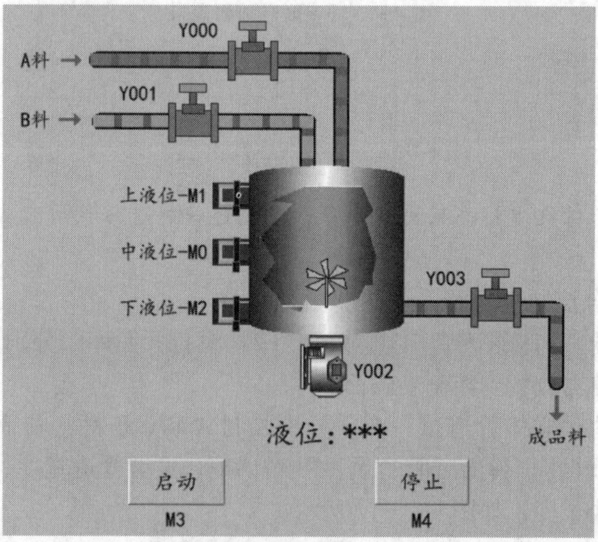

图 4-1-13　液体混合控制主画面效果

操作提示

从图库中选取的图库对象不能使用工具箱中的翻转和旋转工具进行操作。例如，马达图库对象只有水平效果，不能达到图 4-1-13 所示的垂直效果。遇到此类情况时，可选中目标对象，单击“图库”→“转换成普通图素”，将其分裂成普通图素，全部选中后再用工具箱中的“合成单元”工具将其合成为单元即可进行旋转等操作，如图 4-1-14 所示。本任务中搅拌器需做旋转动画，因此应合成为图素，其他对象合成为单元。

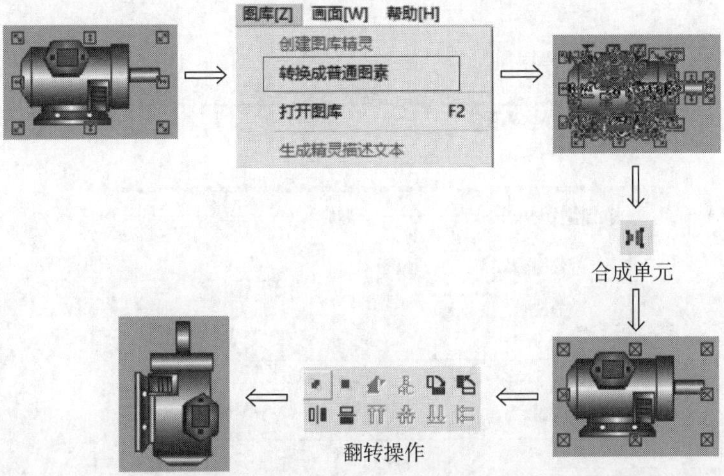

图 4-1-14　图库对象的分裂与合成

3. 设计曲线画面

选用工具箱中的“按钮”工具，绘制“关闭”按钮，分别放置在实时曲线、历史曲线画面右下角，文字字体为楷体、字形为常规、三号字。

4. 保存画面

单击“文件”→“全部存”，将完成的画面进行保存。

四、动画连接

1. 文本对象动画连接

双击日期“＊＊＊”文本对象，弹出“动画连接”对话框，单击“字符串输出”，弹出“文本输出连接”对话框，单击“?”并选择变量“$Date”或在表达式栏输入【\\local\$Date】，对齐方式为居中，如图 4-1-15 所示。同样地，双击时间“＊＊＊”文本对象并将字符串输出连接变量设为“$Time”。

双击液位值“＊＊＊”文本对象，弹出“动画连接”对话框，单击“模拟值输出”，弹出“模拟值输出连接”对话框，单击“?”并选择变量“液位”，设置输出格式整数位数为 2、小数位数为 0，对齐方式为居中，显示格式为十进制，如图 4-1-16 所示。

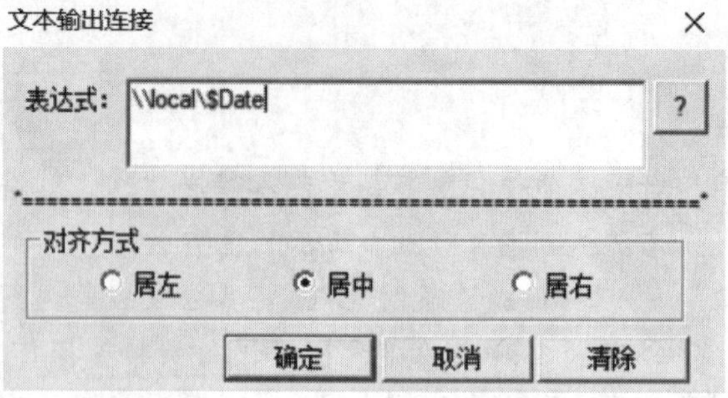

图 4-1-15　日期文本对象输出连接设置

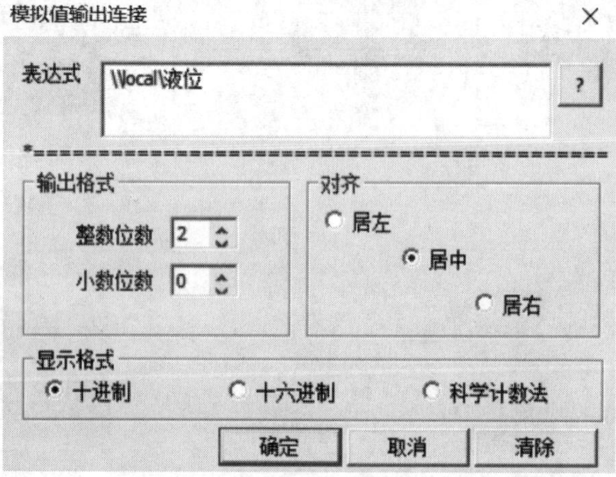

图 4-1-16　模拟值输出连接设置

双击“A 料”文本对象，弹出“动画连接”对话框，单击“文本色”，弹出“文本色连接”对话框，点击“?”并选择变量“进液体 A”，设置文本色属性 0 为黑色，1 为红色，如图 4-1-17 所示。

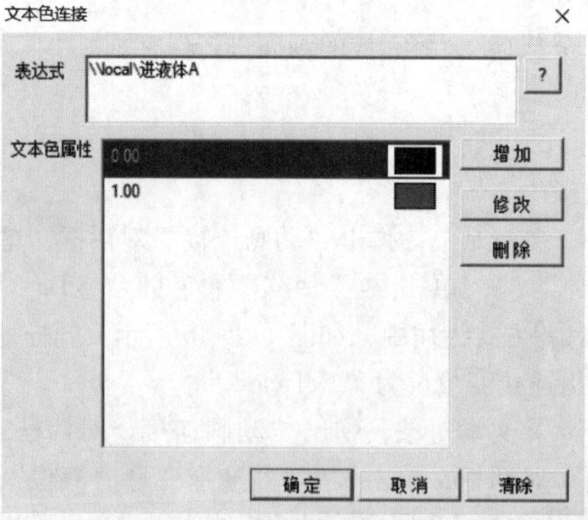

图 4-1-17　文本色连接设置

使用同样的方法，设置其他文本对象的文本色动画连接，对应连接变量见表 4-1-2。

表 4-1-2　文本色连接变量表

文本对象	连接变量名	文本对象	连接变量名
B 料	进液体 B	成品料	放成品阀
Y000	进液体 A	上液位-M1	上液位开关
Y001	进液体 B	中液位-M0	中液位开关
Y002	搅拌电动机	下液位-M2	下液位开关
Y003	放成品阀		

双击 A 料对应“→”对象，单击“闪烁”，弹出“闪烁连接”对话框，单击“?”并选择变量“进液体 A”，“闪烁速度”设为 500 毫秒/隔，如图 4-1-18 所示。用同样的方法，将 B 料、成品料对应“→”对象的闪烁连接条件变量分别设置为“进液体 B”和“放成品阀”，“闪烁速度”均为 500 毫秒/隔。

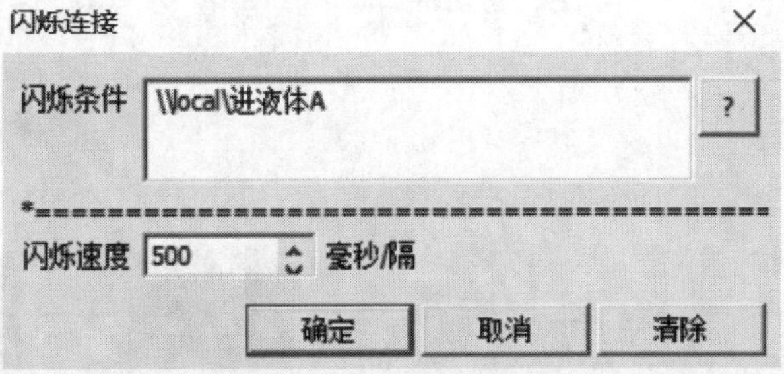

图 4-1-18　闪烁连接设置

2. 管道对象动画连接

双击 A 料对应管道对象，单击“流动”，弹出“管道流动连接”对话框，单击“?”并选择变量“进液体 A”，如图 4-1-19 所示。用同样的方法，将 B 料、成品料对应管道对象的流动条件变量分别设置为“进液体 B”“放成品阀”。

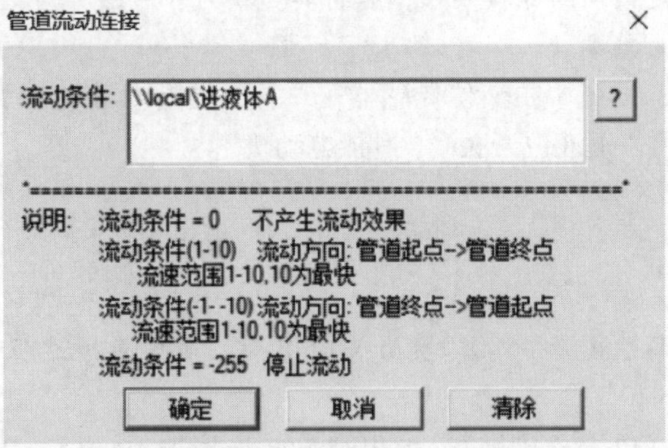

图 4-1-19　管道流动连接设置

3. 图库对象动画连接

选中上液位传感器对象，单击“图库”→“转换成普通图素”将其转换为普通图素，再使用工具箱中的“分裂单元”工具将其分裂为独立图素。双击“■”对象（显示框），单击“填充属性”，弹出“填充属性连接”对话框，单击“?”并选择变量“上液位开关”，设置刷属性 0 为黑色，1 为红色。设置完成后选中传感器图素，使用工具箱中的“合成单元”工具将其合成为单元。上液位传感器动画连接的方法如图 4-1-20 所示。

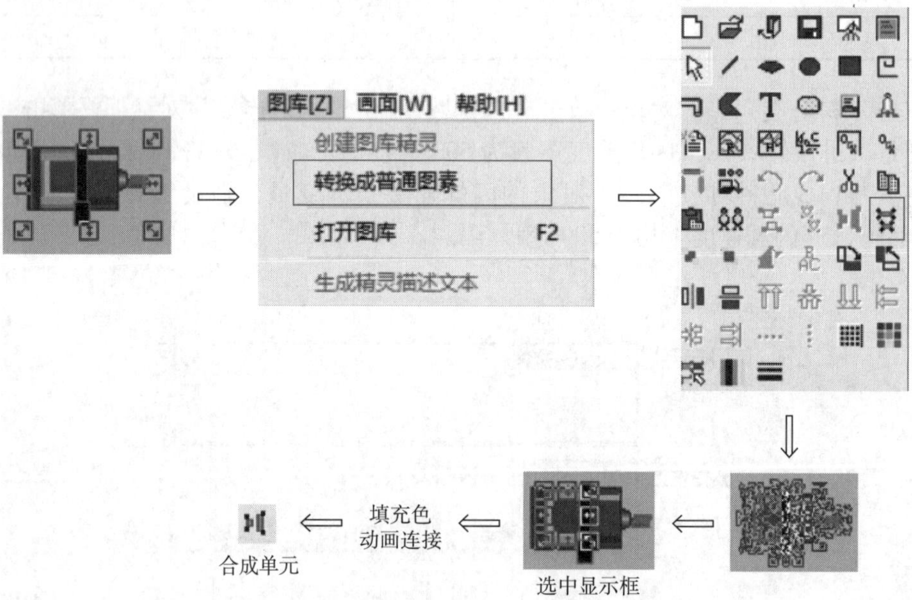

图 4-1-20　上液位传感器动画连接方法

操作提示

图库中传感器未定义动画连接效果，需将其转换为普通图素后进行动画连接，完成动画连接后再将其合成为单元。

使用同样的方法，设置“中液位传感器”“下液位传感器”“马达”动画连接，变量分别为“中液位开关”“下液位开关”“搅拌电动机”。

操作提示

画面设计时已将马达图库对象转换为普通图素，动画连接过程中只需进行分裂单元操作。

双击搅拌器对象，单击“旋转”，弹出“旋转连接”对话框，单击“?”并选择变量“搅拌器”，设置“最大逆时针方向对应角度”为 0、“最大顺时针方向对应角度”为 360，

“对应数值”为0、100，如图4-1-21所示。

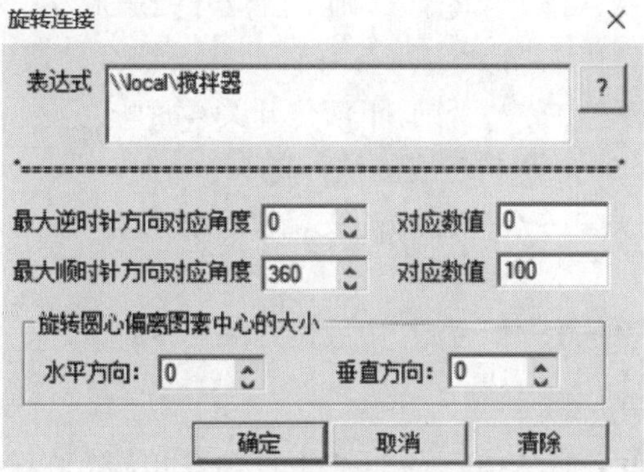

图4-1-21　旋转连接设置

双击A料阀门对象，弹出“阀门”对话框，单击“？”并选择变量“进液体A”，设置关闭时颜色为绿色，打开时颜色为红色。用同样的方法设置其他阀门，连接变量分别为“进液体B”“放成品阀”。

4. 按钮对象动画连接

双击“启动”按钮对象，单击“按下时”，弹出“命令语言”对话框，输入命令语言【\\local\启动按钮=1;】，单击“松开时”，输入命令语言【\\local\启动按钮=0;】。用同样的方法，将“停止”按钮按下时命令语言编辑为【\\local\停止按钮=1;】，松开时命令语言编辑为【\\local\停止按钮=0;】。将实时曲线画面中“关闭”按钮按下时命令语言编辑为【ClosePicture("实时曲线");】，历史曲线画面中“关闭”按钮按下时命令语言编辑为【ClosePicture("历史曲线");】。

五、编写命令语言

1. 编写应用程序命令语言

在工程浏览器中选择“命令语言”→“应用程序命令语言”，弹出“应用程序命令语言”对话框。在“运行时”选项卡下编写本项目脚本应用程序，并加注相应注释，将执行时间设置为“每200毫秒”。参考脚本程序如下：

```
if(\\local\进液体A==1||\\local\进液体B==1)/*判断是否处于进液体A或B状态*/
\\local\液位=\\local\液位+1;/*若进液体A或进液体B,则液位值自加1*/
if(\\local\放成品阀==1)/*判断是否处于放成品状态*/
\\local\液位=\\local\液位-1;/*若放成品液体,则液位值自减1*/
if(\\local\液位>=100)/*判断液位是否高于100*/
\\local\上液位开关=1;/*液位高于100,则上液位开关=ON*/
else
\\local\上液位开关=0;/*否则,上液位开关=OFF*/
```

```
if(\\local\液位>1)/* 判断液位是否高于1*/
\\local\下液位开关=1;/* 高于1,则下液位开关=ON*/
else
\\local\下液位开关=0;/* 否则,下液位开关=OFF*/
if(\\local\液位>50)/* 判断液位是否高于50*/
\\local\中液位开关=1;/* 液位高于50,则中液位开关=ON*/
else
\\local\中液位开关=0;/* 否则,中液位开关=OFF*/
```

2. 编写事件命令语言

在工程浏览器中选择“命令语言”→“事件命令语言”，双击“新建”图标，弹出“事件命令语言”对话框。在事件描述中输入“搅拌电动机==1”，在“存在时”选项卡下输入“\\local\搅拌器=\\local\搅拌器+5;”，将执行时间设置为“每300毫秒”，在“消失时”动作条件中输入“\\local\搅拌器=0;”。

3. 编写菜单命令语言

双击页眉画面中的“画面菜单”，弹出“菜单定义”对话框，在菜单项中新建“主窗口”“实时曲线”“历史曲线”“退出系统”4个一级菜单，如图4-1-22所示。单击“命令语言”，弹出“命令语言”对话框，在命令语言对话框中输入菜单运行脚本程序。参考程序如下：

```
if(MenuIndex==0)/* 如果菜单变量=0*/
ShowPicture("液体混合控制主画面");/* 则打开"液体混合控制主画面"*/
if(MenuIndex==1)/* 如果菜单变量=1*/
ShowPicture("实时曲线");/* 则打开"实时曲线"*/
if(MenuIndex==2)/* 如果菜单变量=2*/
ShowPicture("历史曲线");/* 则打开"历史曲线"*/
if(MenuIndex==3)/* 如果菜单变量=3*/
Exit(0);/* 则退出运行系统*/
```

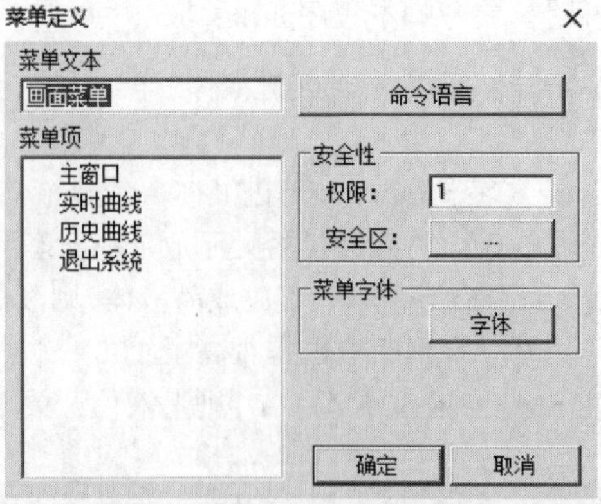

图4-1-22 新建4个一级菜单

操作提示

函数 ShowPicture ("PictureName") 用于打开画面，"PictureName" 为组态王画面名称，画面名称可从"命令语言"对话框右侧的"画面名称"目录中选择。

六、运行与调试

1. 双击工程浏览器中的"设置运行系统"，弹出"运行系统设置"对话框，将运行系统启动主画面设置为"页眉"和"液体混合控制主画面"。

2. 编写、下载 PLC 控制程序，PLC 程序梯形图如图 4-1-23 所示，并完成 PLC 控制线路安装。

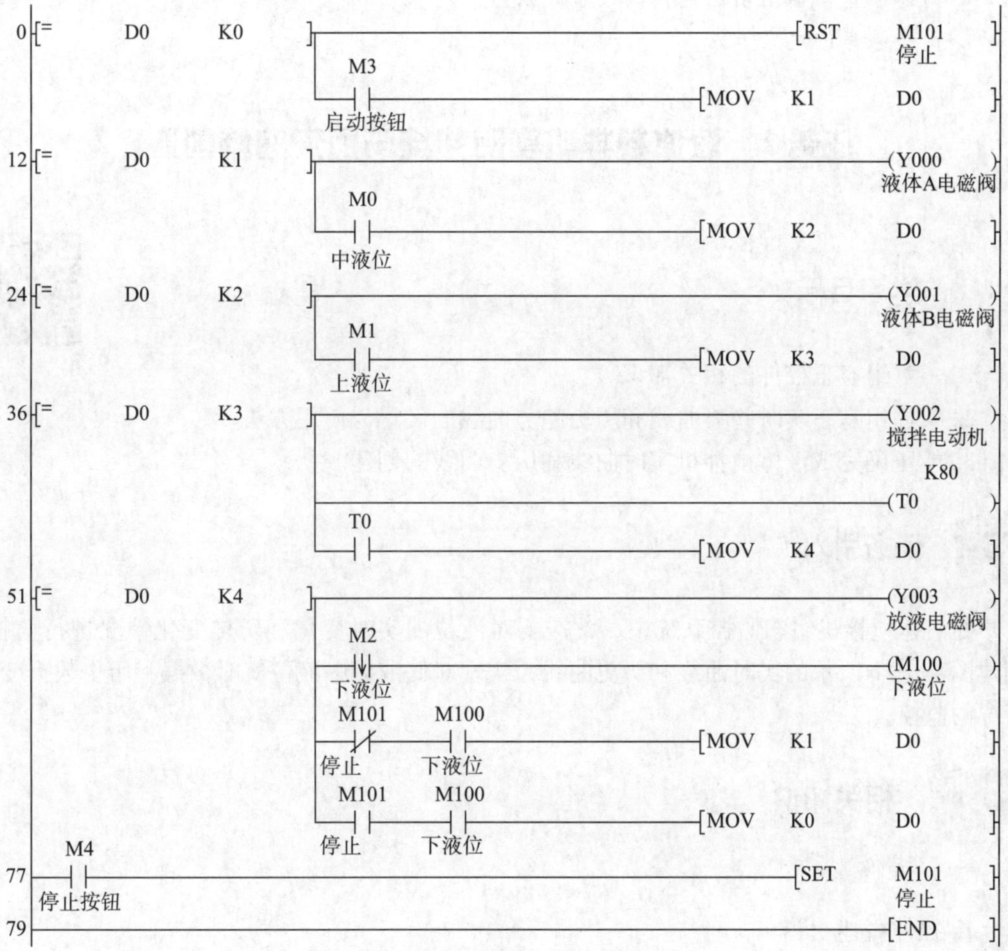

图 4-1-23 PLC 程序梯形图

3. 单击开发系统中的"文件"→"切换到 View"，进入组态王运行系统。

4. 单击组态监控界面上对应的操作按钮，观察并记录系统运行状态。

知识拓展

扫描右侧二维码，可了解组态软件工程打包工具相关知识。

思考与练习

1. 简述对象填充动画连接的设置方法。
2. 简述管道液体流动动画连接的设置方法。
3. 简述离散值输出动画连接的设置方法。
4. 简述字符串输出动画连接的设置方法。
5. 简述菜单的定义方法。

任务2 液体搅拌机实时曲线与历史曲线创建

学习目标

1. 了解组态王控件的相关知识。
2. 掌握组态王实时趋势曲线和历史趋势曲线的设置与使用方法。
3. 能正确完成液体搅拌机实时曲线和历史曲线的创建。

任务引入

在液体搅拌机组态监控系统中，常需要对液位的实时变化和历史变化情况进行监控。创建图4-2-1所示的实时曲线和历史曲线，实现对储液罐中液位实时数据和历史数据变化情况的监控。

相关知识

一、控件

1. 控件概述

控件是用来执行专门任务的重复使用的对象。每个控件实质上都是一个微型程序，但不是一个独立的应用程序，可以通过控件的属性、方法等控制控件的外观和行为，接受输入并提供输出。

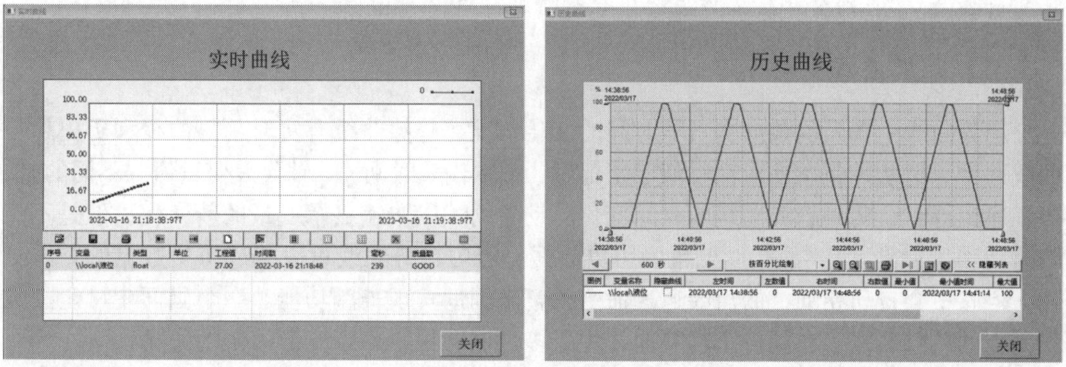

a）　　　　　　　　　　　　　　　　b）

图 4-2-1　曲线画面

a）实时曲线画面　b）历史曲线画面

Windows 操作系统中的组合列表框就是一个控件，通过设置属性可以决定组合列表框的大小、显示文本的字体及颜色。组态王的控件（如棒图、温控曲线、*X-Y* 轴曲线）就是一种微型程序，它们能提供各种属性和丰富的命令语言函数来完成各种特定的功能。

2. 控件的功能

控件在外观上类似于组合图素，只需把它放在画面上，然后配置控件的属性，进行相应的函数连接，就能完成复杂的功能。

当所需功能由主程序完成需要很复杂的命令语言，或根本无法完成时，可使用控件。主程序只需要向控件提供输入，而其他复杂工作将由控件完成。另外，控件可重复使用的特性也提供了方便，例如，画面中需要多个二维条图，用以表示不同变量的变化情况，如果没有棒图控件，则首先要使用工具箱绘制多个矩形框，然后将它们分别进行填充连接，每一个变量对应一个矩形框，最后将这些复杂的步骤合在一起，才能完成棒图控件的功能。若直接利用棒图控件，只要把棒图控件拷贝到画面上，对它进行相应的属性设置和命令语言函数的连接，就能实现用二维条图或三维条图显示多个不同变量的变化情况。

3. 组态王支持的控件

组态王提供了很多内置控件，如列表框、选项按钮、棒图、温控曲线、视频控件等，这些控件只能通过组态王主程序来调用，其他程序无法使用，这些控件的使用主要通过组态王的相应控件函数或与之连接的变量实现。

随着 Active X 技术的应用，Active X 控件也被普遍使用。组态王支持符合其数据类型的 Active X 标准控件，这些控件包括 Microsoft Windows 标准控件和任何用户制作的标准 Active X 控件。

提示

在运行系统中使用控件的函数、属性、方法等时，应该打开含有控件的画面（不一定是当前画面)，否则会导致操作失败，此时信息窗口中有相应提示。

二、趋势曲线

趋势曲线用来表示数据变量随时间的变化情况，趋势曲线有实时趋势曲线和历史趋势曲线两种。这两种曲线外形都类似于坐标轴，*X* 轴代表时间，*Y* 轴代表变量值。不同的是，当程序运行时，实时趋势曲线随时间变化自动卷动，以快速显示变量的新变化，但是不能随时间轴“回卷”，不能查阅变量的历史数据。历史趋势曲线可以完成历史数据的查看工作，但它不会自动卷动，而需要通过命令语言来辅助实现查阅功能。一个画面中可定义数量不限的趋势曲线，在同一个趋势曲线中最多可同时显示 4 个变量的变化情况。

1. 实时趋势曲线

组态王提供两种形式的实时趋势曲线：工具箱中的组态王内置实时趋势曲线和实时趋势曲线 Active X 控件。

（1）内置实时趋势曲线

单击“工具”→“实时趋势曲线”或选用工具箱中的“实时趋势曲线”工具可绘制内置实时趋势曲线，如图 4-2-2 所示。实时趋势曲线对象的中间是一个带有网格的绘图区域，表示曲线将在这个区域内绘出，网格左侧和下方分别是 *X* 轴（时间轴）和 *Y* 轴（数值轴）的坐标标注。可以通过选中实时趋势曲线对象（周围出现 8 个小矩形）来移动其位置或改变其大小。

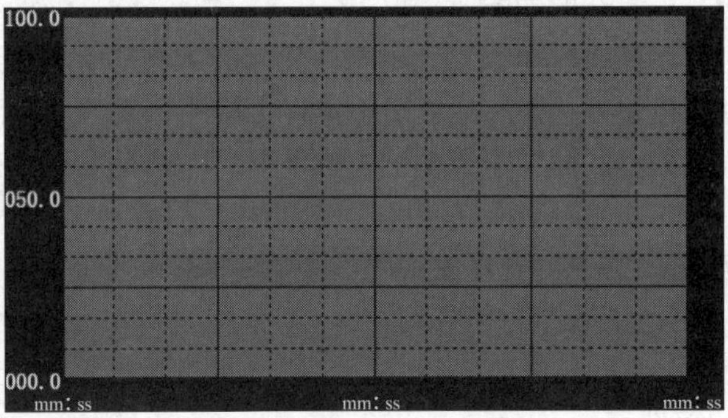

图 4-2-2　内置实时趋势曲线

（2）实时趋势曲线控件

单击“编辑”→“插入通用控件”或选用工具箱中的“插入通用控件”工具，弹出“插入通用控件”对话框，在列表中选择“CKvRealTimeCurves Control”，画面中将会创建实时趋势曲线控件，如图 4-2-3 所示。组态王实时趋势曲线控件可以通过 TCP/IP 获得实时数据，数据服务器可以是任何一台运行组态王的机器，而无须进行组态工程网络配置。实时趋势曲线控件最多可以显示 20 条曲线，可以分别设置各曲线的绘制方式和采集时间段，对曲线进行保持、加载和打印。

2. 历史趋势曲线

组态王提供 3 种形式的历史趋势曲线：

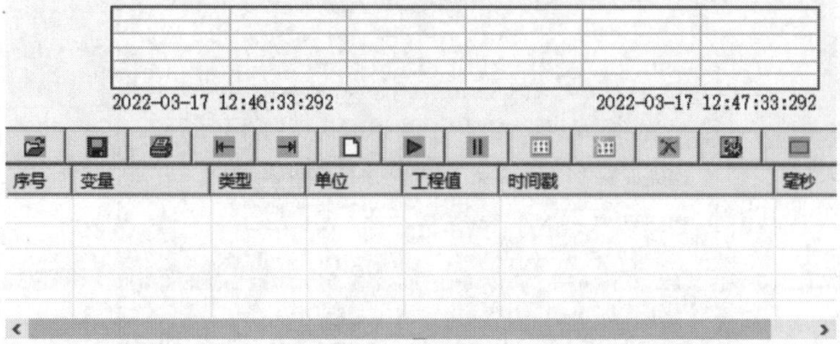

图 4-2-3　实时趋势曲线控件

第一种是从图库中调用已经定义好各功能按钮的历史趋势曲线，该历史趋势曲线只需要定义几个相关变量，适当调整曲线外观即可完成复杂的功能。这种形式的历史趋势曲线使用简单、方便，最多可以绘制 8 条曲线，无曲线打印功能。

第二种是调用历史趋势曲线控件，该历史趋势曲线功能很强大，使用比较简单。通过使用该控件，不但可以实现组态王历史数据的曲线绘制，还可以实现工业库中历史数据的曲线绘制、ODBC 数据库中记录数据的曲线绘制。在运行状态下，可以实现在线动态增加/删除曲线、曲线图表的无级缩放、曲线的动态比较、曲线的打印等。

第三种是从工具箱中调用历史趋势曲线，该历史趋势曲线需要对曲线的各个操作按钮进行定义，即建立命令语言连接才能操作历史趋势曲线，使用时自主性较强，能绘制个性化的历史趋势曲线。这种情况下，最多可以绘制 8 条曲线，无曲线打印功能。

无论使用哪一种历史趋势曲线，都要进行相关设置，主要包括变量属性设置和历史数据文件存放位置设置。

三、实时趋势曲线控件属性

实时趋势曲线控件包括“常规”和“曲线”两个选项卡。

1. “常规”属性

实时趋势曲线控件“常规”属性页如图 4-2-4 所示，可设置绘制范围、时间跨度等。

（1）绘制范围

【距左边】：实时曲线绘图区与控件左边界的距离，设置范围为 0～200。

【距右边】：实时曲线绘图区与控件右边界的距离，设置范围为 0～200。

【距上边】：实时曲线绘图区与控件上边界的距离，设置范围为 25～200。

【距下边】：实时曲线绘图区与控件工具条显示区的距离，设置范围为 25～200。

（2）标注字体

单击“选择字体”，可以设置标注字体。

（3）时间跨度

【显示时间跨度】：曲线图表的时间轴长度。设置范围为 1～100 000，单位为 s。

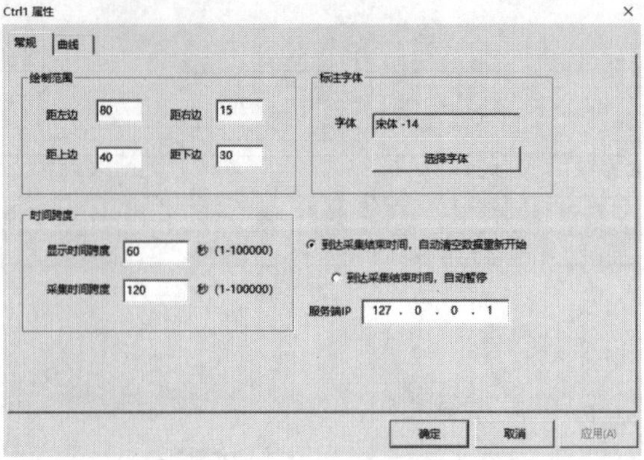

图 4-2-4 “常规”属性页

【采集时间跨度】：每次绘制一屏曲线总的时间长度。设置范围为 1~100 000，单位为 s。

采集时间跨度可以大于显示时间跨度。当绘制的曲线超出图表显示范围时，可以使用图表工具条中的左移、右移按钮移动查看曲线。

（4）采集结束时曲线的处理方式

【到达采集结束时间，自动清空数据重新开始】：到达采集结束时间（即“采集时间跨度”设置的时间），系统自动清空整个采集周期内（即一个“采集时间跨度”内）的曲线数据，曲线重新开始绘制。

【到达采集结束时间，自动暂停】：到达采集结束时间，系统暂停曲线数据采集，绘图区显示停止时刻的曲线。

（5）服务端 IP

绘制曲线的变量所在数据服务器的 IP 地址，如果是本机变量，则输入本机 IP 地址。该控件在组态王“单机”模式下使用。

2. “曲线”属性

实时趋势曲线控件“曲线”属性页如图 4-2-5 所示，可进行曲线添加、编辑和删除操作。单击“添加”，弹出“新增加曲线”对话框，如图 4-2-6 所示。

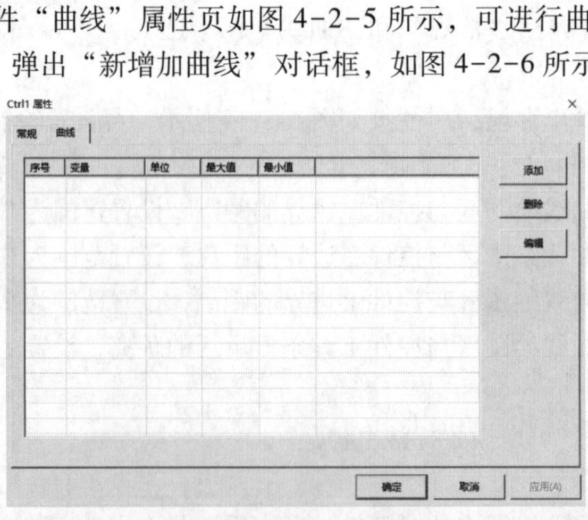

图 4-2-5 “曲线”属性页

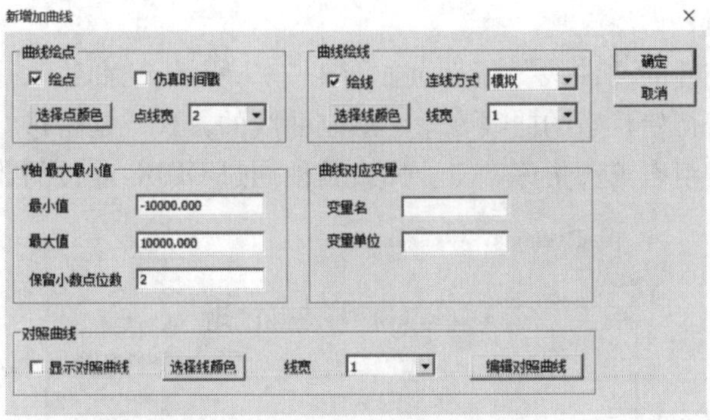

图 4-2-6 “新增加曲线”对话框

（1）曲线绘点

【绘点】：选择曲线是否以绘点方式绘制，勾选此复选框表示绘制数据点。

【仿真时间戳】：勾选此复选框则曲线上增加描绘的数据点，仿真数据在曲线上的描点频率为本地运行系统基准频率（即仿真时间戳的变化频率）。该选项主要适用于数据长时间不变的变量曲线。

【选择点颜色】：单击该按钮可以选择标记数据点的显示颜色。

【点线宽】：设置标记数据点的大小，范围为 1~6。

（2）曲线绘线

【绘线】：选择曲线是否以绘线方式绘制，勾选此复选框表示绘线。

【连线方式】：选择曲线的连线方式，包括模拟方式和阶梯方式。

【选择线颜色】：单击该按钮可以选择曲线的显示颜色。

【线宽】：设置曲线宽度，范围为 1~6。

（3）*Y* 轴最大最小值

【最小值】：设置 *Y* 轴的最小值。

【最大值】：设置 *Y* 轴的最大值。

【保留小数点位数】：*Y* 轴坐标值显示的小数点位数。

（4）曲线对应变量

【变量名】：曲线关联的变量名。

【变量单位】：为变量设置单位，可以为空。

（5）对照曲线

【显示对照曲线】：选择是否显示曲线的对照曲线，勾选此复选框表示显示。

【选择线颜色】：单击该按钮可以选择对照曲线的显示颜色。

【线宽】：设置对照曲线的宽度，范围为 1~6。

四、历史趋势曲线控件属性

历史趋势曲线控件包括“曲线”“坐标系”“预置打印选项”“报警区域选项”和“游标配置选项”选项卡。

1. “曲线”属性

历史趋势曲线控件的“曲线”属性页如图4-2-7所示。“曲线”属性页中曲线列表的功能是定义曲线图表初始状态的曲线变量、绘制曲线的方式、是否进行曲线比较等，曲线中数据的来源可以是组态王历史库、工业库或其他通过ODBC连接的数据源。

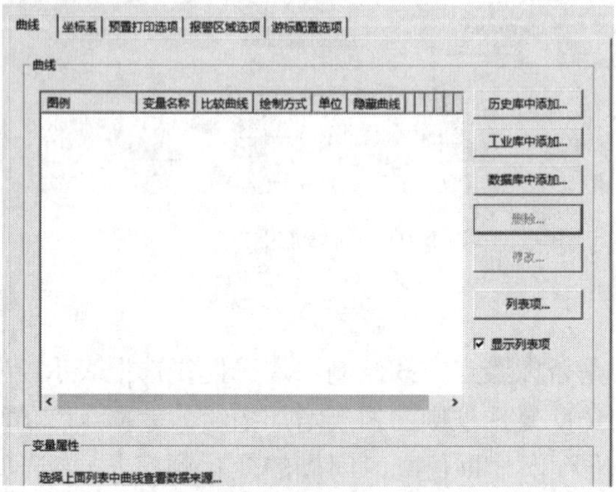

图4-2-7 “曲线”属性页

2. “坐标系”属性

历史趋势曲线控件的“坐标系”属性页如图4-2-8所示。

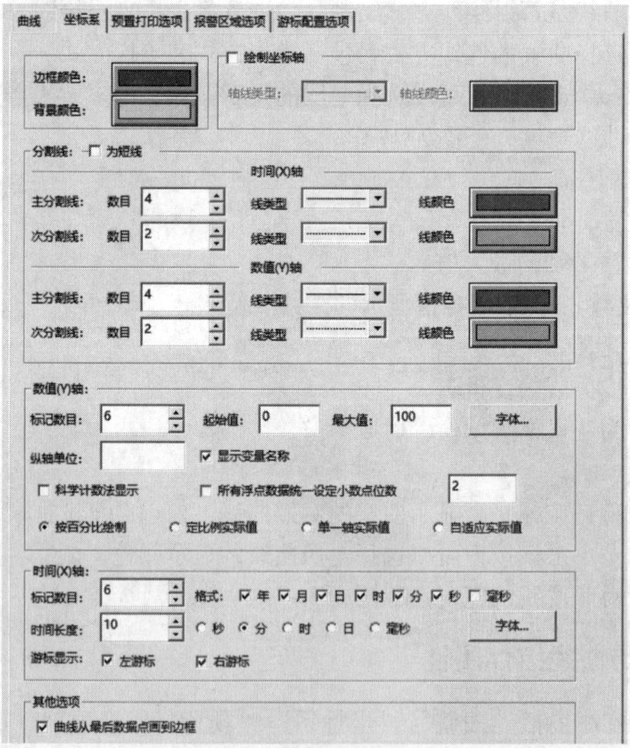

图4-2-8 “坐标系”属性页

【边框颜色】：设置曲线图表的边框颜色。

【背景颜色】：设置曲线图表的背景颜色。

【绘制坐标轴】：是否在图表上绘制坐标轴。打开“轴线类型”下拉列表可以选择坐标轴线的类型；单击“轴线颜色”对应按钮可以选择坐标轴线的颜色。

【分割线】：定义时间轴和数值轴主、次分割线的数目、线类型、线颜色。

【数值（Y）轴】：设置具体曲线 Y 轴坐标参数。

【时间（X）轴】：设置具体曲线 X 轴坐标参数。

【游标显示】：勾选对应复选框，可以在绘图区显示左游标和右游标。

3. “预置打印选项”属性

历史趋势曲线控件的“预置打印选项”属性页如图 4-2-9 所示。

【是否打印标题】：勾选此复选框，标题的编辑框变为可输入状态，可以在此编辑框内输入要打印图表的标题。

【是否打印曲线列表】：勾选此复选框，可以打印曲线变量的列表。

【边界背景色】：为打印曲线选择不同的边界背景色。

【曲线背景色】：为打印曲线选择不同的曲线背景色。

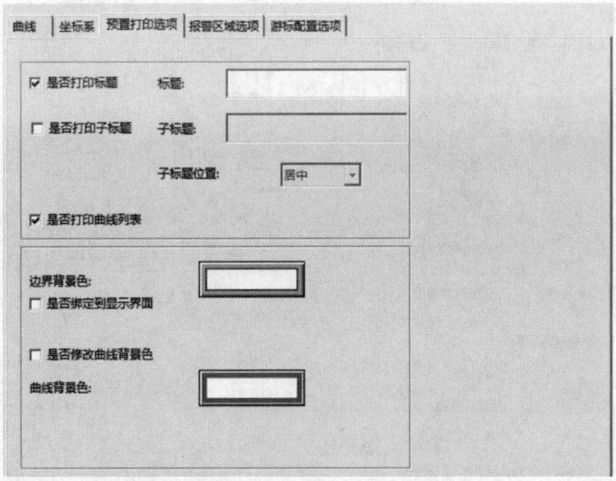

图 4-2-9　“预置打印选项”属性页

4. “报警区域选项”属性

历史趋势曲线控件的“报警区域选项”属性页如图 4-2-10 所示。

【是否显示高高限报警区】：勾选此复选框，对应的下边界位置、上边界位置以及报警区背景色选项被激活。在上、下边界位置编辑框内输入高高限报警区域范围的百分比值，然后选择该报警区的背景色。

5. “游标配置选项”属性

历史趋势曲线控件的“游标配置选项”属性页如图 4-2-11 所示。当用户使用历史趋势曲线进行历史数据查询时，可能还需要知道某时间段的其他信息，这些信息可能未在历史数据库中记录，如操作员信息、班组信息、生产批次信息等。

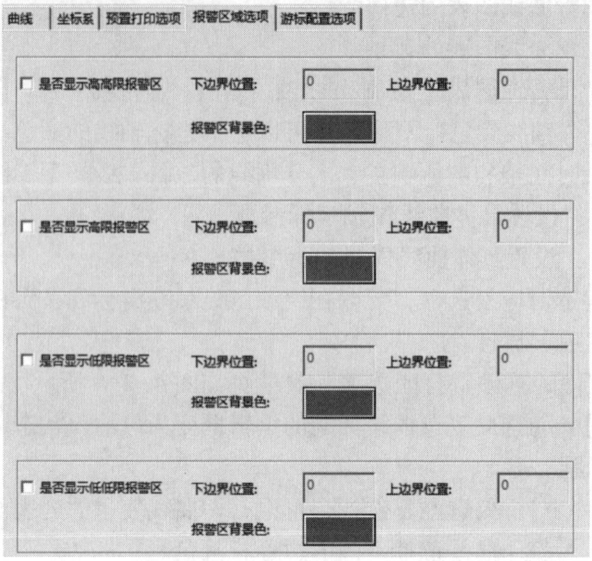

图 4-2-10 “报警区域选项”属性页

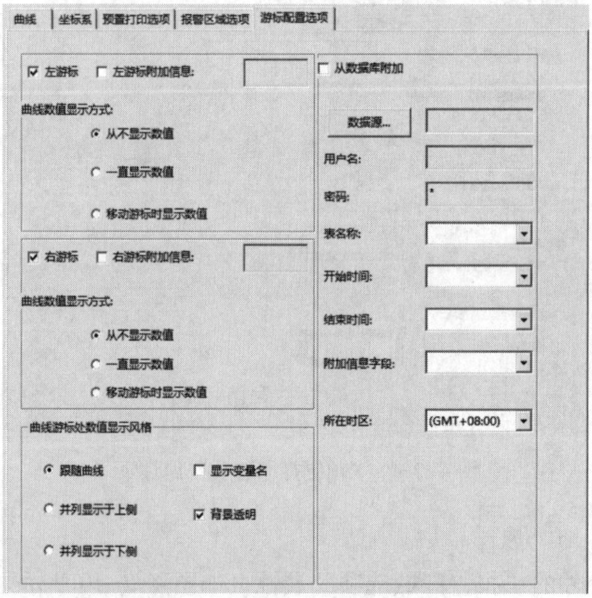

图 4-2-11 “游标配置选项”属性页

【左游标】：勾选该复选框，可以对左游标进行操作。

【右游标】：勾选该复选框，可以对右游标进行操作。

【左（右）游标附加信息】：用于定义游标上显示的附加信息。可直接勾选“左游标附加信息”复选框并在其右侧的编辑框中输入附加信息（最长31个字符），也可通过勾选“从数据库附加”复选框来选择数据库的对应字段信息，这两种方法不可以同时使用。左游标与右游标的附加信息功能也不能同时使用。

【曲线游标处数值显示风格】：定义游标在曲线图表上的风格。

【数据源】：选择附加信息数据库的 ODBC 数据源名称。

【用户名】：输入使用 ODBC 数据源的用户名。

【密码】：输入使用 ODBC 数据源的用户密码。

【表名称】：选择曲线使用数据的来源表（数据库中的某个表）。

【开始时间】：选择数据库中附加信息的开始时间字段。

【结束时间】：选择数据库中附加信息的结束时间字段。

【附加信息字段】：选择数据库中记录的附加信息字段。

【所在时区】：选择数据库记录时间所在的时区。

任务实施

一、创建实时趋势曲线

1. 创建实时趋势曲线控件

选用工具箱中的“插入通用控件”工具或单击“编辑”→“插入通用控件”，弹出“插入通用控件”对话框，在列表中选择“CKvRealTimeCurves Control”，单击“确定”，对话框自动消失，鼠标光标变为“十”字形。在画面上选择控件的左上角，按住鼠标左键并拖动，画面上显示一个虚线绘制的矩形框，该矩形框为创建后的曲线外框。当拖动达到所需大小时，松开鼠标左键，实时趋势曲线控件创建完毕，如图 4-2-12 所示。

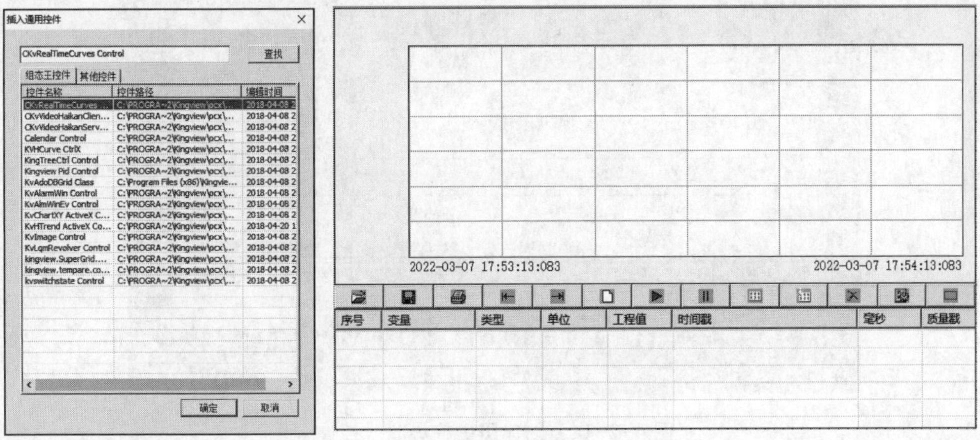

图 4-2-12 创建实时趋势曲线控件

2. 设置实时趋势曲线控件属性

右击控件，单击“控件属性”，弹出控件属性对话框，在“常规”属性页设置实时曲线的标注字体参数。在“曲线”属性页中，单击“添加”，弹出“新增加曲线”对话框，添加液位实时曲线，参数设置如图 4-2-13 所示。

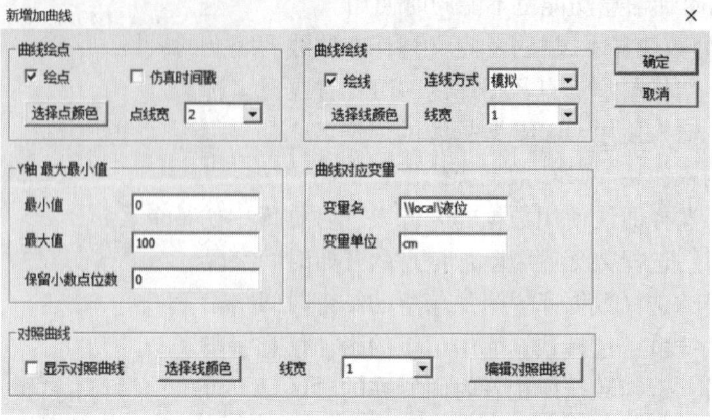

图 4-2-13　添加液位实时曲线

二、创建历史趋势曲线

1. 创建历史趋势曲线控件

选用工具箱中的“插入通用控件”工具或单击“编辑”→“插入通用控件”，弹出“插入通用控件”对话框，在列表中选择“KvHTrend ActiveX Control”，创建历史趋势曲线控件，如图 4-2-14 所示。

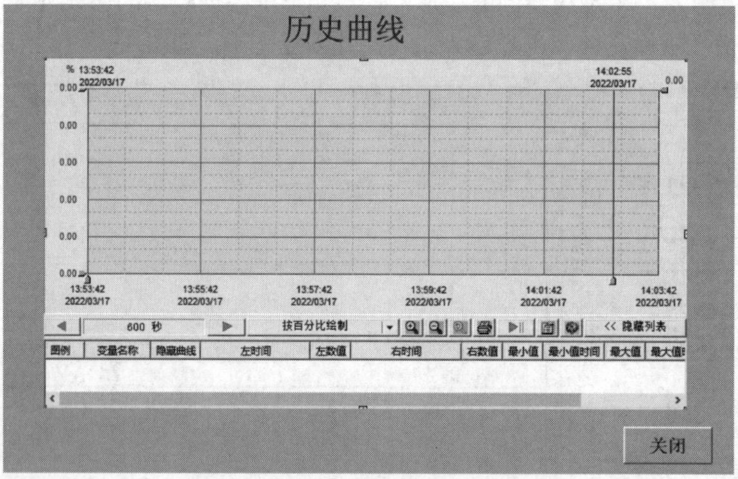

图 4-2-14　创建历史趋势曲线控件

2. 配置历史数据库

双击工程浏览器中的“系统配置”→“历史数据记录”，弹出“历史库配置”对话框，如图 4-2-15 所示。勾选“运行时启动历史数据记录”复选框，单击“历史库”右侧的“配置”，弹出“历史记录配置”对话框，如图 4-2-16 所示，设置数据保存天数和存储路径。

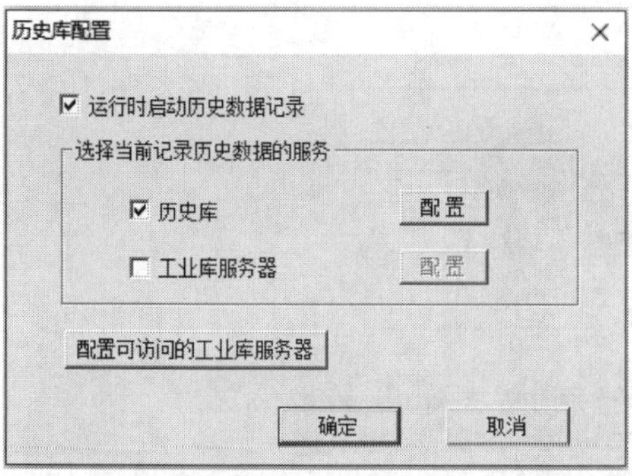

图 4-2-15 “历史库配置”对话框

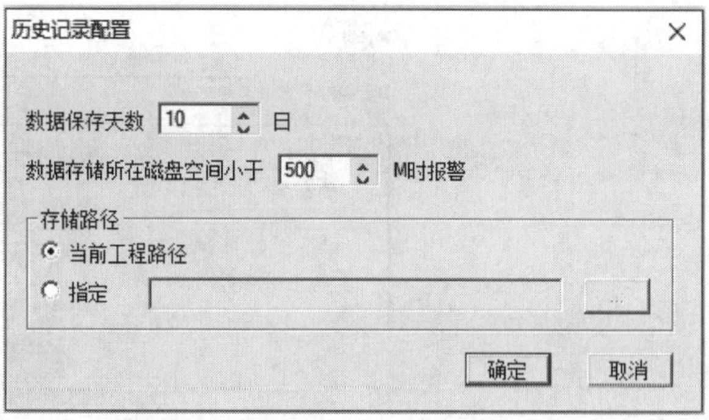

图 4-2-16 “历史记录配置”对话框

选择工程浏览器中的“数据库”→“数据词典”，双击变量“液位”，弹出“定义变量”对话框，单击“记录和安全区”选项卡，选中“数据变化记录”单选按钮，设置“变化灵敏”为 1，如图 4-2-17 所示。

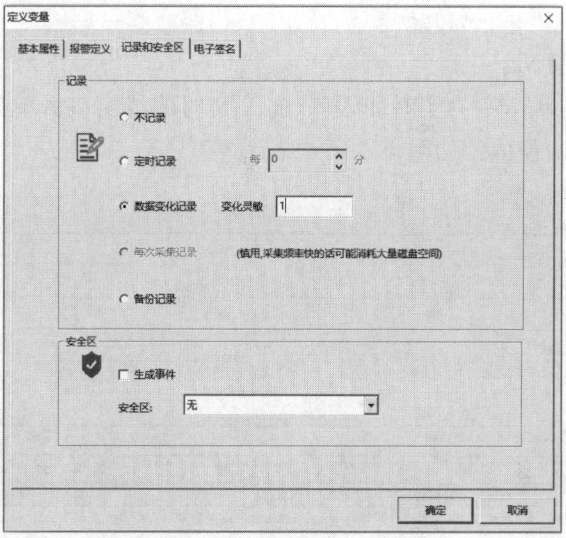

图 4-2-17　定义“液位”变量

3. 设置历史趋势曲线控件属性

右击控件，单击“控件属性”，弹出控件属性对话框，在“曲线”属性页中单击“历史库中添加”，弹出“增加曲线”对话框，如图 4-2-18 所示。增加液位历史曲线，设置“线颜色”为红色，“无效数据绘制方式”为实线，“小数位数”为 0，其他使用默认设置。

三、运行与调试

1. 单击“文件”→“全部存”，将完成的画面进行保存。

2. 在开发系统中单击“文件”→“切换到 View”，进入组态王运行系统，单击“启

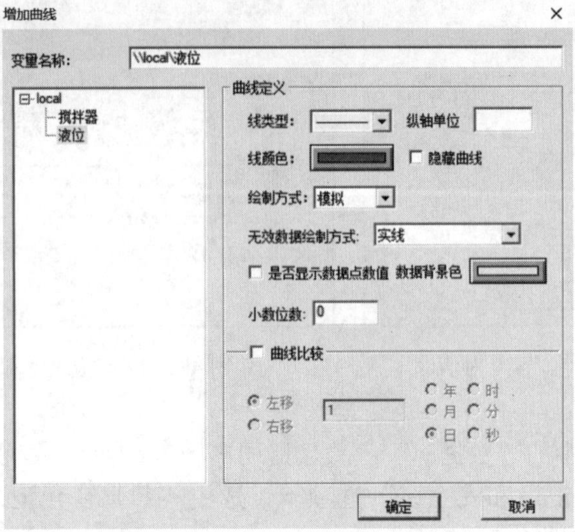

图 4-2-18 “增加曲线”对话框

动”按钮启动液体搅拌机。

3. 单击“画面菜单”→“实时曲线”，打开实时曲线窗口。单击“”键，实时曲线窗口开始实时显示液位值，如图 4-2-19 所示。

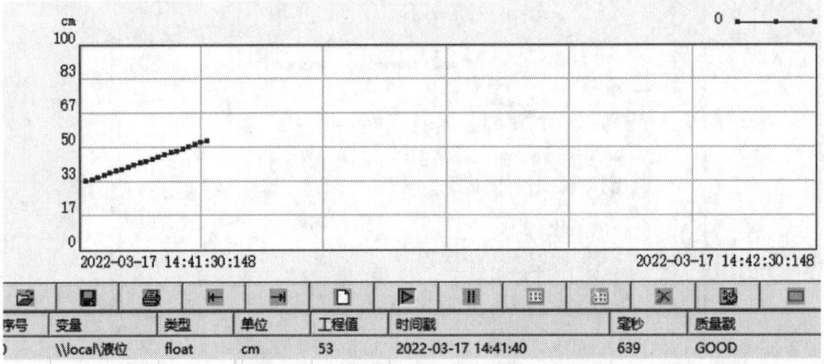

图 4-2-19 液位变化实时曲线

操作提示

可通过实时曲线窗口工具条中的按钮，对实时曲线进行开始、停止、设置曲线属性、添加新曲线、删除曲线、绘图设置、清除绘图区数据、隐藏变量、打印、保存等操作。

4. 单击“画面菜单”→“历史曲线”，打开历史曲线窗口。单击“”“”键，查看液位值变化的历史曲线，如图 4-2-20 所示。

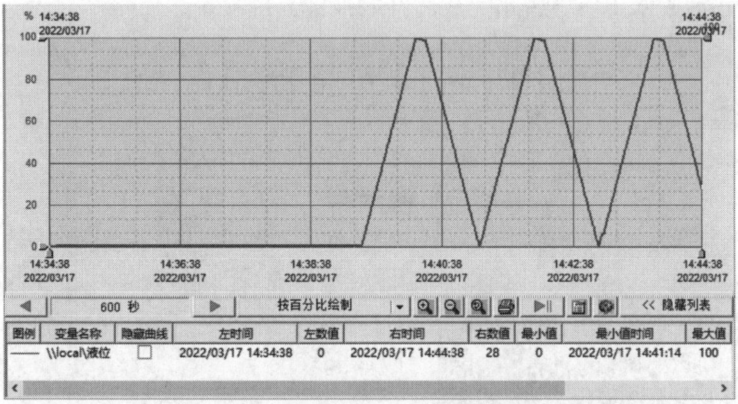

图 4-2-20　液位变化历史曲线

操作提示

可通过历史曲线窗口工具条中的按钮，对历史曲线进行放大、缩小、打印等操作。

知识拓展

扫描右侧二维码，可了解温控曲线、实时曲线运行设置、历史曲线运行设置相关知识。

思考与练习

1. 简述组态王中实时趋势曲线的设置方法。
2. 简述趋势曲线的作用。
3. 简述组态王提供的历史趋势曲线的几种形式。
4. 简述组态王中历史趋势曲线的设置方法。

技能拓展

创建图 4-2-21 所示的全自动洗衣机组态监控画面，设置相应动画连接，利用组态软件的命令语言程序与下位机 PLC 实现控制。具体要求如下：

1. 具有高、中、低三档水位选择开关，弱洗（2 次）、中洗（4 次）、强洗（6 次）、超强洗（8 次）四种工作模式选择开关。

2. 选择水位和工作模式后，按下“启动”按钮，洗衣机开始工作。洗衣机进水，达到设定水位后停止，开始正转 4 s、停止 1 s、反转 4 s、停止 1 s，达到设定工作周期后开始排水，排空水后脱水 10 s，脱水完成后开始报警，持续 5 s。

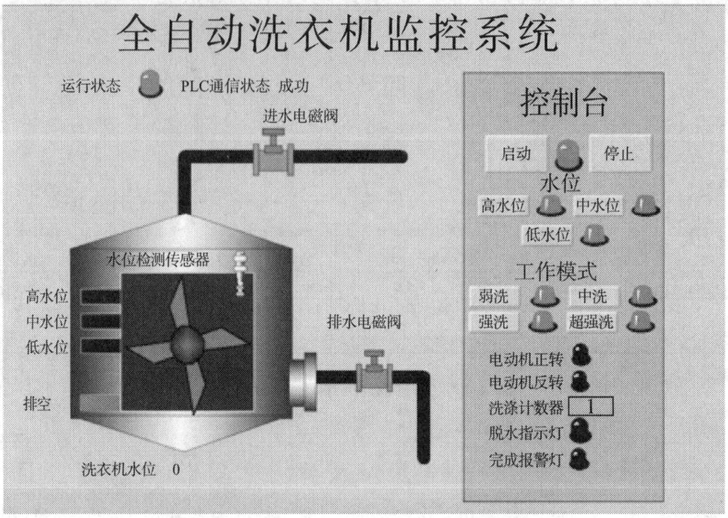

图 4-2-21　全自动洗衣机组态监控画面

项目五　闸门组态监控系统设计

传统闸门的升降通过接触器控制，无法对闸门的开启高度进行测量，也不能判断闸门当前的运行状态，更不具有远程控制功能。利用组态软件作为上位机对闸门进行自动化监控，既可实现对闸门的远程控制，也可接入河道水位信号、流量信号、现场视频信号等，能够将水位、流量、视频画面等与闸控系统集中显示在一个画面中。本项目以闸门组态监控系统为例，进一步学习组态王的设计方法和技巧。

任务 1　闸门组态监控系统界面创建设计

学习目标

1. 掌握缩放连接、垂直移动连接等连接动画的设置方法。
2. 掌握视频动画控件的放置、设置和使用方法。
3. 能正确完成闸门组态监控系统界面创建设计。

任务引入

随着科学技术的发展，水利工程自动化程度越来越高，上位机远程监控功能被更加频繁地用于河道水位、流量等的实时监测和闸门的远程控制。创建图 5-1-1 所示的闸门组态监控系统，具体要求如下：

1. 各画面中的页眉可以实时显示日期、时间，各画面可以互相切换。

2. 闸门监控画面中设置闸门开度值，单击“上升”按钮，闸门向上移动，开度值增加，闸门运行、电动机等指示灯为红色，达到设定开度值后闸门停止上升，闸门运行、电动机等指示灯为绿色。单击“下降”按钮，闸门向下移动，开度值减小，闸门运行、电动机等指示灯为红色，下降到底部时闸门停止下降，闸门运行、电动机等指示灯为绿色。运行过程中单击“停止”按钮，闸门停止运行。

菜单
2022/3/16
20:32:15
当前操作员：
站长
闸门组态监控系统
闸门监控
水位曲线
视频监控
退出系统

a）

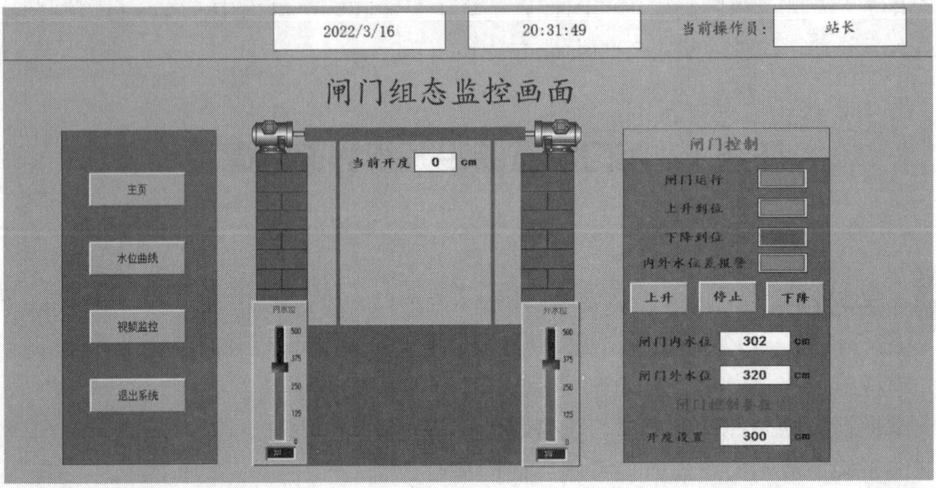
2022/3/16
20:31:49
当前操作员：
站长
闸门组态监控画面
主页
水位曲线
视频监控
退出系统
当前开度 0 cm
闸门控制
闸门运行
上升到位
下降到位
内外水位差报警
上升
停止
下降
闸门内水位 302 cm
闸门外水位 320 cm
开度设置 300 cm

b）

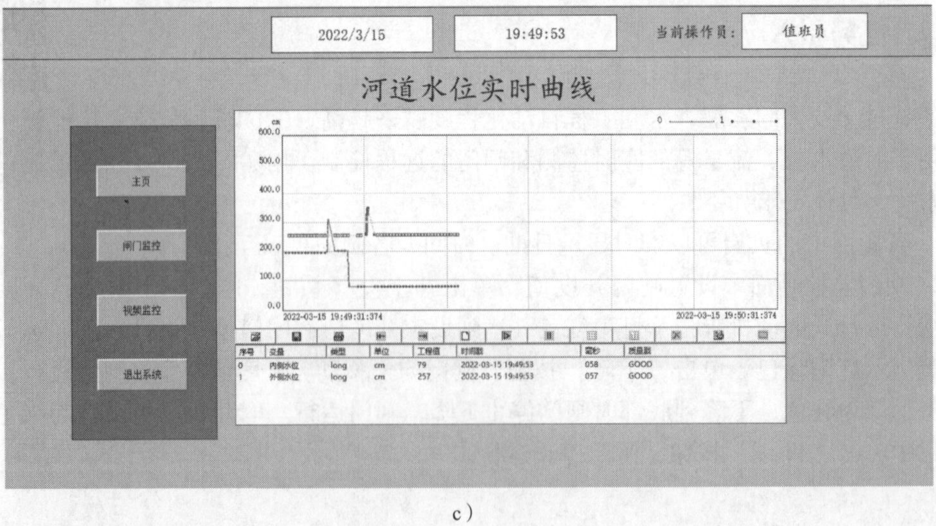
2022/3/15
19:49:53
当前操作员：
值班员
河道水位实时曲线
主页
闸门监控
视频监控
退出系统

c）

d）

图 5-1-1 闸门组态监控系统

a）主画面 b）闸门监控画面 c）水位实时曲线画面 d）视频监控画面

3. 游标模拟闸门内、外侧水位，当内、外侧水位差超过 30 cm 时，水位差报警灯为红色，若水位差未超过 30 cm 则水位差报警灯为绿色。

4. 水位实时曲线画面中使用实时趋势曲线控件记录内、外侧水位变化曲线。

5. 视频监控画面可显示监控闸门部位的监控视频。

6. 单击“退出系统”按钮或按“Esc”键可退出运行系统。

相关知识

一、动画连接

1. 缩放连接

缩放连接的功能是使被连接对象的大小随连接表达式的值的变化而变化。例如，建立一个温度计，用一个矩形表示水银柱（将其设置“缩放连接”动画连接属性），以反映变量“温度”的变化情况，如图 5-1-2 所示。

在“动画连接”对话框中单击“缩放”，弹出“缩放连接”对话框，如图 5-1-3 所示。

【表达式】：在此编辑框内输入合法的连接表达式，单击“?”可以查看已定义的变量名和变量域。

【最小时】：输入对象最小时占据被连接对象的百分比（占据百分比）及对应的表达式的值（对应值）。百分比为 0 时此对象不可见。

【最大时】：输入对象最大时占据被连接对象的百分比（占据百分比）及对应的表达式的值（对应值）。若百分比为 100，则当表达式值为对应值时，对象大小为制作时该对

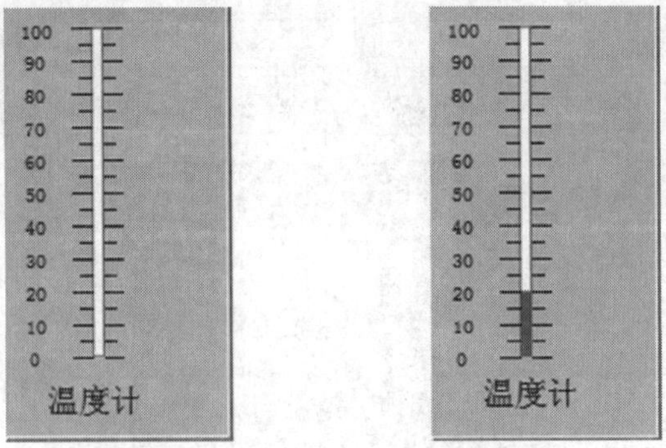

a）　　　　　　　　　　b）

图 5-1-2　缩放连接实例

a）设计状态　b）运行状态

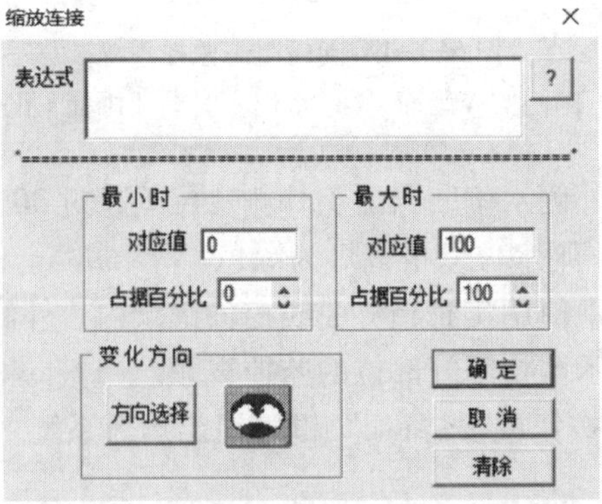

图 5-1-3 “缩放连接”对话框

象的大小。

【变化方向】：选择缩放变化的方向。变化方向共有五种，用“方向选择”按钮旁边的指示器形象地表示。箭头是变化的方向，蓝色点是参考点。单击“方向选择”，可切换变化方向。

2. 垂直移动连接

垂直移动连接的功能是使被连接对象在画面中的位置随连接表达式的值的变化而垂直移动。移动距离以像素为单位，以被连接对象在画面制作系统中的原始位置为参考基准。垂直移动连接常用来表示对象实际的垂直运动，单击“动画连接”对话框中的“垂直移动”，弹出“垂直移动连接”对话框，如图 5-1-4 所示。

【表达式】：在此编辑框内输入合法的连接表达式，单击“?”可以查看已定义的变量名和变量域。

【向上】：输入图素在垂直方向向上移动（以被连接对象在画面中的原始位置为参考基准）的距离。

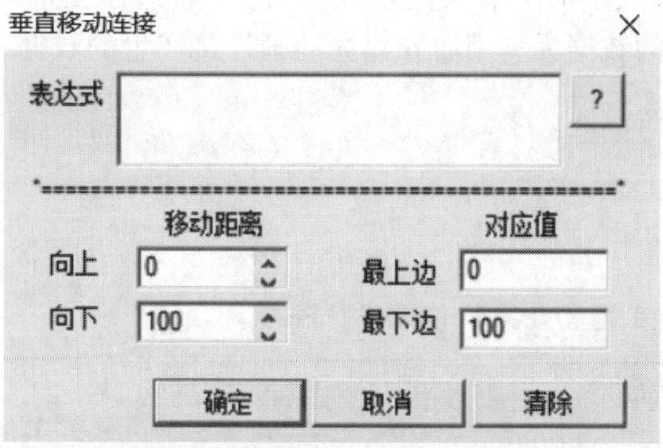

图 5-1-4 “垂直移动连接”对话框

【最上边】：输入与图素处于最上边时相对应的变量值，当连接表达式的值为对应值时，被连接对象的中心点向上（以原始位置为参考基准）移到最上边规定的位置。

【向下】：输入图素在垂直方向向下移动（以被连接对象在画面中的原始位置为参考基准）的距离。

【最下边】：输入与图素处于最下边时相对应的变量值，当连接表达式的值为对应值时，被连接对象的中心点向下（以原始位置为参考基准）移到最下边规定的位置。

3. 垂直移动连接向导

使用垂直移动连接向导的步骤如下：

（1）在画面上绘制希望垂直移动的图素，如圆角矩形。

（2）选中该图素，单击“编辑”→“垂直移动向导”，或右击该圆角矩形，单击“动画连接向导”→“垂直移动连接向导”，鼠标光标变为“十”字形。

（3）选择图素垂直移动的起始位置，单击鼠标左键，鼠标光标变为向上的箭头，表示当前定义的是运行时图素由起始位置向上移动的距离。垂直移动箭头，移动到上边界后，单击鼠标左键，鼠标光标变为向下的箭头，表示当前定义的是运行时图素由起始位置向下移动的距离。垂直移动箭头，画出一条垂直移动轨迹线。当到达垂直移动的下边界时，单击鼠标左键，弹出“垂直移动连接”对话框，如图 5-1-5 所示。

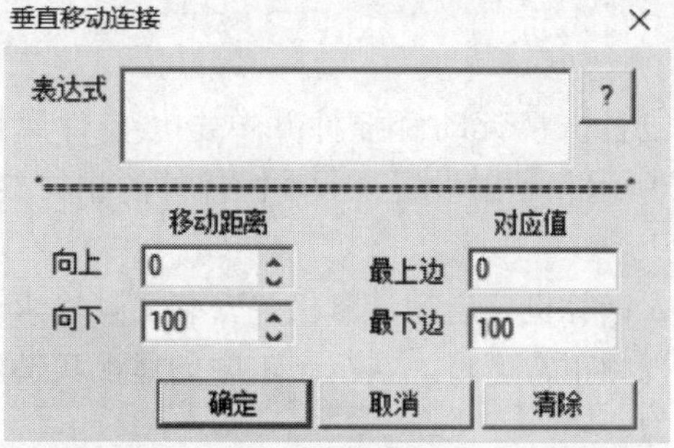

图 5-1-5 “垂直移动连接”对话框

（4）在“表达式”文本框中输入变量或单击“?”选择变量。“移动距离”的“向上”“向下”文本框中的数据为利用向导建立动画连接产生的数据，用户可以根据需要再进行修改。

提示

垂直移动连接向导可通过直接位移设定位移距离。

二、视频动画控件

视频动画控件是一个比较简单的控件，它只能针对一路视频输入，该控件通常适用于单通道视频输入，即整个系统只监视一个视频图像的情况。

1. 放置视频动画控件

选用工具箱中的“插入通用控件”工具或单击“编辑”→“插入通用控件”，弹出“插入通用控件”对话框，在“其他控件”选项卡下的列表中双击“Video Control”，鼠标光标变为“十”字形。在画面上画一个矩形框，视频动画控件就放置到画面上了，如图 5-1-6 所示。

图 5-1-6 视频动画控件

2. 设置视频动画控件

双击视频动画控件，或右击视频动画控件并单击“控件属性”，弹出“动画连接属性”对话框，如图 5-1-7 所示，可以设置视频动画控件的相关参数。

3. 使用视频动画控件

用户将视频输入卡插入计算机，启动计算机并安装视频输入卡的驱动程序，对视频输入卡做必要的配置以确保视频正常运行。在组态王中创建视频动画控件，切换到组态王运行系统，即可显示视频图像。

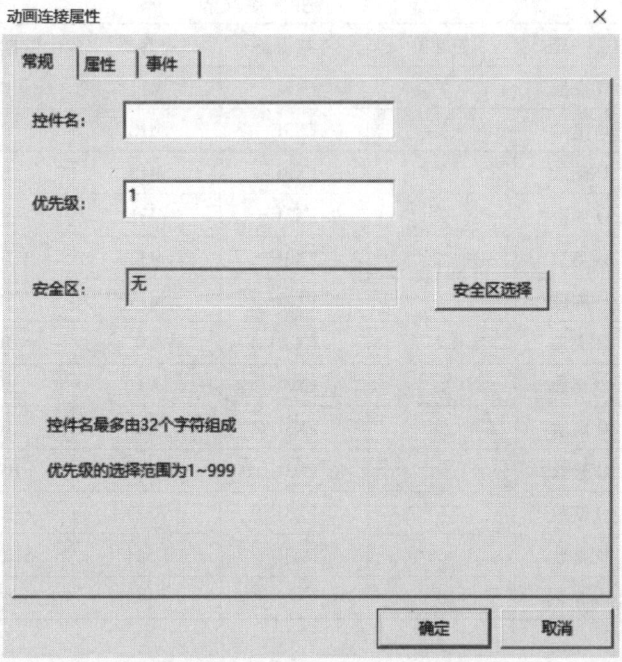

图 5-1-7 “动画连接属性”对话框

任务实施

一、创建新工程

1. 新建工程

启动组态王软件，打开工程管理器。新建“闸门监控系统”工程，双击新建的“闸门监控系统”工程，进入工程浏览器。

单击工程浏览器中的“画面”，在右侧视图中双击“新建”图标，分别新建主画面、闸门监控画面、水位实时曲线画面、视频监控画面 4 个画面。各画面的显示宽度和高度分别为 1 500、750，其他参数采用默认值。

2. 创建 PLC

单击工程浏览器工程目录显示区中“设备”前的“+”，单击“COM1”，双击右侧内容显示区中的“新建”图标，弹出设备配置向导界面。单击“PLC”左侧的“+”，单击“Mitsubishi”→“FX3u”→“Programmable port”，根据提示创建“FX3U”设备。

二、定义变量

单击工程目录显示区中的“数据词典”，双击右侧内容显示区中的“新建”图标，弹出“定义变量”对话框，按表 5-1-1 定义相关变量。

表 5-1-1 变量定义表

变量名	变量类型	初始值	连接设备	寄存器	数据类型	读写属性
上升按钮	I/O 离散	关	FX3U	M11	Bit	读写
下降按钮	I/O 离散	关	FX3U	M12	Bit	读写
停止按钮	I/O 离散	关	FX3U	M13	Bit	读写
闸门上升到位	I/O 离散	关	FX3U	M31	Bit	读写
闸门下降到位	I/O 离散	关	FX3U	M32	Bit	读写
水位差报警	I/O 离散	关	FX3U	M33	Bit	读写
闸门运行	I/O 离散	关	FX3U	Y0	Bit	读
闸门上升	I/O 离散	关	FX3U	Y1	Bit	读
闸门下降	I/O 离散	关	FX3U	Y2	Bit	读
外侧水位	I/O 整数	0	FX3U	D520	SHORT	读写
内侧水位	I/O 整数	0	FX3U	D522	SHORT	读写
开度设置	I/O 整数	0	FX3U	D524	SHORT	读写
闸门开度	内存整数	0	—	—	—	—

三、设计画面

1. 设计主画面

选用工具箱中的“菜单”工具，绘制页眉中的菜单对象，放置到指定位置。

选用工具箱中的“圆角矩形”工具，分别绘制三个显示底框，线条为黑色，填充色为白色，放置到指定位置并使用对齐工具进行上对齐。

选用工具箱中的“文本”工具，分别在三个显示底框上绘制“2022 年 1 月 1 日”“时：分：秒”“值班员”文本，再绘制“当前操作员”文本，字体为楷体、字形为粗体、小二号字、黑色。绘制标题“闸门组态监控系统”文本，字体为楷体、字形为粗体、小初号字、黑色。

操作提示

显示框和文本绘制完成后，选中显示框和文本对象，使用工具箱中的“图素水平对齐”和“图素垂直对齐”工具进行居中对齐。

选用工具箱中的“按钮”工具，绘制 4 个按钮对象，使用字符串替换功能将按钮文本分别替换为“闸门监控”“水位曲线”“视频监控”和“退出系统”，字体为宋体、字形为常规、小四号字、黑色。

选用工具箱中的“圆角矩形”工具，绘制页眉底框，线条为黑色，填充色为淡蓝色，放置到指定位置并使用“图素前移”“图素后移”工具显示需要的图素对象。

选用工具箱中的“点位图”工具，在画面中插入实景位图。

主画面效果如图 5-1-8 所示，设计完成后，单击“文件”→“全部存”，将完成的画面进行保存。

图 5-1-8 主画面效果

2. 设计闸门监控画面

选用工具箱中的“圆角矩形”工具，绘制两个任意尺寸的矩形，线条为黑色，填充色为灰色。如图 5-1-9 所示，选中一个矩形图素，通过工具箱最下方的图素尺寸工具将其尺寸改为长度 40、宽度 28，将另一个矩形图素尺寸改为长度 80、宽度 28。再通过复制、粘贴、对齐等操作，完成图 5-1-10 所示的立柱，使用工具箱中的“合成组合图素”工具将其合成为整体图素。

选用工具箱中的“圆角矩形”工具，绘制闸门和电动机轴，线条和填充色均为灰色。绘制操作区域图框以及相应数值输入/显示图框，设置线条和填充颜色。

选用工具箱中的“直线”工具，绘制闸门升降线，线条和填充色均为灰色，线形选择最宽。

选用工具箱中的“文本”工具，按图 5-1-1b 所示绘制所需文本，“闸门组态监控画面”文本对象的字体为楷体、字形为常规、小初号字、黑色，其余文本对象的字体为楷体、字形为粗体、四号字、黑色。

选用工具箱中的“按钮”工具，绘制四个按钮，将按钮文本替换为“上升”“停止”“下降”“主页”，按钮对象字体为楷体、字形为粗体、四号字、黑色。

选用工具箱中的“打开图库”工具或按“F2”键打开图库，在“图库管理器/马达”中选择合适的马达放置到闸门立柱上端位置，在“图库管理器/指示灯”中选择合适的指示灯放置到操作区域，在“图库管理器/游标”中选择合适的游标分别放置在左、右闸门立柱下侧位置。

绘制完成后，使用对齐工具进行图素位置调整，闸门监控画面效果如图 5-1-11 所示。设计完成后，单击“文件”→“全部存”，将完成的画面进行保存。

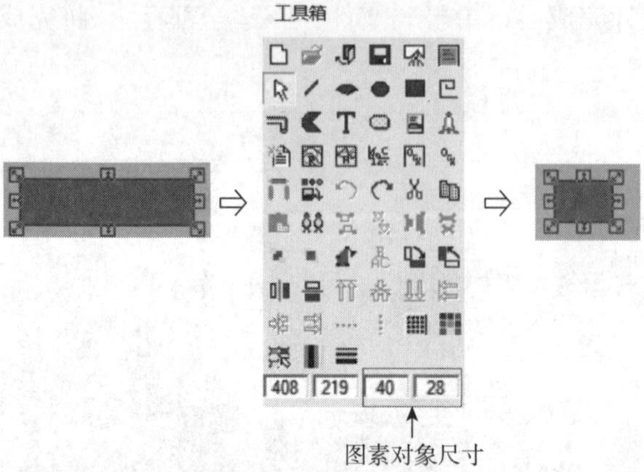

图 5-1-9　调整图素尺寸

图 5-1-10　立柱效果图

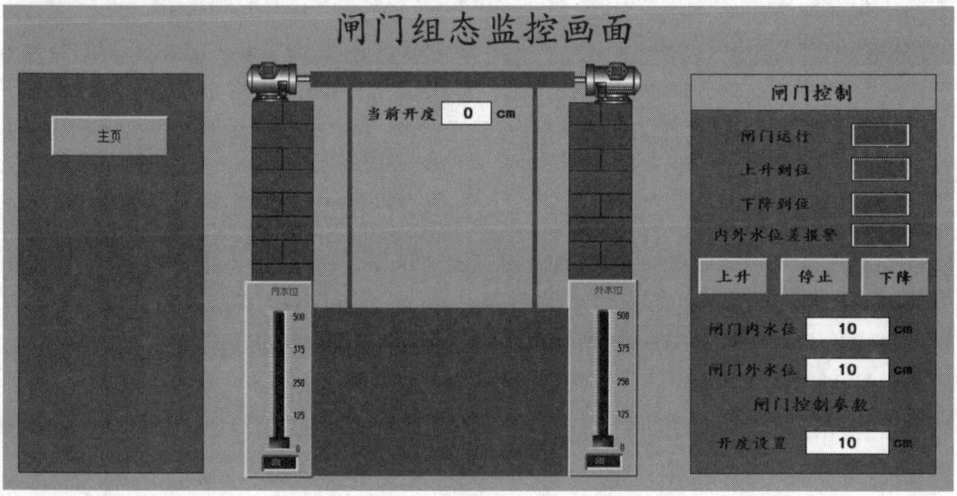

图 5-1-11　闸门监控画面效果

操作提示

待主画面动画连接完成后，使用复制/粘贴操作将主画面的页眉和其他画面切换按键用于其他画面即可。

3. 设计水位实时曲线画面

选用工具箱中的“文本”工具，绘制画面标题“河道水位实时曲线”文本，字体为楷体、字形为常规、小初号字、黑色。

选中闸门监控画面中的画面选择操作区域图素对象，使用复制/粘贴操作将其放置在本画面中。

操作提示

为使画面选择操作区域图素对象在不同画面中的位置保持一致，可选中对象并在工具栏中输入一致的横坐标、纵坐标，即可将图素对象直接移动到指定位置，如图 5-1-12 所示。

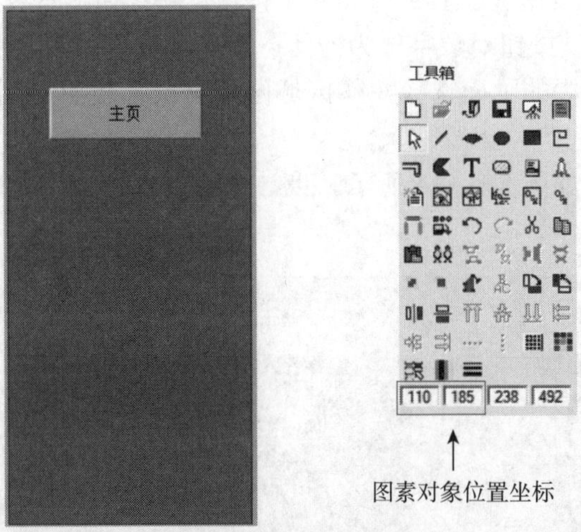

图 5-1-12　调整图素位置

选用工具箱中的“插入通用控件”工具，弹出“插入通用控件”对话框，在列表中选择“CKvRealTimeCurves Control”，创建实时趋势曲线控件。

水位实时曲线画面效果如图 5-1-13 所示，设计完成后，单击“文件”→“全部存”，将完成的画面进行保存。

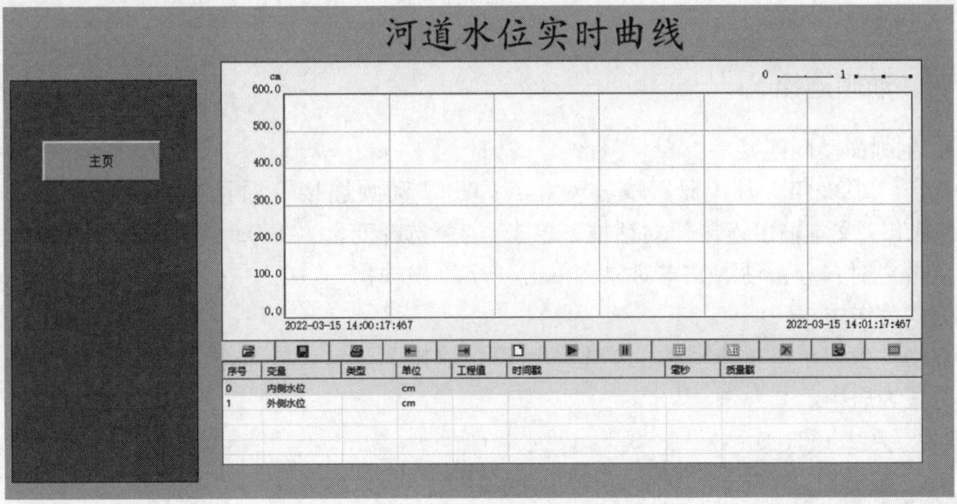

图 5-1-13　水位实时曲线画面效果

4. 设计视频监控画面

选用工具箱中的“文本”工具，绘制画面标题“视频监控画面”文本，字体为楷体、字形为常规、小初号字、黑色。

选用工具箱中的“插入通用控件”工具，弹出“插入通用控件”对话框，在“其他控件”选项卡下的列表中双击“Video Control”，创建视频动画控件。

选用工具箱中的“按钮”工具，绘制三个按钮，将按钮文本替换为“打开视频”“关闭视频”和“视频源”，按钮对象字体为楷体、字形为粗体、四号字、黑色。

选中闸门监控画面中的画面选择操作区域图素对象，使用复制/粘贴操作将其放置在本画面中。

视频监控画面效果如图 5-1-14 所示，设计完成后，单击“文件”→“全部存”，将完成的画面进行保存。

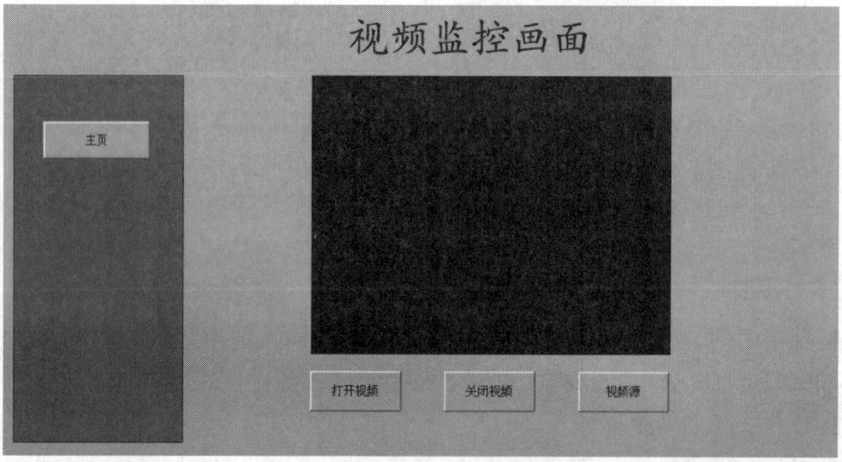

图 5-1-14　视频监控画面效果

四、动画连接

1. 主画面动画连接

双击“2022 年 1 月 1 日”文本对象，弹出“动画连接”对话框，单击“字符串输出”，弹出“文本输出连接”对话框，单击“?”选择变量“$Date”，对齐方式为居中。

双击“时：分：秒”文本对象，单击“字符串输出”→“?”，选择变量“$Time”，对齐方式为居中。

双击“值班员”文本对象，单击“字符串输出”→“?”，选择变量“$UserName”，对齐方式为居中。

操作提示

与安全管理有关的系统变量有“$UserName”和“$AccessLevel”。“$UserName”

是内存字符串型变量，在程序运行时记录当前用户的名字。若没有用户登录或用户已退出登录，“$UserName”为无用户登录。“$AccessLevel”是内存实型变量，在程序运行时记录当前用户的访问权限。若没有用户登录或用户已退出登录，“$AccessLevel”为0，“安全区”为无。

双击“闸门监控”按钮对象，弹出“动画连接”对话框，单击“按下时”，弹出“命令语言”对话框，输入命令语言【`ShowPicture("闸门监控画面");`】。用同样的方法，将“水位曲线”按钮按下时的命令语言编辑为【`ShowPicture("水位实时曲线画面");`】，将“视频监控”按钮按下时的命令语言编辑为【`ShowPicture("视频监控画面");`】，将“退出系统”按钮按下时的命令语言编辑为【`Exit(0);`】。

2. 闸门监控画面动画连接

分别双击马达对象，弹出“马达向导”对话框，如图5-1-15所示。单击“?”选择变量“闸门运行”，设置开启时颜色为红色，关闭时颜色为绿色。

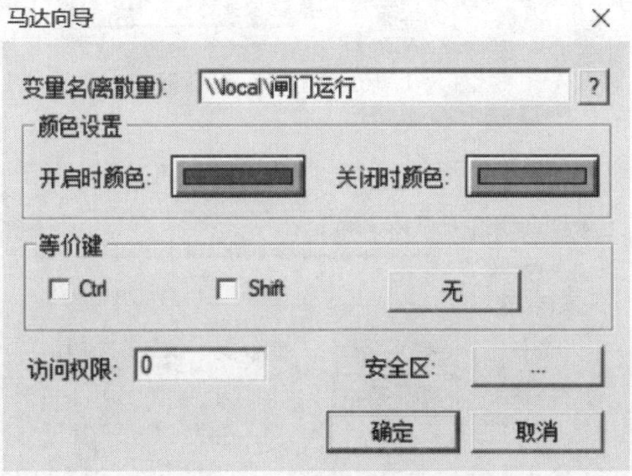

图5-1-15　“马达向导”对话框

双击左侧游标对象，弹出图5-1-16所示的“游标”对话框，单击“?”选择变量“内侧水位”，标签文本为“内水位”，标签颜色为红色，填充颜色为蓝色，滑动范围最小为0，最大为500，主刻度为5，副刻度为10。

使用同样的方法设置右侧游标对象，选择变量“外侧水位”，标签文本为“外水位”，其余设置与左侧游标对象相同。

双击“闸门运行”对应的指示灯对象，弹出“指示灯向导”对话框，如图5-1-17所示。单击“?”选择变量“闸门运行”，设置正常色为红色，报警色为绿色。勾选“闪烁”复选框，闪烁条件输入【`\\local\闸门运行==1`】。

使用同样方法设置“上升到位”“下降到位”“内外水位差报警”对应指示灯对象，分别选择变量“闸门上升到位”“闸门下降到位”“水位差报警”，颜色设置与“闸门运行”指示灯相同，仅“内外水位差报警”指示灯需要设置闪烁。

双击“当前开度”对应的“0”文本对象，弹出“动画连接”对话框，单击“模拟值输出”→“?”，选择变量“闸门开度”，设置整数位数为1，居中对齐。

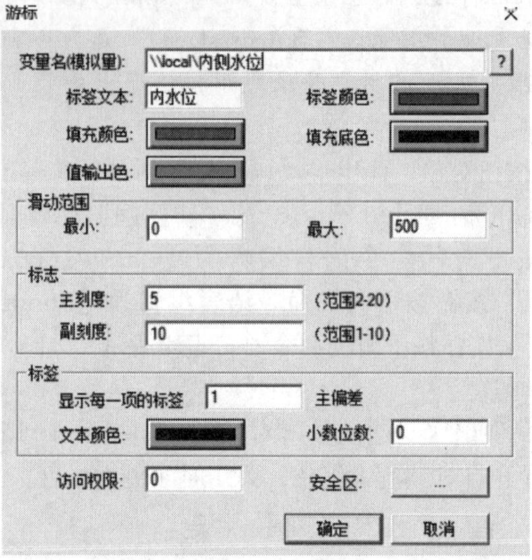

图 5-1-16 “游标”对话框

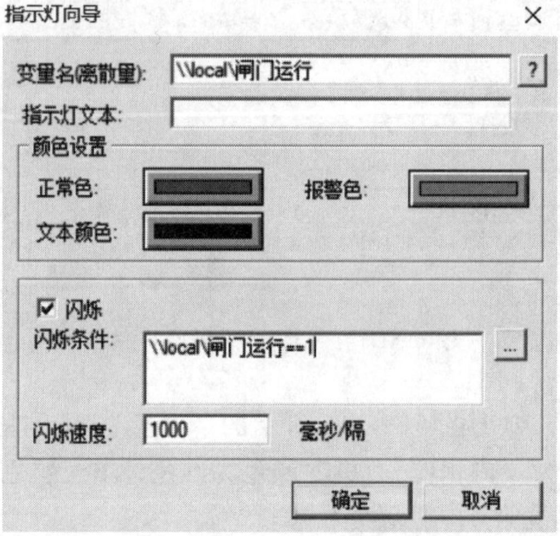

图 5-1-17 “指示灯向导”对话框

使用同样方法设置“闸门内水位”“闸门外水位”“开度设置”对应的“10”文本对象，分别选择变量“内侧水位”“外侧水位”“开度设置”，其他设置与“当前开度”对应文本对象相同。

操作提示

当模拟值输出动画连接中输出格式的整数位数为 1 时，可以显示十位、百位等，显示值为个位数时前面不补 0，当整数位数为 2 或 3 时，若显示值为个位数前面会补 0 或 00。

双击“开度设置”对应的“10”文本对象，弹出“动画连接”对话框，单击“模拟值输入”→“?”，选择变量“开度设置”，值范围最大为600，最小为0。

双击“上升”按钮对象，弹出“动画连接”对话框，单击“按下时”，弹出“命令语言”对话框，输入命令语言【\\local\上升按钮=1;】，单击“松开时”，弹出“命令语言”对话框，输入命令语言【\\local\上升按钮=0;】。用同样的方法，将“停止”按钮按下时命令语言编辑为【\\local\停止按钮=1;】，松开时命令语言编辑为【\\local\停止按钮=0;】。将“下降”按钮按下时命令语言编辑为【\\local\下降按钮=1;】，松开时命令语言编辑为【\\local\下降按钮=0;】。

操作提示

参考图5-1-1，将主画面中其他画面需要的页眉内容选中后合成为图素，使用复制/粘贴操作将页眉及画面切换按钮放置到其他画面的对应位置。

双击“主页”按钮对象，弹出“动画连接”对话框，单击“按下时”，弹出“命令语言”对话框，输入命令语言【ShowPicture("主画面");】。

双击马达轴“[redacted]”对象，弹出“动画连接”对话框，单击“填充属性”，弹出“填充属性连接”对话框，表达式中输入【\\local\闸门上升||\\local\闸门下降】，“0”对应颜色为灰色，“1”对应颜色为红色。

双击闸门连接线对象，弹出“动画连接”对话框，单击“线属性”，弹出“线属性连接”对话框，表达式中输入【\\local\闸门上升||\\local\闸门下降】，“0”对应颜色为灰色，“1”对应颜色为红色。

右击闸门对象，单击“动画连接向导”→“垂直移动连接向导”，设置闸门垂直移动距离后弹出“垂直移动连接”对话框。单击“?”并选择变量“闸门开度”，对应值中“最上边”设为600，“最下边”设为0，如图5-1-18所示。

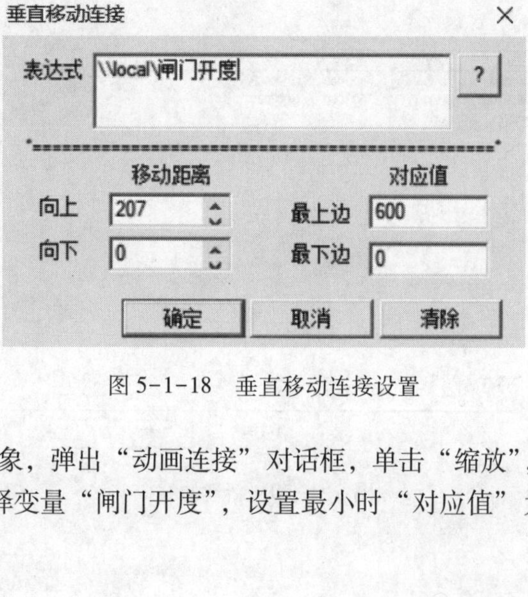

图5-1-18　垂直移动连接设置

双击闸门连接线对象，弹出“动画连接”对话框，单击“缩放”，弹出“缩放连接”对话框。单击“?”并选择变量“闸门开度”，设置最小时“对应值”为600、“占据百分比”

为24，最大时“对应值”为0、“占据百分比”为100，变化方向选择向上，如图5-1-19所示。

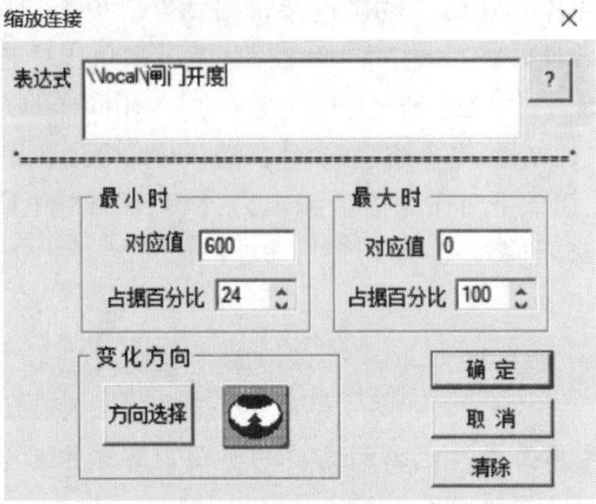

图5-1-19　缩放连接设置

操作提示

“缩放连接”对话框中占据百分比的设置可借助工具栏最下侧的尺寸工具，如线的实际长度值为300，可增加或减小长度至所需缩放位置并记录长度值，两者差与实际长度的比值就是占比。

3. 水位实时曲线画面动画连接

右击实时曲线控件对象，单击“控件属性”，弹出控件属性对话框。新建“内侧水位”“外侧水位”两个曲线，单位为cm，最大值为600，最小值为0，如图5-1-20所示。

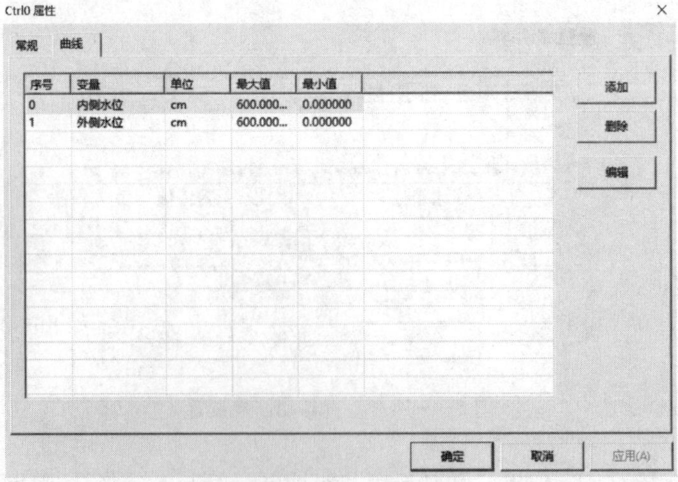

图5-1-20　新建曲线

4. 视频监控画面动画连接

双击视频控件对象，弹出“动画连接属性”对话框，设置控件名为“闸站监控视频”，如图 5-1-21 所示。

双击“打开视频”按钮对象，弹出“动画连接”对话框，单击“按下时”，弹出“命令语言”对话框，单击“控件”，弹出“控件属性和方法”对话框，选择控件名称“闸站监控视频”，选择“OpenVideo”命令，如图 5-1-22 所示。也可以直接输入命令语言【闸站监控视频.OpenVideo(0);】。

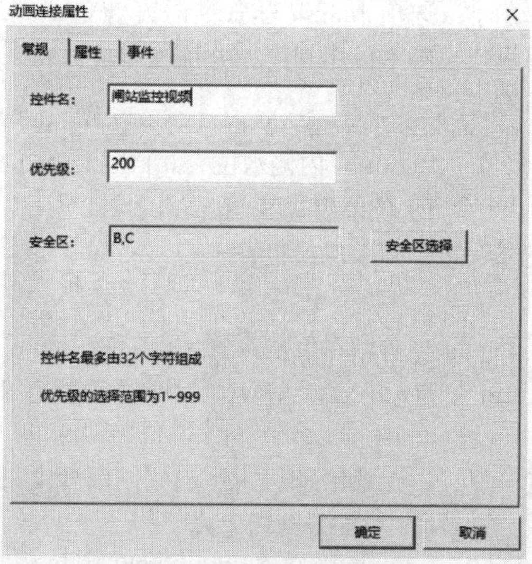

图 5-1-21　动画连接属性设置

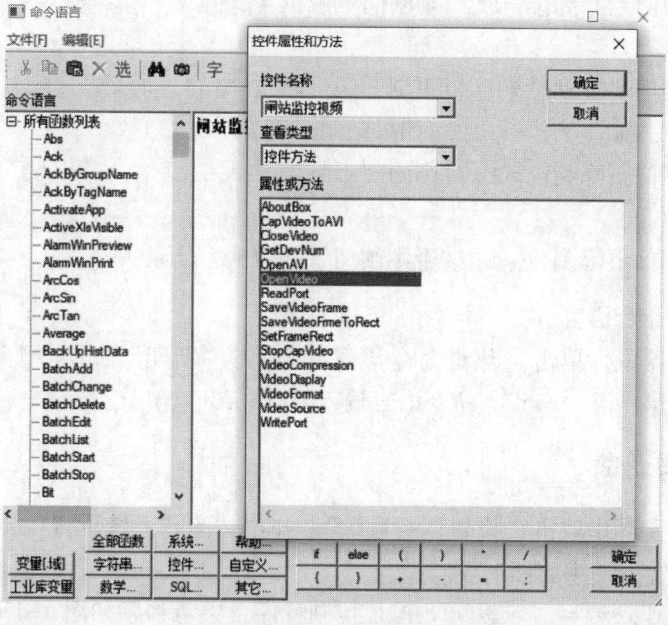

图 5-1-22　控件属性和方法设置

用同样的方法，将“关闭视频”按钮按下时命令语言编辑为【闸站监控视频.CloseVideo();】，将“视频源”按钮按下时命令语言编辑为【闸站监控视频.VideoSource();】。

五、编写命令语言

1. 编写应用程序语言

在工程浏览器中，双击“命令语言”→“应用程序命令语言”，弹出“应用程序命令语言”对话框，在“启动时”选项卡下编写命令语言【\\local\闸门开度=0;】，在“运行时”选项卡下编写本项目脚本应用程序，并加注相应注释，运行时执行时间为“每100毫秒”。参考脚本程序如下：

```
if(\\local\外侧水位-\\local\内侧水位>30||\\local\内侧水位-\\local\外侧水位>30)//如果闸门内、外侧水位差超过30 cm
\\local\水位差报警=1;//则水位差报警=1
else
\\local\水位差报警=0;//否则水位差报警=0
if(\\local\闸门上升==1&&\\local\闸门开度<600)//如果闸门上升且闸门开度小于600 cm
\\local\闸门开度=\\local\闸门开度+5;//则闸门开度+5
if(\\local\闸门下降==1)//如果闸门下降
\\local\闸门开度=\\local\闸门开度-5;//则闸门开度-5
if(\\local\闸门开度==\\local\开度设置)//如果闸门开度等于设置值
\\local\闸门上升到位=1;//则闸门上限位=1
else
\\local\闸门上升到位=0;//否则闸门上限位=0
if(\\local\闸门开度==0)//如果闸门开度=0
\\local\闸门下降到位=1;//则闸门下限位=1
else
\\local\闸门下降到位=0;//否则闸门下限位=0
```

2. 编写热键命令语言

在工程浏览器中，单击“热键命令语言”，双击“新建”图标，打开“热键命令语言”对话框，新建热键“Esc”，命令语言输入为【Exit(0);】。

六、运行与调试

1. 在工程浏览器中双击“设置运行系统”，弹出“运行系统设置”对话框，将运行系统启动主画面设置为“主画面”。

2. 根据任务要求编写、下载闸门PLC控制程序，参考程序如图5-1-23所示，并完成

PLC 控制线路的安装。

图 5-1-23　PLC 参考程序

3. 在开发系统中单击“文件”→“切换到 View”，进入组态王运行系统。

（1）单击组态监控画面上的画面切换按钮可以切换到相应画面。

（2）进入各画面，操作相应按钮，观察并记录系统运行结果。

知识拓展

扫描右侧二维码，可了解智能模块 ADAM4520 和智能模块 ADAM4050 相关知识。

思考与练习

1. 简述组态王缩放动画连接的设置方法。
2. 简述组态王垂直移动动画连接的设置方法。
3. 简述组态王视频动画控件的使用方法。

任务 2　用户管理与安全设置

学习目标

1. 了解组态王运行系统安全管理、用户管理和对象安全属性设置相关知识。
2. 能完成闸门组态监控系统的用户管理和安全属性设置。

任务引入

在工业控制中常常需要对人员的操作权限进行设置，如操作员只能进行运行操作，经理可以查询生产统计数据等。使用组态王的用户管理功能可以实现用户登录、退出登录、修改密码等操作。在项目五任务一的闸门组态监控系统中，当用户未正确登录时，只能监控而不能进行操作，用户正确登录后，方能进行操作。

相关知识

一、运行系统安全管理

为了保证组态王运行系统的安全运行，需要对画面上的图形对象设置访问权限，同时给操作者分配访问优先级和安全区。要访问一个有优先级设置的对象，要求操作者的优先级高于对象的优先级；访问一个具有安全区设置的对象，要求操作者与对象在同一个安全区内。

操作者的优先级为1~999，每个操作者和对象只有一个优先级级别。系统安全区共有64个，每个操作者可选择除“无”以外的多个安全区，即一个操作者可有多个安全区权限，每个对象也可有多个安全区权限。除“无”以外的安全区名称可由操作者根据自己的需要进行修改。在软件运行过程中，优先级大于900的操作者还可以为其他操作者设置用户名、口令、访问优先级和安全区。

组态王采用分优先级和分安全区的双重保护策略，为了方便、安全地管理控制系统中的不同控制过程，组态王引入了安全区的概念。为需要授权的控制过程的对象设置安全区，同时为操作这些对象的用户分别设置安全区。例如，工程要求A工人只能操作车间A的对象和数据，B工人只能操作车间B的对象和数据，组态王中的处理是：将车间A的所有对象和数据的安全区设置为包含在A工人的操作安全区内，将车间B的所有对象和数据的安全区设置为包含在B工人的操作安全区内，其中A工人和B工人的操作安全区不相同。

组态王中可以定义操作优先级和安全区的项目有以下五种：

1. 值输入连接：模拟值输入、离散值输入、字符串输入。

2. 滑动杆输入连接：水平滑动杆输入、垂直滑动杆输入。

3. 命令语言连接和热键命令语言：（鼠标或等价键）按下时、按住时、弹起时、鼠标进入、鼠标离开。

4. 变量的定义：每个变量有相应的安全区和优先级。

5. 其他：报警窗、图库精灵、控件（包括通用控件）、自定义菜单。

二、用户管理

双击工程浏览器中的“系统配置”→“用户配置”，或单击工程浏览器工具栏中的

“用户”，弹出“安全管理系统”对话框，如图 5-2-1 所示。

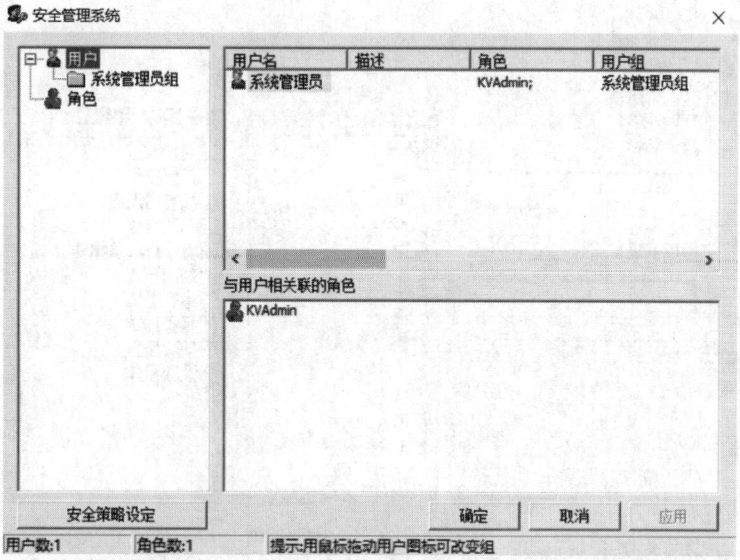

图 5-2-1 “安全管理系统”对话框

1. 定义角色

右击左侧目录中的“角色”，可以打开菜单项，包括“新建角色”和“关联角色”。当左侧目录中的“角色”被选中时，右侧显示角色列表，在角色列表中选中某一角色，下方会显示出与该角色相关联的用户列表。

右击右侧角色列表中的某角色，单击“关联角色”，弹出“关联角色”对话框，显示本工程创建的所有角色及相关用户的信息，不可编辑，如图 5-2-2 所示。

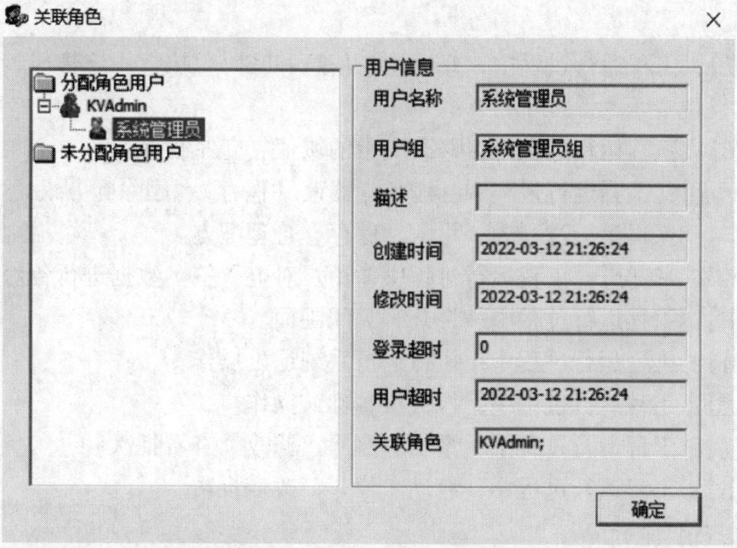

图 5-2-2 “关联角色”对话框

右击某角色后单击“新建角色”，弹出“角色管理”对话框，如图 5-2-3 所示。最多允许 64 个角色。

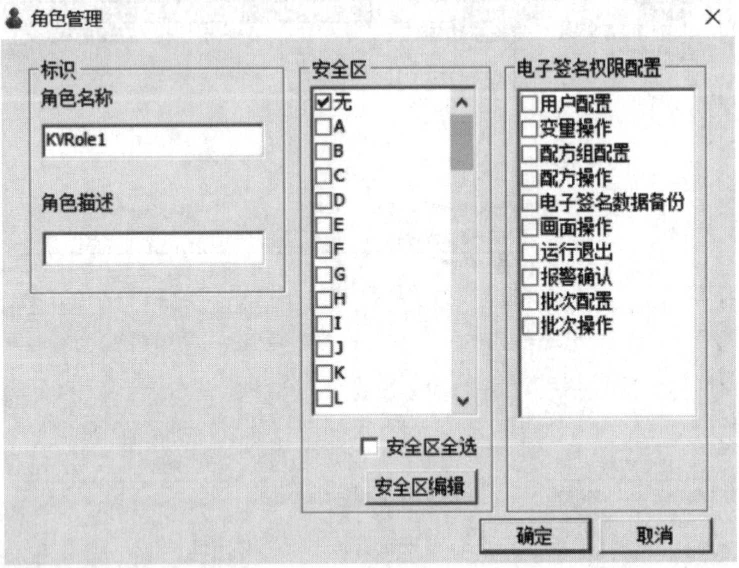

图 5-2-3 “角色管理”对话框

角色名称命名规则：同一工程中角色名不能重复；只能由中英文、数字和下划线组成，且不能以数字开头；不得出现特殊字符（如 &、!、@ 、$ 、空格）；区分大小写；长度不能超过 128 个字符。

角色主要用来配置用户的安全区和电子签名权限属性。安全区的默认名称为 A、B、C 等，用户可通过“安全区编辑”按钮来修改各个安全区的名称。电子签名权限说明如下：

【用户配置】：工程运行过程中，修改用户信息和密码，执行用户管理、用户登录、用户退出操作。

【变量操作】：工程运行过程中，修改变量的域值（包括值域）。

【配方组配置】：工程运行过程中，添加、修改（保存）、删除配方组。

【配方操作】：工程运行过程中，写入、保存、管理配方。

【电子签名数据备份】：工程运行过程中，用户对电子签名数据进行备份操作。

【画面操作】：工程运行过程中，打开、关闭画面。

【运行退出】：工程运行过程中，执行运行系统退出操作。

【报警确认】：工程运行过程中，执行报警确认操作。

【批次配置】：工程运行过程中，添加、删除、修改、查看批次。

【批次操作】：工程运行过程中，启动、停止、改变批次。

2. 定义用户组

组态王可根据工程管理的需要将用户分为若干个组来管理，即用户组。用户组没有任何特殊属性，可以包含多个用户。右击“安全管理系统”对话框中的“用户”可以打开菜单项，包括新建用户、新建用户组和关联角色，如图 5-2-4 所示。最多允许 128 个用户组。

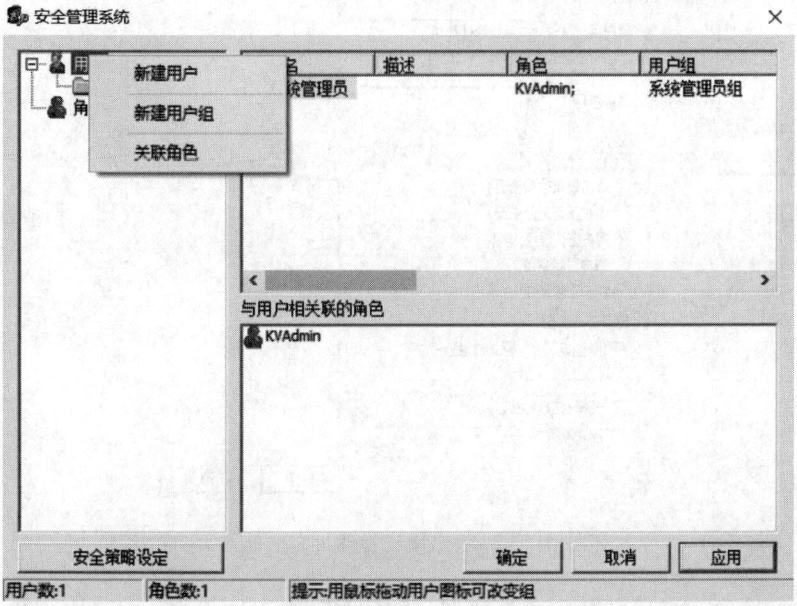

图 5-2-4 “用户”菜单

用户组名称命名规则：同一工程中用户组名不能重复；只能由中英文、数字和下划线组成，且不能以数字开头；不得出现特殊字符（如 &、!、@ 、$ 、空格）；区分大小写；长度不能超过 128 个字符。

提示

不能对系统默认生成的“系统管理员组”进行删除、修改操作。

3. 定义用户

用户组建立完成后，可以在该用户组下添加用户。右击“用户”或用户组，单击“新建用户”，弹出“用户管理”对话框，如图 5-2-5 所示。

【用户名称】：同一工程中用户名不能重复；只能由中英文、数字和下划线组成，且不能以数字开头；不得出现特殊字符；区分大小写；长度不能超过 128 个字符。

【描述】：用于输入对用户的描述信息。可以为空，长度不能超过 256 个字符。

【用户组】：可以将用户归属到某个用户组内。

【密码】：必须符合密码安全策略的要求，长度不能超过 64 个字符。

【确认密码】：与密码一致。

【优先级】：输入当前用户的操作优先级，范围为 1~999，999 为最高级。

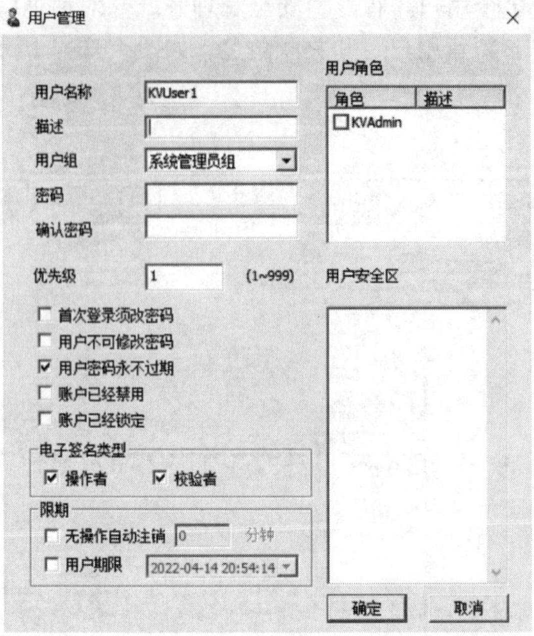

图 5-2-5 “用户管理”对话框

【首次登录须改密码】：勾选该复选框，即使在开发系统中修改过已有用户的密码，首次登录时也提示进行密码修改。

【用户不可修改密码】：勾选该复选框，运行过程中用户无法修改密码。

【用户密码永不过期】：勾选该复选框，密码安全策略中的密码最长使用期限不起作用。

【账户已经禁用】：勾选该复选框，禁用此用户。

【账户已经锁定】：勾选该复选框，锁定此用户。

【电子签名类型】：操作者只能操作电子签名，不能作为校验者；而校验者不能作为操作者签名，只能校验电子签名。

【无操作自动注销】：用户成功登录系统后，若在设定时间内无任何操作，系统将自动注销该用户，避免其他用户的误操作。如果此处设置为 0 分钟，则不会自动注销。

【用户期限】：到达设定期限后，用户账号处于过期状态，不能再登录。

【用户角色】：列出当前工程中创建的所有角色，勾选某角色的复选框，下方的用户安全区会列出该角色拥有的安全区合集。一个用户可以关联多个角色，该用户具有的权限是选中角色的权限合集。

4. 账户密码安全策略

账户密码安全策略包括密码安全策略和账户锁定策略，“账户密码安全策略”对话框如图 5-2-6 所示。设置了账户密码安全策略后，进行用户配置时要遵循此策略。

（1）密码安全策略

【启动密码符合复杂性要求】：勾选该复选框，激活密码安全策略设置。

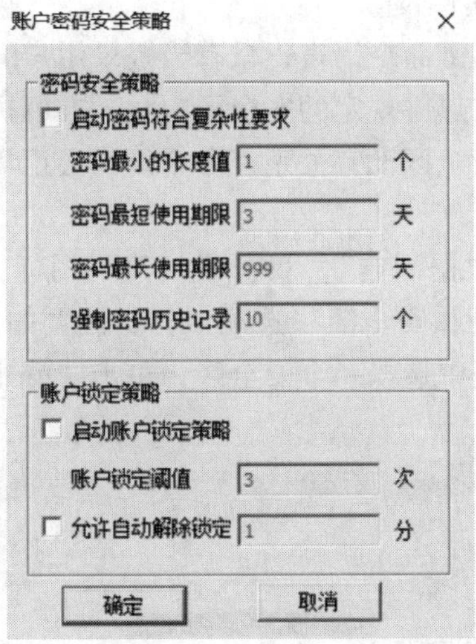

图 5-2-6 “账户密码安全策略”对话框

【密码最小的长度值】：设置密码最少包含的字符个数，设置范围为 0~64。若设置为 0，则可不需要密码。

【密码最短使用期限】：设定用户更改某个密码之前必须使用该密码的最短天数，设置范围为 0~998。若将天数设置为 0，则允许随时更改密码。

【密码最长使用期限】：设置系统要求用户更改密码之前，用户可以使用该密码的最长时间。

【强制密码历史记录】：该策略项可以确保旧的密码不会被重新使用，从而提高账户安全性。可以指定系统记忆 0~24 个旧密码，并强制用户不使用这些旧密码。

（2）账户锁定策略

【启动账户锁定策略】：设置造成用户账户被锁定的最多登录失败尝试次数。在锁定时间内，无法使用锁定的账户，除非管理员进行了重新设置或该账户的锁定已解除。

【允许自动解除锁定】：设置锁定账户保持锁定状态的时长，达到设定时间后，账户将自动解锁。

三、对象安全属性设置

1. 图形对象的安全属性设置

用户登录成功后，对于图形的动画连接命令语言，只有当登录用户的操作优先级不小于该图形规定的操作优先级，并且安全区在该图形规定的安全区内时，方可访问该图形或执行命令语言。命令语言执行时与其中连接的变量的安全区没有关系，命令语言会正常执行。对于滑动杆输入和值输入，除要求登录用户的操作优先级不小于对象设置的操作优先级、安全区在对象的安全区内，其安全区还必须在所连接变量的安全区内，否则用户虽然可以访问对象（使对象获得焦点），但不能操作和修改它的值，在组态王的信息窗口中也会有对连接变量没有修改权限的提示信息。

2. 热键命令语言的安全属性设置

用户登录成功后，对于热键命令语言，只有当登录用户的操作优先级不小于热键规定的操作优先级，并且安全区在热键规定的安全区内时，方可执行热键命令语言。命令语言执行时与其中连接的变量的安全区没有关系，命令语言会正常执行。

3. 变量的安全属性设置

在工程浏览器中单击“数据词典”，双击“新建”图标，弹出“定义变量”对话框，变量定义完成后，单击“记录和安全区”选项卡，属性页如图 5-2-7 所示。工程人员需要根据工程设计在安全区列表中选择一个安全区，单击“确定”完成。

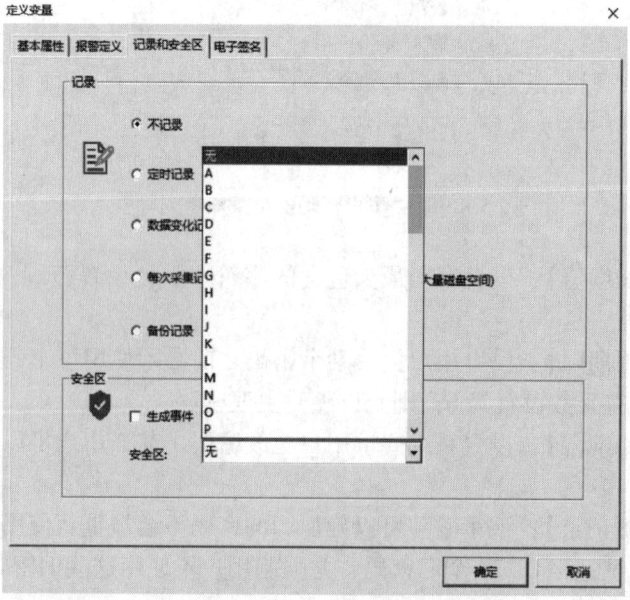

图 5-2-7 “记录和安全区”属性页

4. 控件的安全属性设置

对于组态王的控件，只有趋势曲线类控件中的温控曲线、*X-Y* 轴曲线、窗口控制类控件（包括列表框、组合框、复选框、编辑框、单选按钮）和超级文本显示控件可以设置访问权限，这些控件不能设置安全区，只与相连接的变量的安全区有关。

任务实施

一、配置用户

双击组态王工程浏览器中的“用户配置”，弹出“安全管理系统”对话框。右击“用户”，单击“新建用户组”，如图 5-2-8 所示，新建“值班人员”“闸站管理人员”两个用户组。

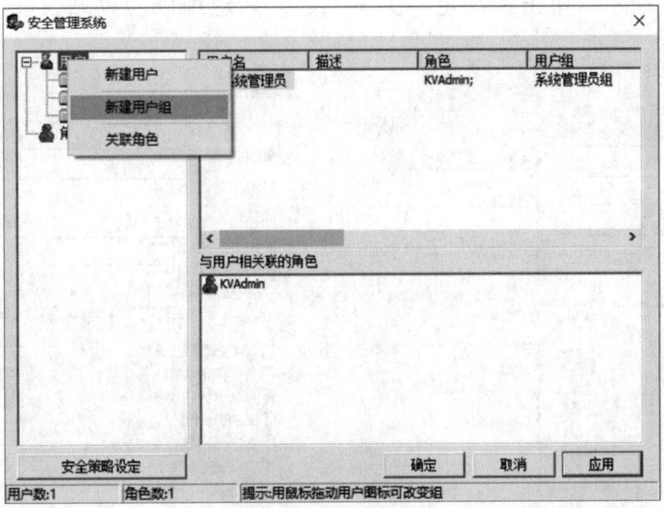

图 5-2-8　新建用户组

右击“角色”，单击“新建角色”，弹出“角色管理”对话框。新建角色“操作员”，“安全区”选择 A，如图 5-2-9 所示。新建角色“管理层”，“安全区”选择 A、B、C。

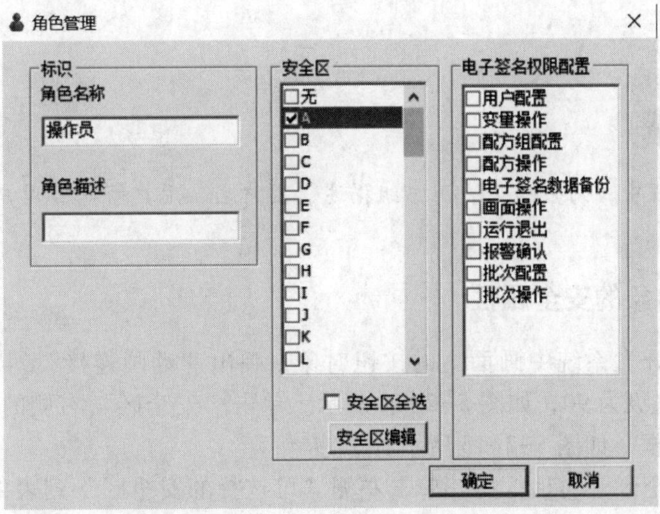

图 5-2-9　新建角色“操作员”

右击“值班人员”用户组，单击“新建用户”，弹出“用户管理”对话框。新建用户“值班员 1”，密码为 123，用户不可修改密码，电子签名类型为操作者，用户角色为操作员，如图 5-2-10 所示，单击“确定”完成新建。新建用户“值班员 2”，密码为 456，其他设置参照“值班员 1”。

右击“闸站管理人员”用户组，单击“新建用户”，弹出“用户管理”对话框。新建用户“站长”，密码为 123456，优先级为 200，无操作 5 min 后自动注销，用户角色为管理层，如图 5-2-11 所示，单击“确定”完成新建。新建用户“副站长”，用户管理设置参照“站长”。

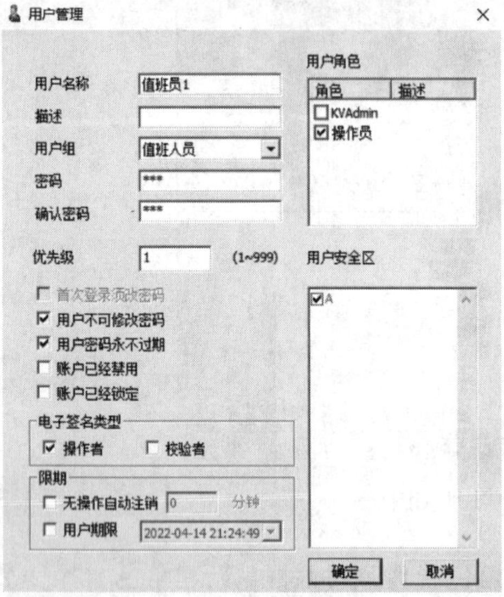

图 5-2-10　新建用户“值班员 1”

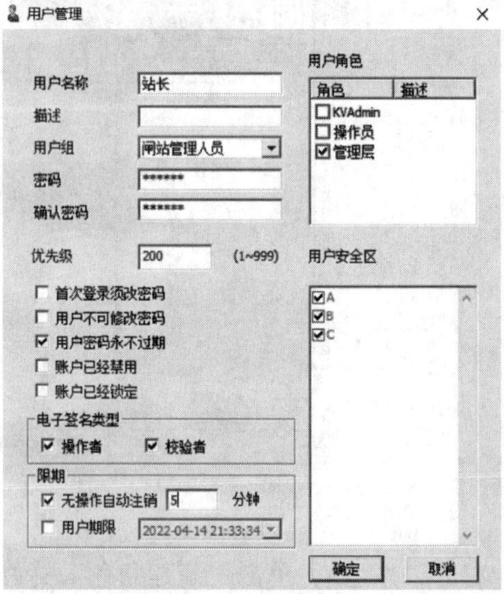

图 5-2-11　新建用户“站长”

操作提示

用户配置过程中，用户组名、用户组描述、用户名、用户密码、用户描述最多可设置为 31 个字符。

二、设置对象的安全属性

双击组态王开发系统中画面上的按钮对象，弹出“动画连接”对话框，单击“按下时”，设定优先级为 90，如图 5-2-12 所示。单击“安全区”右侧的按钮，弹出“选择安全区”对话框，如图 5-2-13 所示。

在“选择安全区”对话框中，单击左侧“可选择的安全区”列表中的安全区名称，然后单击“ > ”，即可将该安全区加入右侧的“已选择的安全区”列表中。若希望一次性选择连续排列的多个安全区，可以利用“Shift”键或按下并拖动鼠标来选择所有需要选中的多个安全区。若希望一次性选择非连续排列的多个安全区，可以利用“Ctrl”键实现。若需加入左侧“可选择的安全区”列表中的全部安全区，可单击“ >> ”。取消已选择安全区的方法为：选中“已选择的安全区”列表中的安全区名称，单击“ < ”即可。若需取消选择“可选择的安全区”列表中的全部安全区，可单击“ << ”。

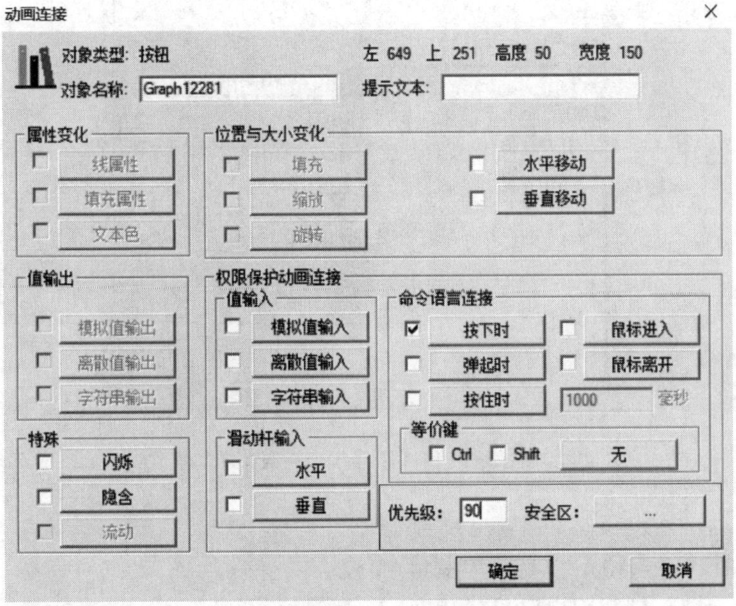

图 5-2-12　设定优先级

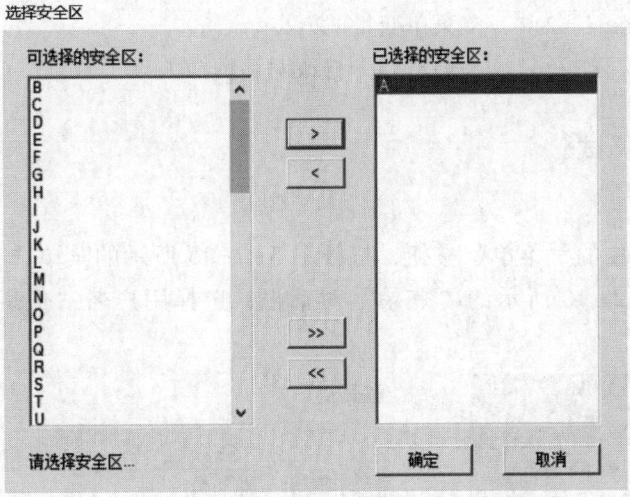

图 5-2-13　“选择安全区”对话框

三、登录菜单配置

双击菜单对象，弹出“菜单定义”对话框，在菜单项中新建“用户登录”“修改密码”“退出登录”3 个一级菜单，如图 5-2-14 所示。单击“命令语言”，弹出“命令语言”对话框，输入菜单运行脚本程序。参考脚本程序如下：

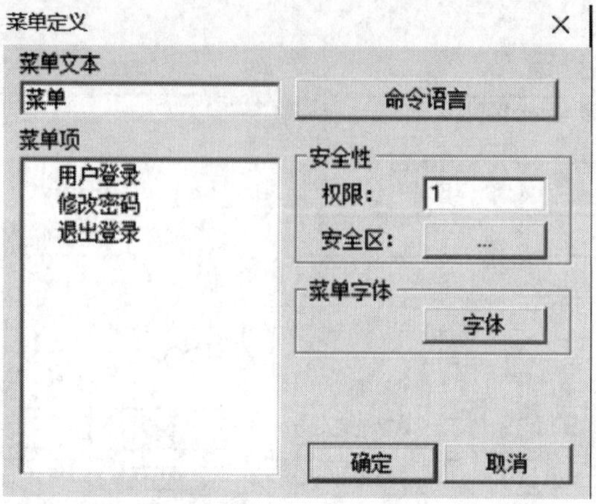

图 5-2-14　新建 3 个一级菜单

```
if(MenuIndex==0)  /* 菜单变量=0*/
LogOn();  /* 打开用户登录对话框*/
if(MenuIndex==1)  /* 菜单变量=1*/
LogOff();  /* 退出用户登录*/
if(MenuIndex==2)  /* 菜单变量=2*/
ChangePassword();  /* 打开口令修改对话框*/
```

四、运行与调试

1. 用户登录

单击运行系统中的“菜单”按钮，打开图 5-2-15 所示的菜单选项，单击“用户登录”，则弹出图 5-2-16 所示的“登录”对话框，选择用户名“值班员 1”，输入密码“123”后完成登录。

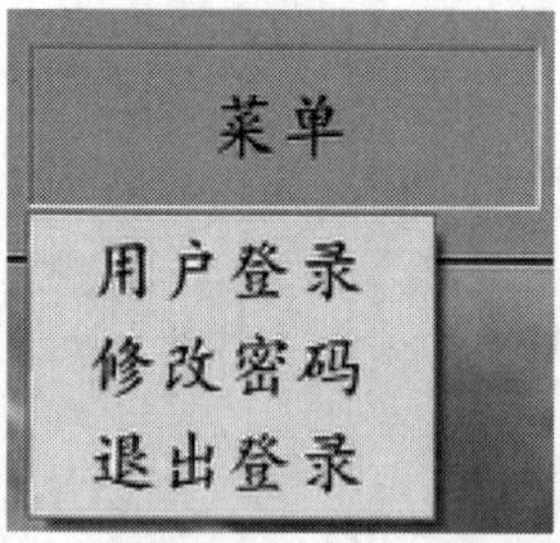

图 5-2-15　菜单选项

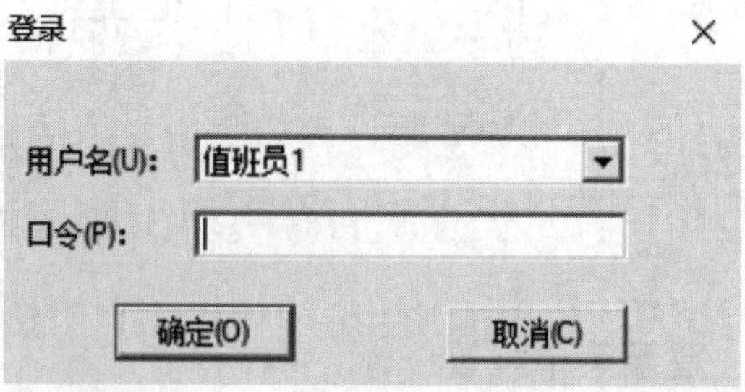

图 5-2-16　“登录”对话框

登录成功后，操作员可使用权限范围内的按钮、值输入等进行操作，无操作权限的按钮等显示为灰色，不能对其进行操作，否则系统显示“登录失败”的信息。

2. 退出登录

单击“菜单”→“退出登录”，当前登录用户即可退出登录。

3. 修改密码

用户登录后，单击“菜单”→“修改密码”，弹出图 5-2-17 所示的“修改口令”对话框。

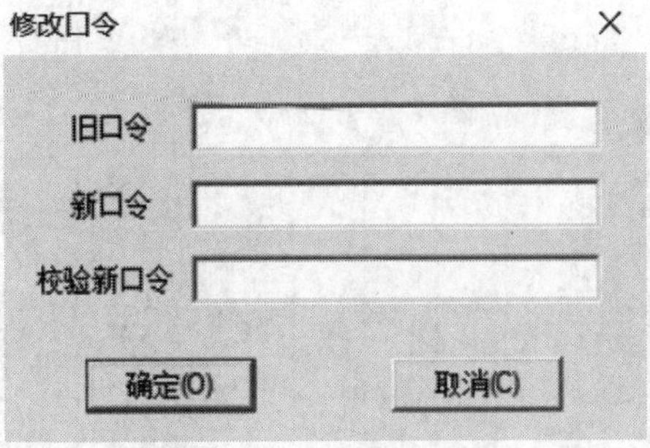

图 5-2-17 “修改口令”对话框

在“旧口令”和“新口令”输入栏中分别输入旧口令和新口令，在“校验新口令”输入栏中同样输入新口令进行校验。最后单击“确定”，旧口令将被新口令代替。

知识拓展

扫描右侧二维码，可以了解工程加密和安全管理相关函数方面的知识。

思考与练习

1. 简述组态王中可以定义操作优先级和安全区的项目。
2. 简述变量安全属性的设置方法。
3. 简述角色名称的命名规则。

技能拓展

创建图 5-2-18 所示的自动门监控系统，编写组态王脚本程序和 PLC 程序，实现以下控制要求：

1. 门卫可以在警卫室通过开门开关、关门开关和停止开关控制大门。

2. 门卫按下开门开关后，报警灯开始闪烁，5 s 后开门接触器闭合，门开始打开，直到碰到开门限位开关（门完全打开）时，门停止运动，报警灯停止闪烁。

3. 门卫按下关门开关后，报警灯开始闪烁，5 s 后关门接触器闭合，门开始关闭，直到碰到关门限位开关（完全关闭）时，门停止运动，报警灯停止闪烁。

4. 开、关门过程中，门卫可以在任何时候按下停止按钮，门会马上停止在当前位置，报警灯停止闪烁。关门过程中，若门夹住人或物品，门立即停止运动，以防止发生意外。

5. 可以通过“用户登录菜单”实现用户登录、退出登录、修改口令和退出系统操作。若用户未正确登录，则只能监控而不能进行操作，用户正确登录后，方能进行操作。

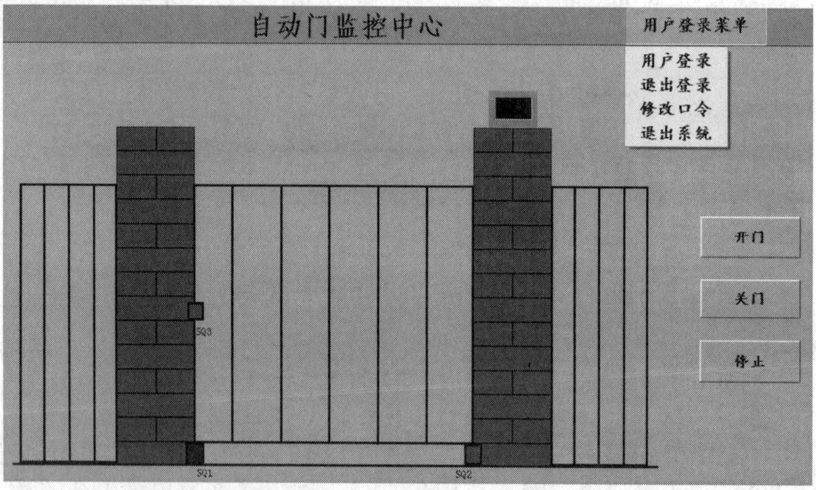

图 5-2-18　自动门监控系统画面

项目六　机械手组态监控系统设计

机械手可以应用于不同的作业场合，它为人类生产活动的高效进行提供了极大的支持。在实际的生产实践中，普遍存在着很多人类不便操纵的环节，这就需要使用具有远程控制功能的机械手，以增加系统安全性、节约损耗、提高生产效率。

任务1　机械手组态监控系统界面创建设计

学习目标

1. 掌握水平移动连接的设置方法和水平移动连接向导的使用方法。
2. 掌握组态王中变量组的管理方法。
3. 能完成机械手组态监控界面创建设计。

任务引入

创建图 6-1-1 所示的机械手组态监控画面，设置相关变量与动画连接，编写 PLC 程序和组态王应用程序以实现对机械手的监控，具体要求如下：

1. 机械手具有手动、回原点、单步、单周期、连续几种工作方式，可通过工作方式按钮进行选择切换。手动模式下，按住“上升”“下降”“左行”“右行”“松开”“夹紧”按钮可手动控制机械手运行。当机械手不在原点时，单击“回原点”按钮，机械手回到原点。单步模式下，每单击一次“启动”按钮，机械手执行一个操作步后停止，再单击一次“启动”按钮，机械手再执行一个操作步。单周期模式下，单击“启动”按钮，机械手按照下降→夹紧→上升→右移→下降→松开→上升→左移→回原点的顺序执行一个周期的工作。连续模式下，单击“启动”按钮，机械手连续、周期性地运行。单击“停止”按钮，机械手立即停止运行。

2. 系统画面具有日期、时间、用户名、机械手水平和垂直位置坐标显示功能。

3. 配置用户“操作员”及其权限，可通过菜单进行用户登录、密码修改、用户退出、退出运行和系统关机操作。操作员未登录时只能进行手动和回原点操作，登录后方可进行其他模式操作。

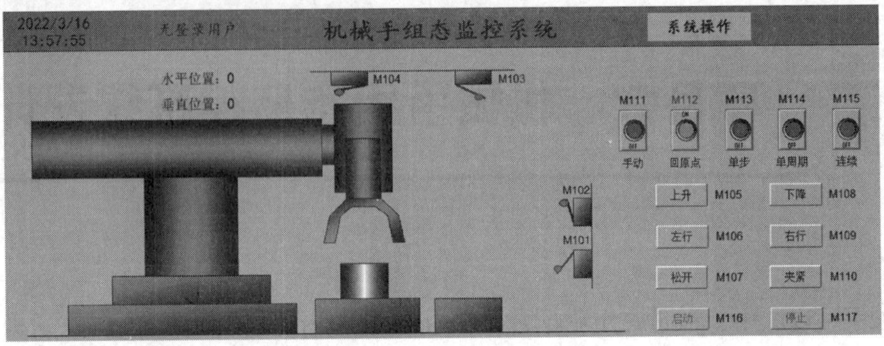

图 6-1-1　机械手组态监控画面

相关知识

一、动画连接

1. 水平移动连接

水平移动连接的功能是使被连接对象在画面中随连接表达式的值的改变而水平移动。移动距离以像素为单位，以被连接对象在画面制作系统中的原始位置为参考基准。水平移动连接常用来表示图形对象实际的水平运动。

图 6-1-2 所示为水平移动连接实例（指示器），在画面上画一个三角形（将其设置为“水平移动”动画连接），以表示 shift 量的实际大小。

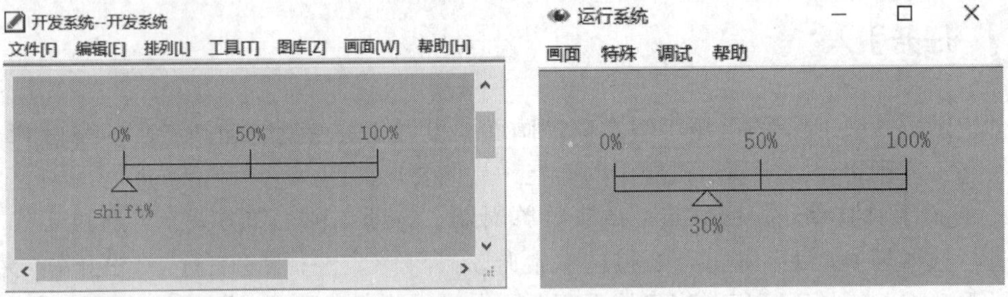

a）　　　　　　　　　　　　　　　　b）

图 6-1-2　水平移动连接实例

a）设计状态　b）TouchView 中的运行状态

在“动画连接”对话框中单击“水平移动”，弹出图 6-1-3 所示的“水平移动连接”对话框。

【表达式】：在此编辑框内输入合法的连接表达式，单击“?”可查看已定义的变量名和变量域。

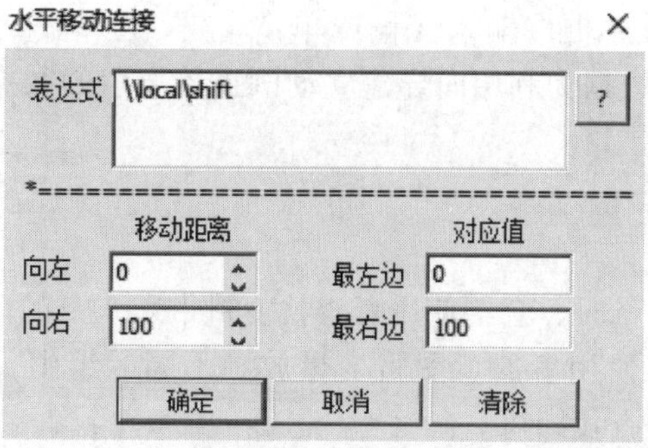

图 6-1-3 “水平移动连接”对话框

【向左】：输入图素在水平方向向左移动（以被连接对象在画面中的原始位置为参考基准）的距离。

【最左边】：输入与图素处于最左边时相对应的变量值，当连接表达式的值为对应值时，被连接对象的中心点向左（以原始位置为参考基准）移到最左边规定的位置。

【向右】：输入图素在水平方向向右移动（以被连接对象在画面中的原始位置为参考基准）的距离。

【最右边】：输入与图素处于最右边时相对应的变量值，当连接表达式的值为对应值时，被连接对象的中心点向右（以原始位置为参考基准）移到最右边规定的位置。

2. 水平移动连接向导

使用水平移动连接向导的步骤如下：

（1）在画面上绘制希望水平移动的图素，如圆角矩形。

（2）选中该图素，单击“编辑”→“水平移动向导”，或右击该圆角矩形，单击“动画连接向导”→“水平移动连接向导”，鼠标光标变为“十”字形。

（3）选择图素水平移动的起始位置，单击鼠标左键，鼠标光标变为向左的箭头，表示当前定义的是运行时图素由起始位置向左移动的距离。水平移动箭头，移动到左边界后，单击鼠标左键，鼠标光标变为向右的箭头，表示当前定义的是运行时图素由起始位置向右移动的距离。水平移动箭头，画出一条水平移动轨迹线。当到达水平移动的右边界时，单击鼠标左键，弹出“水平移动连接”对话框，如图 6-1-4 所示。

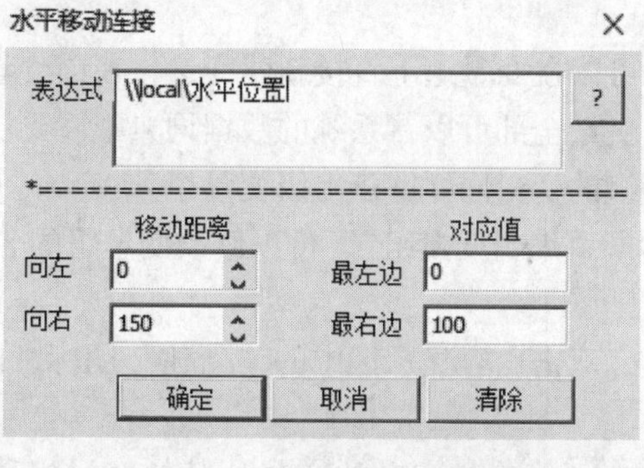

图 6-1-4 “水平移动连接”对话框

（4）在“表达式”文本框中输入变量或单击“?”选择变量。“移动距离”的“向左”“向右”文本框中的数据为利用向导建立动画连接产生的数据，用户可以根据需要再进行修改。

二、变量组管理

当工程中有大量的变量时，会给使用者查找变量带来一定的困难，为此组态王提供了变量分组管理功能。按照使用者的意图将变量放到不同的组中，这样在修改和选择变量时，只需到相应的分组中查找即可。

1. 建立并编辑变量组

单击组态王工程浏览器Tab标签栏中的“变量”，左侧视图中显示“变量组”。单击“变量组”，右侧视图将显示工程中的所有变量，如图6-1-5所示。

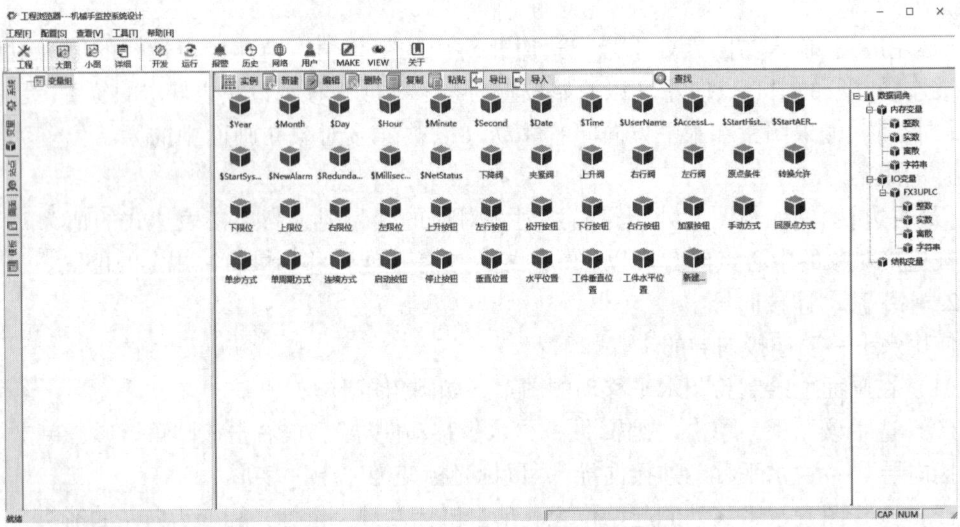

图6-1-5　显示工程中的所有变量

右击“变量组”，单击“建立变量组”，在编辑框中输入变量组的名称，如“机械手监控变量组”，如图6-1-6所示。变量组定义的名称是唯一的，而且要符合组态王变量命名规则。

变量组建立完成后，可以在变量组下直接新建变量，在该变量组下建立的变量属于该变量组。变量组中建立的变量全部可以在系统的数据词典中看到。还可以在变量组下再建立子变量组，属于子变量组的变量同样属于上级变量组。

右击目标变量组，单击“编辑变量组”，可以修改变量组的名称。

2. 增加变量

单击选中目标变量组，双击内容显示区中的“新建”图标，即可在该变量组中直接新建变量。

除直接新建变量外，也可以将已定义的变量从其他变量组移动到当前变量组中。如

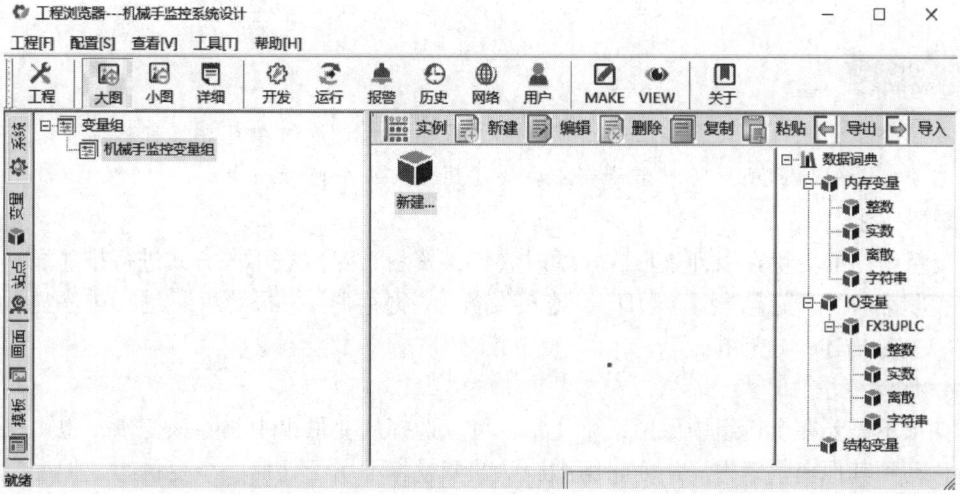

图 6-1-6　命名变量组

图 6-1-7 所示，在某个变量组中右击要移动的变量，在打开的快捷菜单中单击“移动变量”，然后选择目标变量组，则选择的变量就被移动到目标变量组中。在系统数据词典中，属于变量组的变量图标与其他图标不同。

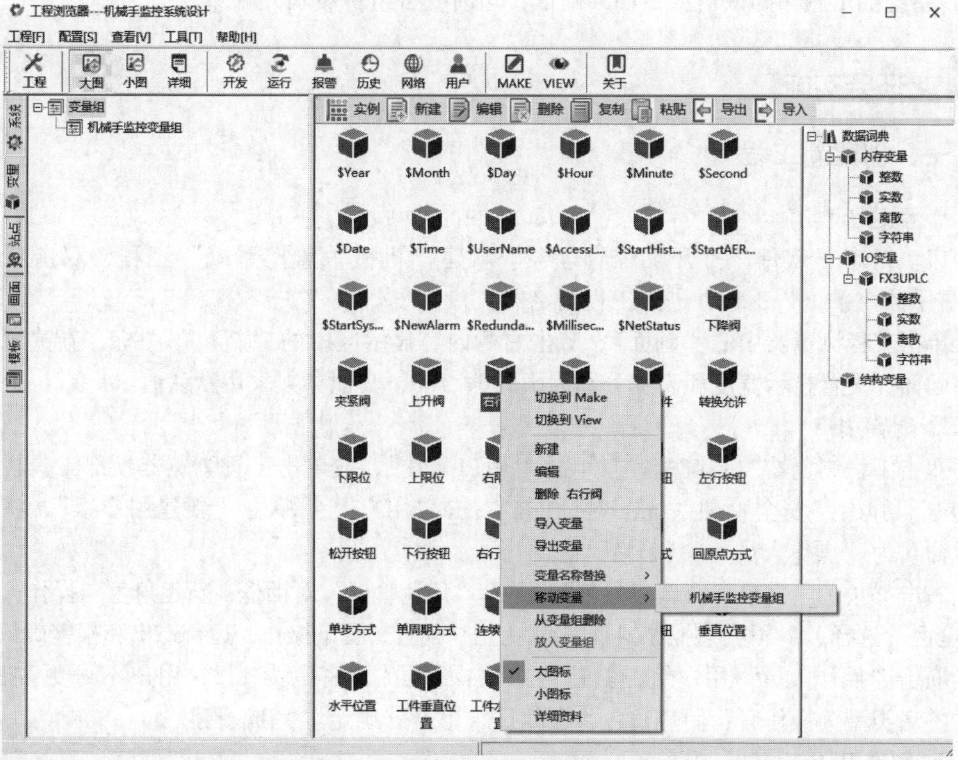

图 6-1-7　移动变量

提示

变量分组完成后，只需在工程浏览器中选择相应的变量组即可查找目标变量。变量的引用不受变量组的影响，所以变量可以被放置到任何一个变量组中。

3. 变量排序

变量组内的变量在以列表形式显示时（详细资料）可以按不同方式进行排序显示，可按“变量名称”“变量类型”“ID”“连接设备”“寄存器”“报警组”进行排序显示，不能按“变量描述”进行排序。

4. 删除变量

如果不需要在变量组中保留某个变量，可以选择从变量组中删除该变量，也可以将该变量移动到其他变量组中。从变量组中删除的变量将不属于任何一个变量组，但变量仍然存在于数据词典中。

进入变量组，右击希望删除的变量，单击“从变量组删除”，则该变量将从当前变量组中消失。如果单击“移动变量”，可以将该变量移动到其他变量组中。

5. 删除变量组

当不再需要某个变量组时，可以将其删除。右击希望删除的变量组，单击“删除变量组”，系统提示删除确认信息，如果确认，当前变量组将被永久删除。

任务实施

一、创建新工程

1. 新建工程

启动组态王软件，打开工程管理器。新建“机械手监控系统”工程，双击新建的“机械手监控系统”工程，进入工程浏览器。

单击工程浏览器中的“画面”，双击右侧内容显示区中的“新建”图标，新建机械手监控画面，设置显示宽度和高度分别为 1 530、780，其他参数采用默认值。

2. 配置用户

双击工程浏览器“系统配置”下的“用户配置”，或单击工程浏览器顶部工具栏中的“用户”，弹出“安全管理系统”对话框。右击“用户”并单击“新建用户组”，将该用户组命名为“操作人员”。

右击“角色”并单击“新建角色”，弹出“角色管理”对话框，新建角色“操作人员”，“安全区”选择 A，“电子签名权限配置”为用户配置、变量操作、运行退出和报警确认。

右击“操作人员”用户组，新建用户“操作员”，密码为 123，用户不可更改密码，电子签名类型为操作者，用户角色为操作员，单击“确定”完成新建。

3. 创建 PLC

单击工程浏览器工程目录显示区中“设备”前的“+”，单击“COM1”，双击内容显示区中的“新建”图标，弹出设备配置向导界面。单击“PLC”左侧的“+”，单击“Mitsubishi”→“FX3u”→“Programmable port”，按提示创建“FX3U”设备。

二、定义变量

单击工程目录显示区中的“数据词典”，双击“新建”图标，弹出“定义变量”对话框，按表 6-1-1 定义相关变量。

表 6-1-1　变量定义表

变量名	变量类型	描述	初始值	连接设备	寄存器	数据类型	读写属性
下降阀	I/O 离散	下降运行	关	FX3U	Y0	Bit	读
夹紧阀	I/O 离散	手爪夹紧	关	FX3U	Y1	Bit	读
上升阀	I/O 离散	上升运行	关	FX3U	Y2	Bit	读
右行阀	I/O 离散	机械手右行	关	FX3U	Y3	Bit	读
左行阀	I/O 离散	机械手左行	关	FX3U	Y4	Bit	读
原点条件	I/O 离散	机械手原点标志	关	FX3U	M5	Bit	读写
转换允许	I/O 离散	工作方式转换	关	FX3U	M6	Bit	读写
下限位	I/O 离散	机械手下降限位	关	FX3U	M101	Bit	读写
上限位	I/O 离散	机械手上升限位	关	FX3U	M102	Bit	读写
右限位	I/O 离散	机械手右行限位	关	FX3U	M103	Bit	读写
左限位	I/O 离散	机械手左行限位	关	FX3U	M104	Bit	读写
上升按钮	I/O 离散	上升手动操作	关	FX3U	M105	Bit	读写
左行按钮	I/O 离散	左行手动操作	关	FX3U	M106	Bit	读写
松开按钮	I/O 离散	松开手动操作	关	FX3U	M107	Bit	读写
下降按钮	I/O 离散	下降手动操作	关	FX3U	M108	Bit	读写
右行按钮	I/O 离散	右行手动操作	关	FX3U	M109	Bit	读写
夹紧按钮	I/O 离散	夹紧手动操作	关	FX3U	M110	Bit	读写
手动方式	I/O 离散	手动工作方式	关	FX3U	M111	Bit	读写
回原点方式	I/O 离散	回原点工作方式	关	FX3U	M112	Bit	读写
单步方式	I/O 离散	单步工作方式	关	FX3U	M113	Bit	读写
单周期方式	I/O 离散	单周期工作方式	关	FX3U	M114	Bit	读写
连续方式	I/O 离散	连续工作方式	关	FX3U	M115	Bit	读写
启动按钮	I/O 离散	启动操作按钮	关	FX3U	M116	Bit	读写
停止按钮	I/O 离散	停止操作按钮	关	FX3U	M117	Bit	读写

续表

变量名	变量类型	描述	初始值	连接设备	寄存器	数据类型	读写属性
垂直位置	内存整数	—	0	—	—	—	—
水平位置	内存整数	—	0	—	—	—	—
工件垂直位置	内存整数	—	0	—	—	—	—
工件水平位置	内存整数	—	0	—	—	—	—

操作提示

“垂直位置”“水平位置”等4个内存整数变量的最大值均设为100。

三、设计画面

1. 设计页眉

选用工具箱中的“菜单”工具，绘制页眉中的菜单对象并将其放置到指定位置。

选用工具箱中的“文本”工具，分别绘制“2022年1月1日”“时：分：秒”“用户名”文本，字体为楷体、字形为加粗、小二号字、黑色。绘制标题“机械手组态监控系统”文本，字体为楷体、字形为加粗、一号字、黑色。

选用工具箱中的“圆角矩形”工具，绘制页眉底框，边框为黑色，填充色为蓝色。

2. 设计机械手

选用工具箱中的“圆角矩形”工具，绘制水平矩形。选用工具箱中的“显示调色板”工具，设计矩形边框色为黑色，填充色为绿色。选用工具箱中的“显示画刷类型”工具，设计过渡色类型为水平过渡。

使用同样的方法绘制图6-1-8a所示的所有矩形，并将各矩形移动到图6-1-8b所示位置，在对应位置绘制直线，完成机械手主体部分的设计。

选用工具箱中的“圆角矩形”和“多边形”工具，绘制图6-1-9所示的夹紧和放松状态的机械手爪图形，完成后通过工具箱中的“合成组合图素”工具将两个状态的图素合成为一个整体，移动到机械手升降轴底部。

选用工具箱中的“直线”和“椭圆”工具，绘制图6-1-10所示的行程开关，完成后通过工具箱中的“合成组合图素”工具将两个状态的图素合成为一个整体，移动到对应位置。

3. 设计按钮和文本

选用工具箱中的“按钮”工具，绘制8个按钮对象，使用字符串替换功能将按钮文本分别替换为“上升”“下降”“左行”“右行”“松开”“夹紧”“启动”“停止”，字体为楷体、字形为常规、小四号字、黑色。

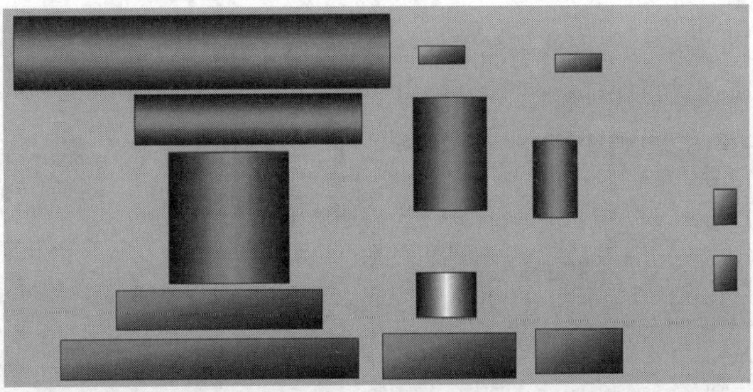

a）

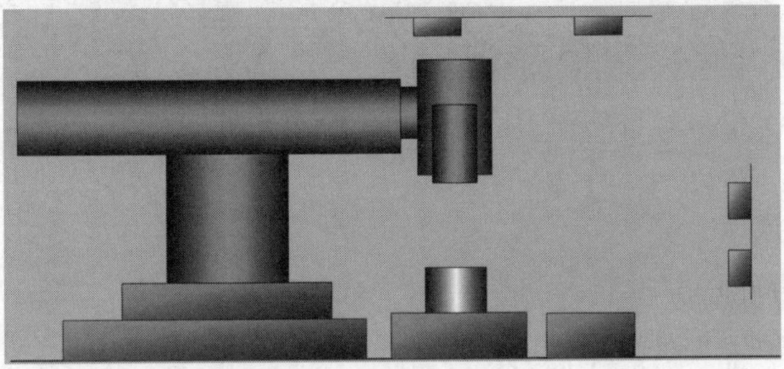

b）

图 6-1-8　机械手主体部分

a）矩形图素　b）矩形图素位置

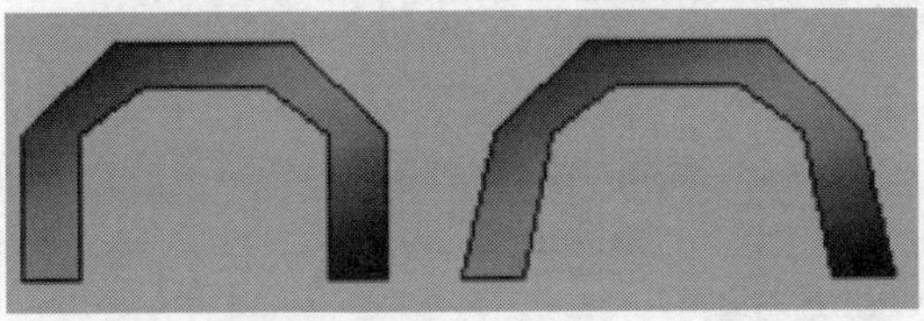

图 6-1-9　机械手爪

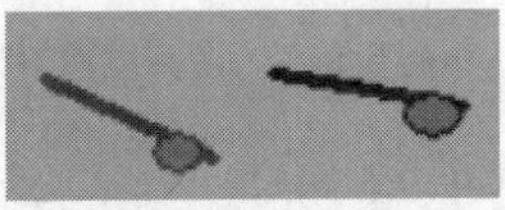

图 6-1-10　行程开关

操作提示

可将按钮、文本等图形对象全选，对其字体、颜色等进行批量修改。

选用工具箱中的“打开图库”工具或按“F2”键打开图库，选择需要的开关对象放置在工作模式选择区域。

选用工具箱中的“文本”工具，绘制画面中需要的文本对象，字体为楷体、字形为常规、小四号字、黑色。

4. 保存画面

机械手组态监控系统画面效果如图 6-1-11 所示，设计完成后单击“文件”→“全部存”，将完成的画面进行保存。

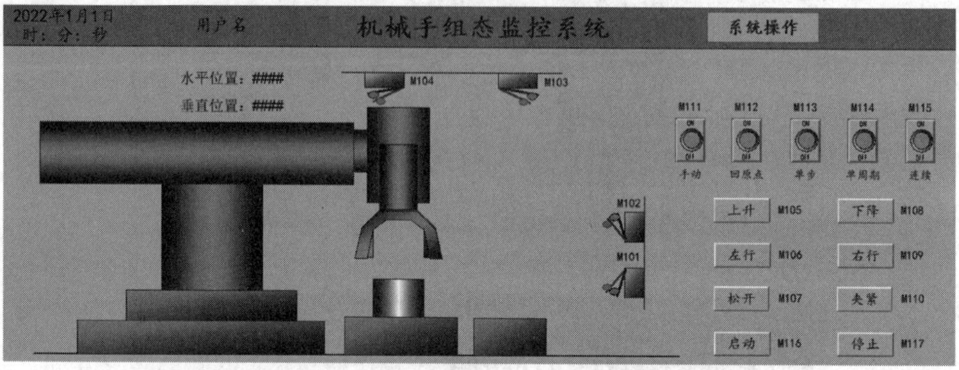

图 6-1-11　机械手组态监控系统画面效果

四、动画连接

1. 机械手动画连接

双击水平移动矩形对象，弹出“动画连接”对话框，单击“水平移动”，弹出“水平移动连接”对话框，单击“?”并选择变量“水平位置”，移动距离向左设置为 0，向右设置为 150，对应值最左边设置为 0，最右边设置为 100，如图 6-1-12 所示。

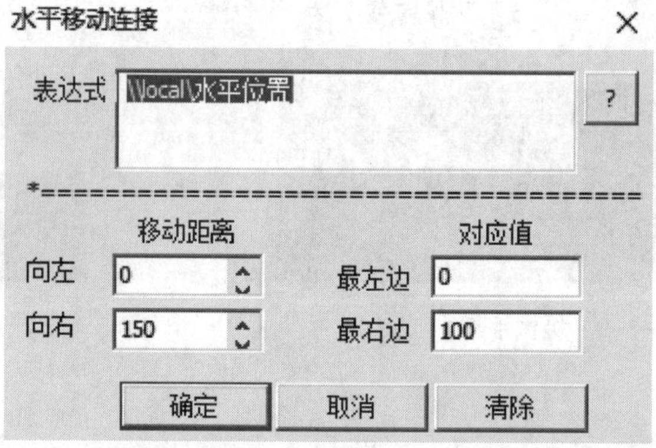

图 6-1-12　水平移动连接设置

双击垂直移动矩形对象，弹出“动画连接”对话框，单击“垂直移动”，弹出“垂直移动连接”对话框，单击“?”并选择变量“垂直位置”，移动距离向上设置为 0，向下设置为 65，对应值最上边设置为 0，最下边设置为 100，如图 6-1-13 所示。

双击松开的机械手爪对象，弹出“动画连接”对话框，单击“隐含”，弹出“隐含连接”对话框，单击“?”并选择变量“夹紧阀”，设置表达式为真时隐含，如图 6-1-14 所示。使用同样方法设置夹紧机械手爪的动画连接，变量选择“夹紧阀”，设置表达式为真时显示。

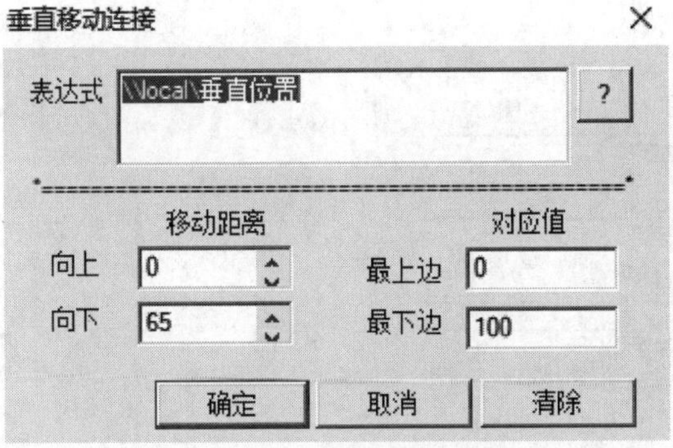

图 6-1-13　垂直移动连接设置

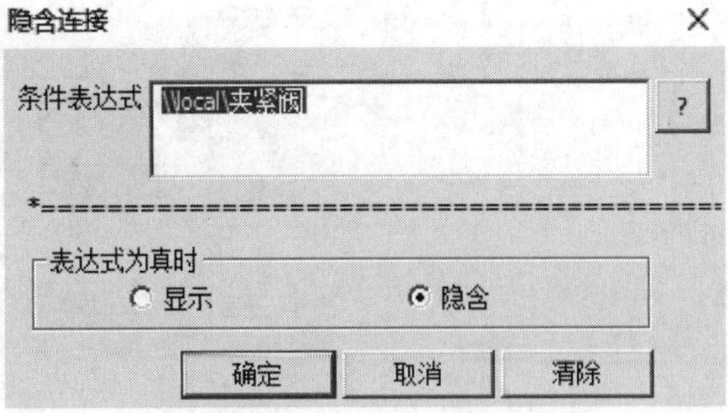

图 6-1-14　隐含连接设置

双击左限位开关闭合状态对象，弹出“动画连接”对话框，单击“隐含”，弹出“隐含连接”对话框，单击“?”并选择变量“左限位”，设置表达式为真时显示。使用同样方法，将左限位开关断开状态对象设置为表达式为真时隐含。

使用同样方法设置右限位开关、上限位开关和下限位开关，变量分别选择“右限位”“上限位”“下限位”。

2. 按钮动画连接

双击“上升”按钮对象，弹出“动画连接”对话框，单击“按下时”，弹出“命令语言”对话框，输入命令语言【\\local\上升按钮=1;】。单击“弹起时”，弹出“命令语言”对话框，输入命令语言【\\local\上升按钮=0;】。

使用同样的方法，输入其他按钮的命令语言，具体如下：

(1)“下降”按钮：按下时命令语言为【\\local\下降按钮=1;】，弹起时命令语言为【\\local\下降按钮=0;】。

(2)“左行”按钮：按下时命令语言为【\\local\左行按钮=1;】，弹起时命令语言为【\\local\左行按钮=0;】。

(3)“右行”按钮：按下时命令语言为【\\local\右行按钮=1;】，弹起时命令语言为【\\local\右行按钮=0;】。

(4)“松开”按钮：按下时命令语言为【\\local\松开按钮=1;】，弹起时命令语言为【\\local\松开按钮=0;】。

(5)“夹紧”按钮：按下时命令语言为【\\local\夹紧按钮=1;】，弹起时命令语言为【\\local\夹紧按钮=0;】。

(6)“启动”按钮：按下时命令语言为【\\local\启动按钮=1;】，弹起时命令语言为【\\local\启动按钮=0;】。

(7)“停止”按钮：按下时命令语言为【\\local\停止按钮=1;】，弹起时命令语言为【\\local\停止按钮=0;】。

双击“手动”开关对象，弹出“开关向导”对话框，单击“?”并选择变量“手动方式”，设置开启时颜色为绿色，标签为 ON，关闭时颜色为红色，标签为 OFF，如

图 6-1-15 所示。

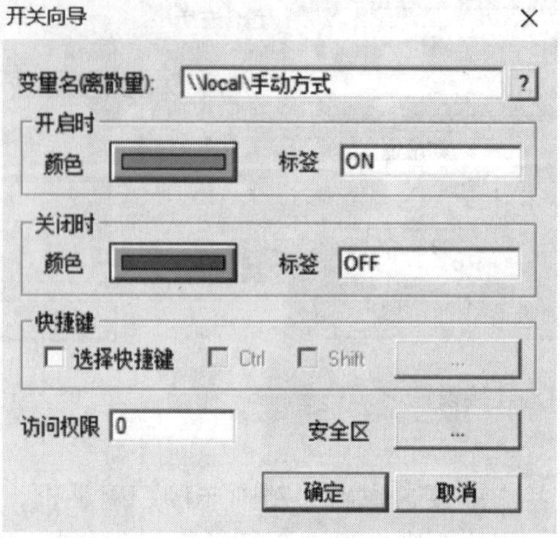

图 6-1-15 开关设置

使用同样的方法，设置其他工作方式开关的动画连接，“回原点”开关连接变量选择“回原点方式”，“单步”开关连接变量选择“单步方式”，“单周期”开关连接变量选择“单周期方式”，“连续”开关连接变量选择“连续方式”，其他设置与“手动”开关对象一致。

3. 文本色动画连接

双击“M101”文本对象，弹出“动画连接”对话框，单击“文本色”，弹出“文本色连接”对话框，单击“?”并选择变量“下限位”，文本色属性设置为 0 对应黑色，1 对应红色。

使用同样的方法，设置其他文本对象的文本色动画连接，对应连接变量见表 6-1-2，文本色属性设置与“M101”文本对象相同。

表 6-1-2 文本对象连接变量表

文本对象	连接变量名	文本对象	连接变量名
M102	上限位	M110	夹紧按钮
M103	右限位	M111	手动方式
M104	左限位	M112	回原点方式
M105	上升按钮	M113	单步方式
M106	左行按钮	M114	单周期方式
M107	松开按钮	M115	连续方式
M108	下行按钮	M116	启动按钮
M109	右行按钮	M117	停止按钮

4. 显示文本动画连接

双击“2022 年 1 月 1 日”文本对象，弹出“动画连接”对话框，单击“字符串输出”，弹出“文本输出连接”对话框，单击“?”并选择变量“ $ Date”，对齐方式为居中。

使用同样的方法设置“时：分：秒”和“用户名”文本对象，分别选择变量“$Time”和“$UserName”。

双击水平位置“####”文本对象，弹出“动画连接”对话框，单击“模拟值输出”，弹出“模拟值输出连接”对话框，单击“?”并选择变量“水平位置”，输出格式的整数位数为1，对齐方式为居中。

使用同样的方法设置垂直位置“####”文本对象，选择变量为“垂直位置”，其他设置与水平位置“####”文本对象相同。

5. 安全区设置

双击“启动”按钮对象，弹出“动画连接”对话框，单击“安全区”后的“ ... ”，弹出“选择安全区”对话框，将安全区A添加到右侧已选择安全区中，如图6-1-16所示。

同样，将“停止”“单步”“单周期”“连续”等开关和按钮对象的安全区设置为A。

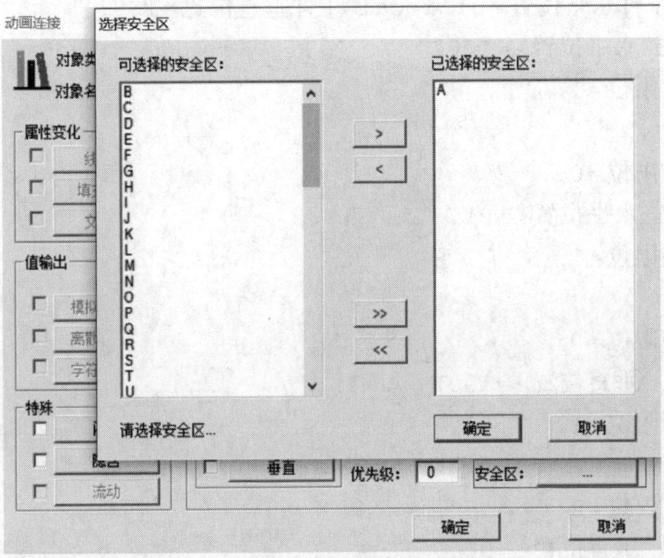

图6-1-16　选择安全区A

五、编写命令语言

1. 编写应用程序命令语言

在工程浏览器中双击“应用程序命令语言”，在“运行时”选项卡下输入以下命令语言：

```
if(\\local\上升阀==1)
\\local\垂直位置=\\local\垂直位置-2;
if(\\local\下降阀==1)
\\local\垂直位置=\\local\垂直位置+2;
if(\\local\左行阀==1)
\\local\水平位置=\\local\水平位置-2;
```

```
if(\\local\右行阀==1)
\\local\水平位置=\\local\水平位置+2;
if(\\local\上升阀==1&&\\local\夹紧阀==1)
\\local\工件垂直位置=\\local\工件垂直位置-2;
if(\\local\下降阀==1&&\\local\夹紧阀==1)
\\local\工件垂直位置=\\local\工件垂直位置+2;
if(\\local\左行阀==1&&\\local\夹紧阀==1)
\\local\工件水平位置=\\local\工件水平位置-2;
if(\\local\右行阀==1&&\\local\夹紧阀==1)
\\local\工件水平位置=\\local\工件水平位置+2;
if(\\local\原点条件==1&&\\local\夹紧阀==0)
{\\local\工件水平位置=0;\local\工件垂直位置=100;}
if(\\local\水平位置>=100)
\\local\右限位=1;
else
\\local\右限位=0;
if(\\local\水平位置<=0)
\\local\左限位=1;
else
\\local\左限位=0;
if(\\local\垂直位置>=100)
\\local\下限位=1;
else
\\local\下限位=0;
if(\\local\垂直位置<=0)
\\local\上限位=1;
else
\\local\上限位=0;
```

2. 编写事件命令语言

（1）在工程浏览器中，单击“事件命令语言”，双击“新建”图标，弹出“事件命令语言”对话框，在事件描述中输入“手动方式==1”，在“发生时”选项卡下输入命令语言【回原点方式=0；单步方式=0；单周期方式=0；连续方式=0;】，如图 6-1-17 所示。

（2）新建事件“回原点方式==1”，在“发生时”选项卡下编写命令语言【单步方式=0；单周期方式=0；连续方式=0；手动方式=0;】。

（3）新建事件“单步方式==1”，在“发生时”选项卡下编写命令语言【回原点方式=0；手动方式=0；单周期方式=0；连续方式=0;】。

（4）新建事件“单周期方式==1”，在“发生时”选项卡下编写命令语言【回原点

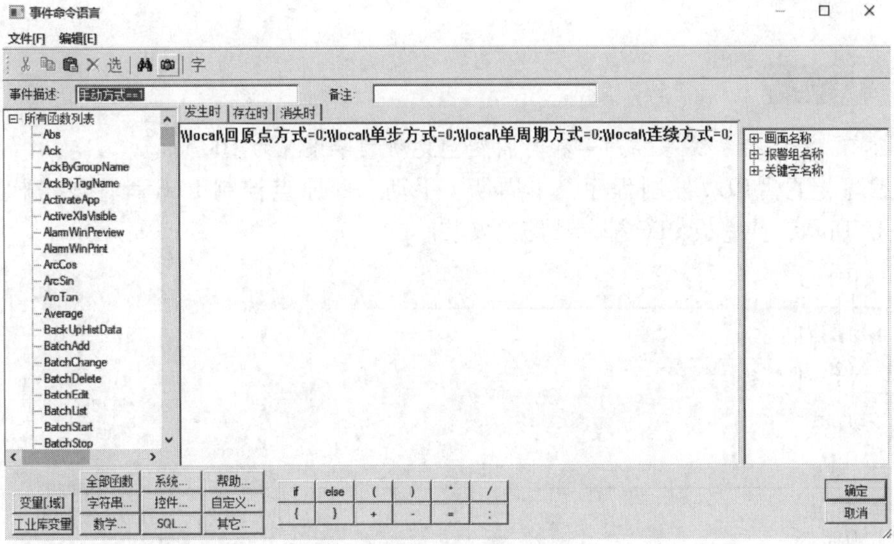

图 6-1-17　编写事件命令语言

方式=0；单步方式=0；手动方式=0；连续方式=0；】。

（5）新建事件“连续方式==1”，在“发生时”选项卡下编写命令语言【回原点方式=0；单步方式=0；单周期方式=0；手动方式=0；】。

3. 配置系统操作菜单

双击“系统操作”菜单对象，弹出“菜单定义”对话框，新建“用户登录”“修改密码”“用户退出”“退出运行”“系统关机”5 个一级菜单。单击“命令语言”，弹出“命令语言”对话框，输入菜单运行脚本程序。参考脚本程序如下：

```
if(MenuIndex==0)  /* 菜单变量=0*/
LogOn();  /* 打开用户登录对话框*/
if(MenuIndex==1)  /* 菜单变量=1*/
ChangePassWord();  /* 打开口令修改对话框*/
if(MenuIndex==2)  /* 菜单变量=2*/
LogOff();  /* 退出用户登录*/
if(MenuIndex==3)  /* 菜单变量=3*/
Exit(0);  /* 退出运行系统*/
if(MenuIndex==4)  /* 菜单变量=4*/
Exit(1);  /* 关机*/
```

六、运行与调试

1. 在工程浏览器中双击“设置运行系统”，弹出“运行系统设置”对话框，将运行系统启动主画面设置为“机械手监控画面”。

操作提示

运行前，将运行系统基准频率和时间变量更新频率设置为 100 ms。

2. 编写、下载 PLC 控制程序，单周期、手动、回原点控制 PLC 程序参考梯形图如图 6-1-18 所示，并完成 PLC 控制线路的安装。

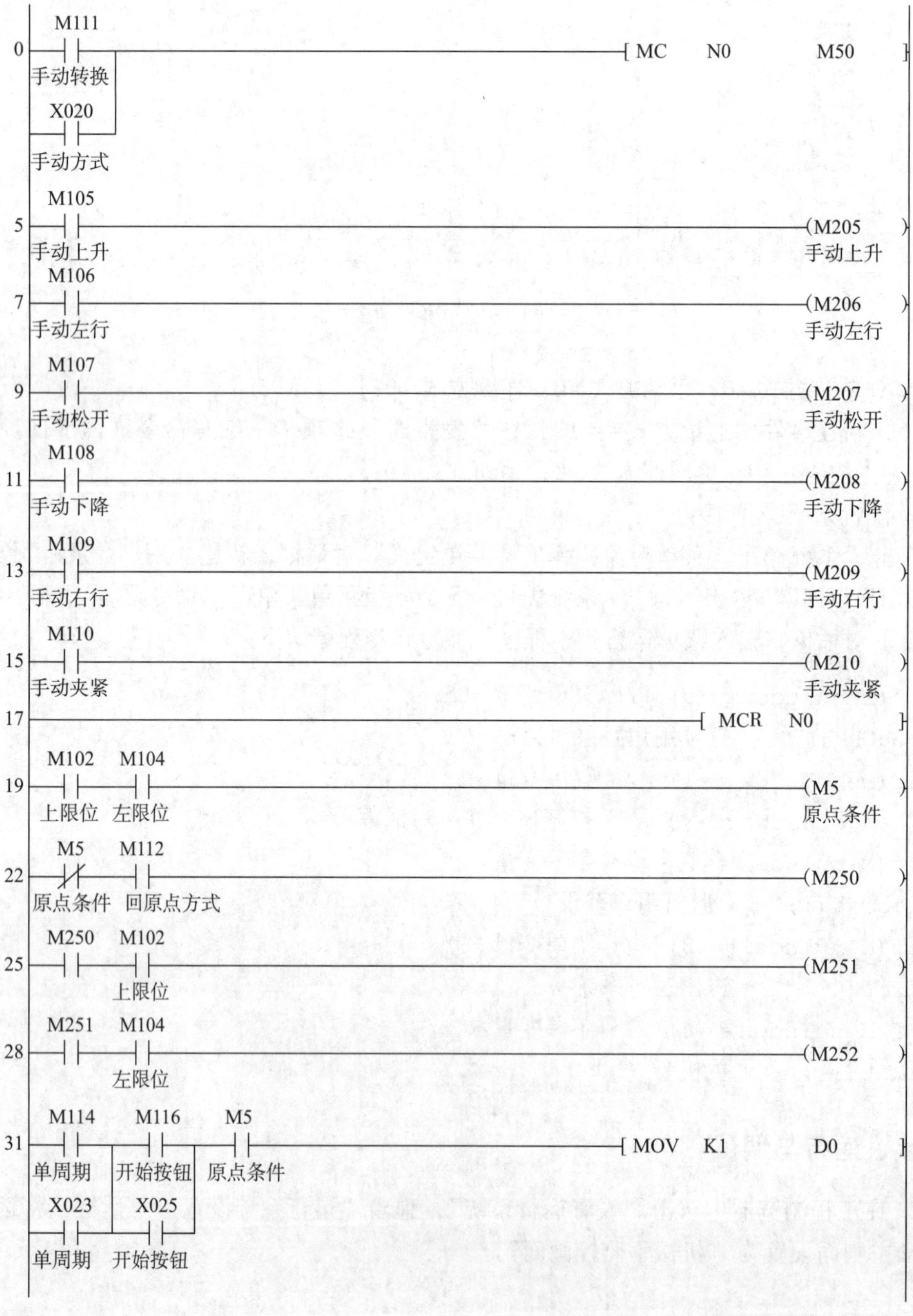

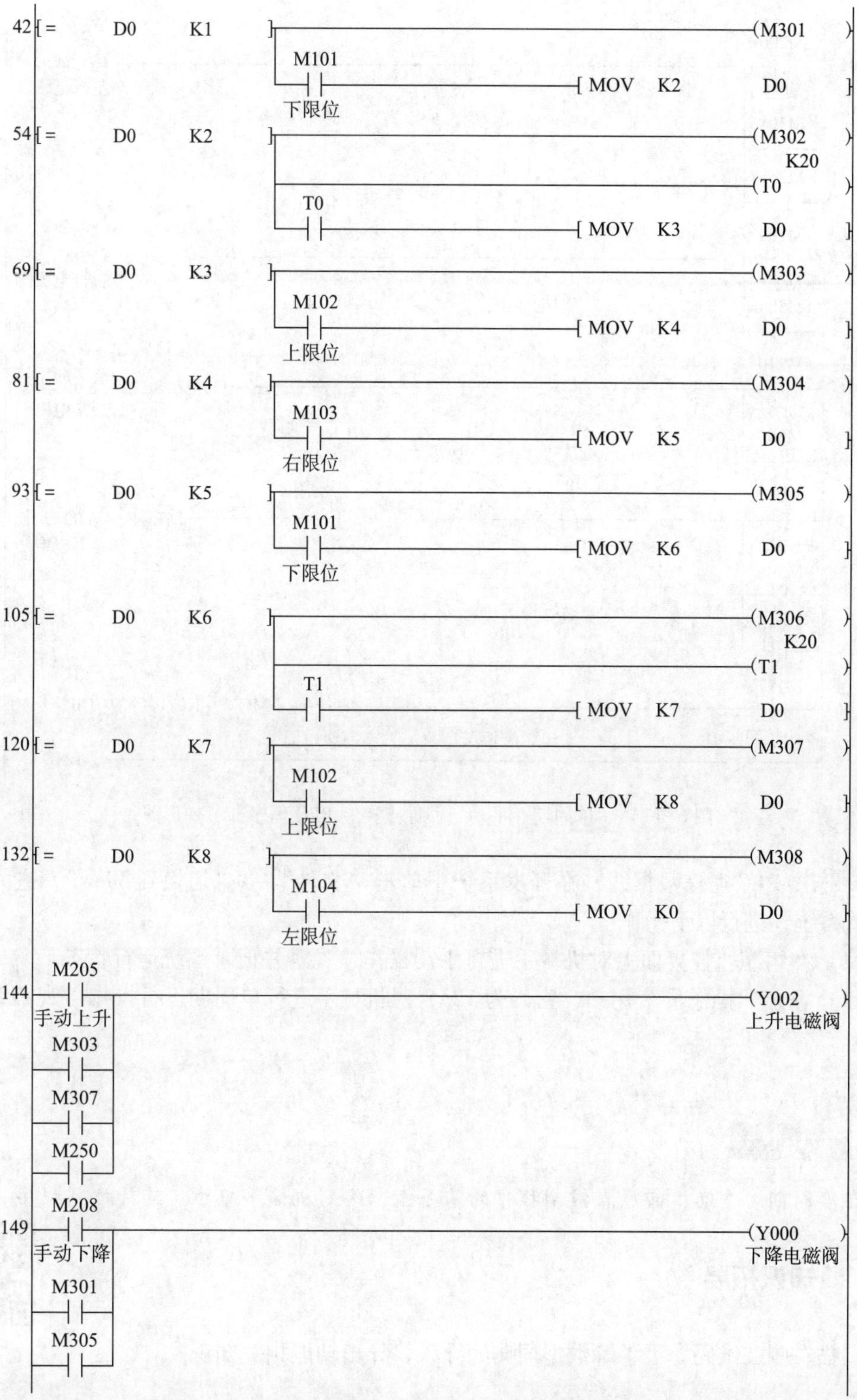
42 [= D0 K1]
(M301)
M101
[MOV K2 D0]
下限位
54 [= D0 K2]
(M302)
K20
(T0)
T0
[MOV K3 D0]
69 [= D0 K3]
(M303)
M102
[MOV K4 D0]
上限位
81 [= D0 K4]
(M304)
M103
[MOV K5 D0]
右限位
93 [= D0 K5]
(M305)
M101
[MOV K6 D0]
下限位
105 [= D0 K6]
(M306)
K20
(T1)
T1
[MOV K7 D0]
120 [= D0 K7]
(M307)
M102
[MOV K8 D0]
上限位
132 [= D0 K8]
(M308)
M104
[MOV K0 D0]
左限位
M205
144
手动上升
M303
M307
M250
(Y002)
上升电磁阀
M208
149
手动下降
M301
M305
(Y000)
下降电磁阀

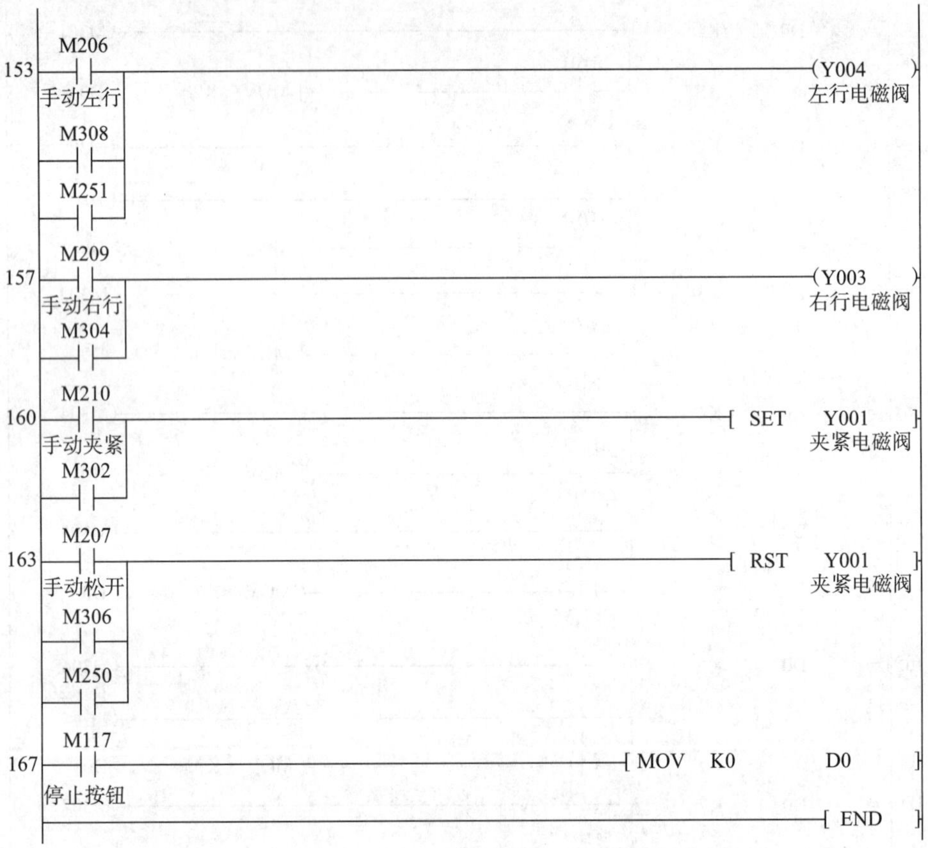

图 6-1-18 单周期、手动、回原点控制 PLC 程序参考梯形图

3. 连接 PLC 通信数据线，在开发系统中单击“文件”→“切换到 View”，进入组态王运行系统，进行以下操作：

（1）在组态监控界面上对机械手进行手动操作，观察并记录系统运行状态。

（2）登录“操作员”用户，密码为 123，对机械手进行单周期运行操作，观察系统运行状态。

想一想

在单周期、手动、回原点控制程序的基础上，编写机械手单步、连续控制程序。

知识拓展

扫描右侧二维码，可了解数据词典的导入、导出功能相关知识。

思考与练习

1. 简述水平移动动画连接的设置方法。
2. 新建“机械手监控”变量组，将任务中变量移至新建的变量组中。
3. 简述任务中机械手工作方式切换的实现方法。

任务 2　机械手组态监控系统报警与事件配置

学习目标

1. 了解报警组和变量报警的相关知识。
2. 掌握模拟型变量报警属性。
3. 掌握离散型变量报警属性。
4. 掌握事件类型及使用方法。
5. 能完成机械手组态监控系统报警和事件的配置。

任务引入

为保证控制设备正常运行，当设备出现故障时需显示相应故障信息，同时记录设备相关操作信息。创建图 6-2-1 所示的机械手组态监控系统报警和事件窗口，使用组态王的报警和事件功能记录系统运行、用户登录、操作事件、限位开关动作等报警信息。

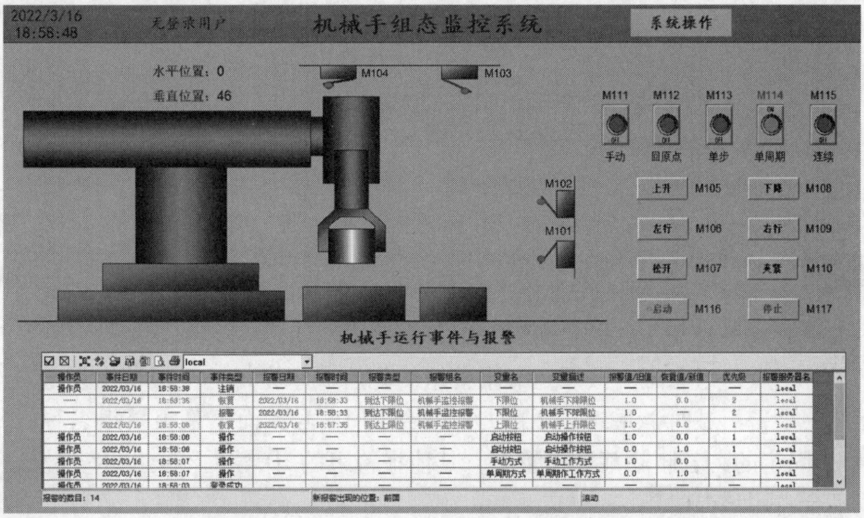

图 6-2-1　机械手组态监控系统报警和事件窗口

相关知识

报警是指当系统中某些量的值超过了规定的界限时，系统自动产生相应警告信息，表明该量的值已经超限。

事件是指用户对系统的行为和动作。如修改了某个变量的值，用户的登录、注销，站点的启动、退出等。事件不需要操作人员应答。

当组态王中的报警和事件发生时，组态王把这些信息存于内存的缓冲区中，报警和事件在缓冲区中以先进先出的队列形式存储，所以只存储最近的报警和事件。当缓冲区内容达到指定数目或记录定时时间到时，系统自动将报警和事件信息进行记录，记录形式可以是文本文件、开放式数据库或连接打印机。另外，用户可以从监控界面提供的报警窗口中查看报警和事件信息。

一、报警组

1. 报警组概述

在监控系统中，为了方便查看、记录和区别，要将变量产生的报警信息归类到不同的组中，即使变量的报警信息属于某个设定的报警组。

报警组的组织结构为树状，缺省时只有一个根节点，缺省名为 RootNode（可以改为其他名字）。通过“报警组定义”对话框可以为这个树状结构加入多个节点和子节点，每个子节点报警组中的变量既属于该报警组，也属于其上一级父节点报警组。如图 6-2-2 所示，在 RootNode 报警组下添加一个报警组 A，则属于 A 报警组的变量也同时属于 RootNode 报警组。

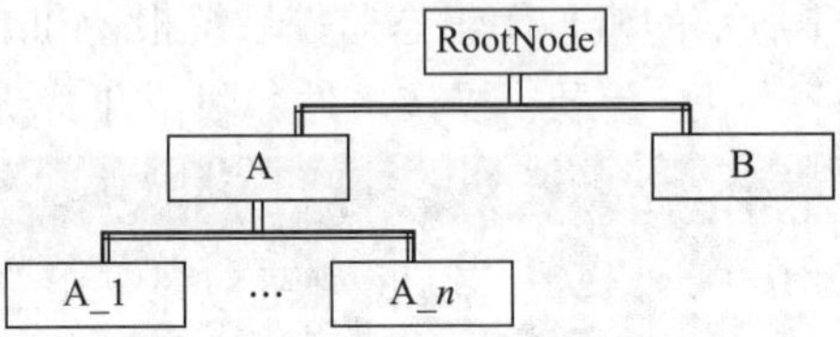

图 6-2-2　报警组结构示意图

提示

组态王中的报警组最多可以定义 512 个节点。

定义报警组后，组态王会按照定义报警组的先后顺序为每一个报警组设定一个 ID 号，当引用变量的报警组域时，系统显示的是报警组的 ID 号，而不是报警组名称。每个报警组的 ID 号是固定的，若删除某个报警组，其他报警组的 ID 号也不会发生变化，新增加的报警组也不会占用该 ID 号。

提示

组态王可通过 GetGroupName（）函数获取报警组的名称。

2. 报警组定义

在组态王工程浏览器中双击“数据库”→“报警组”，弹出“报警组定义”对话框，如图 6-2-3 所示。

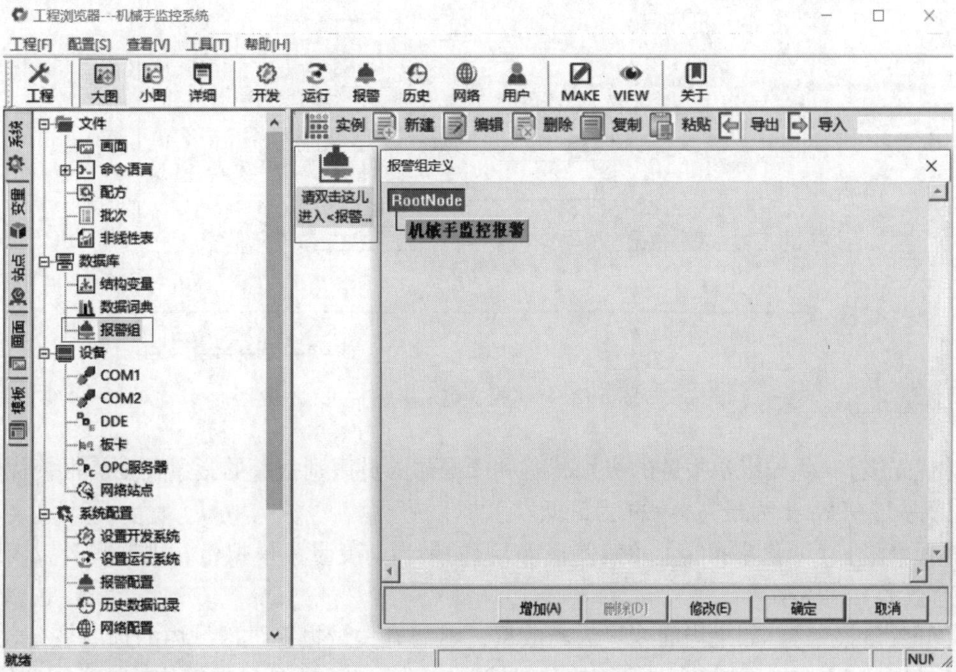

图 6-2-3 “报警组定义”对话框

【增加】：在当前选择的报警组节点下增加一个节点。

【修改】：修改当前选择的报警组的名称。

【删除】：删除当前选择的报警组。

二、变量报警

1. 变量报警定义

在组态王工程浏览器的“数据词典”中新建一个变量或双击一个原有变量，在弹出的“定义变量”对话框中单击“报警定义”选项卡，“报警定义”属性页如图 6-2-4 所示。

【报警组名】：单击“报警组名”右侧的按钮，会弹出“选择报警组”对话框，该对话框中会列出所有已定义的报警组，选择目标报警组并确认，则该变量的报警信息就属于选中的报警组。

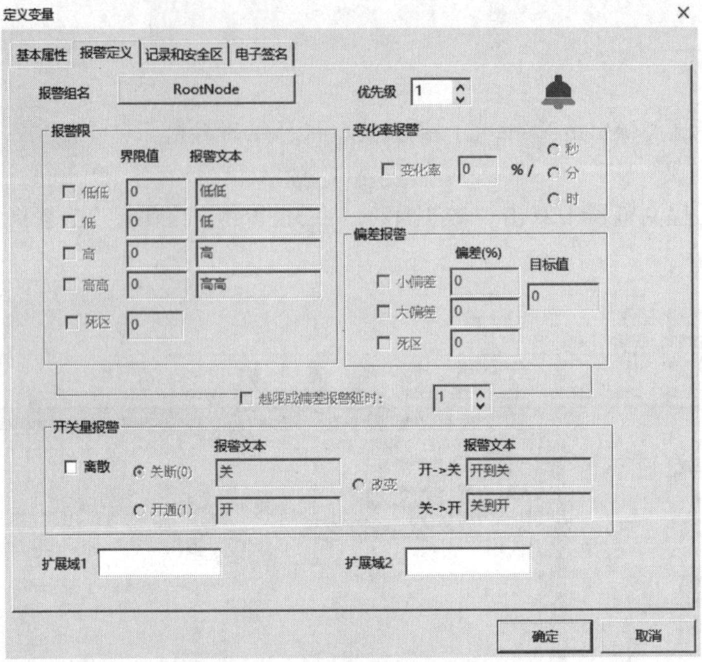

图 6-2-4 “报警定义”属性页

【优先级】：优先级指报警的级别，有利于操作人员区别报警的紧急程度。报警优先级的范围为 1~999，1 为最高，999 为最低。

【报警限】【变化率报警】【偏差报警】：如果当前变量为模拟量，则这些区域内的选项是有效的。

【开关量报警】：如果当前变量为离散量，则“开关量报警”区域内的选项是有效的。

【扩展域 1】【扩展域 2】：报警的扩展域共有两个，主要是对报警的补充说明和解释，显示在报警产生时的报警窗口中。

2. 报警相关概念

（1）报警产生：变量的值超出了定义的正常范围，处于报警区域。

（2）报警确认：对报警的应答，表示已经知道或已处理过该报警，报警确认后报警状态不会消失。

（3）报警恢复：变量的值恢复到定义的正常范围，不再处于报警区域。

三、模拟型变量报警属性

模拟型变量主要指内存型或 I/O 型的整型变量和实型变量，模拟型变量的报警类型主要有越限报警、偏差报警和变化率报警，越限报警和偏差报警还可定义报警延时和死区。

1. 越限报警

（1）越限报警原理

越限报警是指当模拟量的值跨越规定的高低报警限时产生的报警，高低报警限分为低低限、低限、高限和高高限，越限报警原理如图 6-2-5 所示。

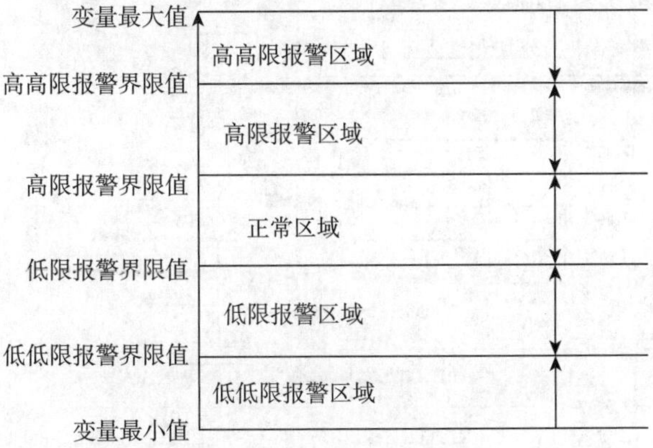

图 6-2-5　越限报警原理

当变量值发生变化时，如果跨越某一个限值，会立即发生越限报警。一个变量在某个时刻只可能跨越一个限值，因此只能产生一种越限报警。例如，如果变量的值超过高高限报警界限值，就会产生高高限报警，而不会产生高限报警。越限报警产生和恢复的算法为：

1）当变量值小于等于低低限报警界限值时产生低低限报警，大于低低限报警界限值时低低限报警恢复。

2）当变量值小于等于低限报警界限值时产生低限报警，大于低限报警界限值时低限报警恢复。

3）当变量值大于等于高限报警界限值时产生高限报警，小于高限报警界限值时高限报警恢复。

4）当变量值大于等于高高限报警界限值时产生高高限报警，小于高高限报警界限值时高高限报警恢复。

如图 6-2-6 所示，越限报警可以定义一种、多种或全部报警限。选择要定义的报警限，则对应的“界限值”和“报警文本”编辑框变为有效。定义界限值时应注意：最小值≤低低限值<低限值<高限值<高高限值≤最大值。“报警文本”编辑框中输入关于该类型报警的说明文字，文本应不超过 15 个字符。

（2）越限报警设置

【例 6-2-1】设定液位变量报警界限值，要求液位的高高限报警界限值为 900，高限报警界限值为 750，低限报警界限值为 150，低低限报警界限值为 50，可按以下步骤进行设置：

1）在“数据词典”中新建内存整数变量，在“定义变量”对话框的“基本属性”选项卡下设置变量名称为“液位测量”，变量类型为内存整数，定义其最小值为 0，最大值为 1 000。

2）单击“报警定义”选项卡，勾选“报警限”项目中的“低低”复选框，对应的

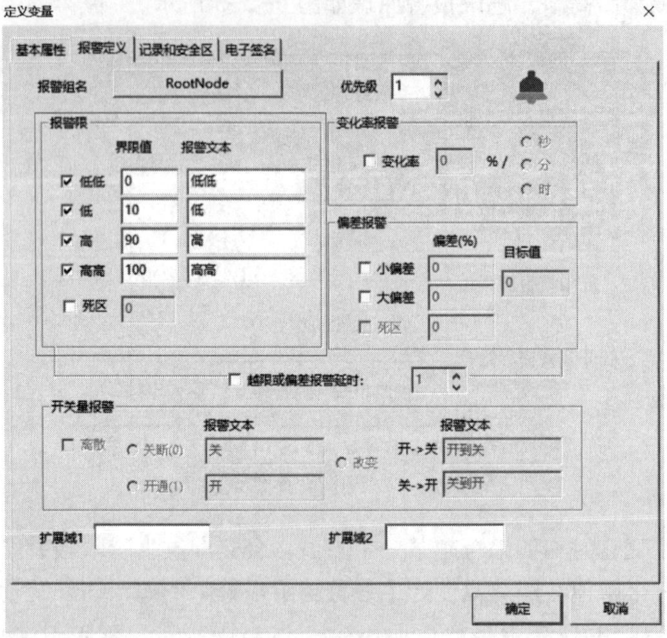

图 6-2-6　越限报警定义

“界限值”和“报警文本”编辑框变为有效，在“界限值”编辑框中输入 50，在“报警文本”编辑框中输入“液位低低限报警”。用同样的方法，分别设置其他几个报警项，如图 6-2-7 所示。

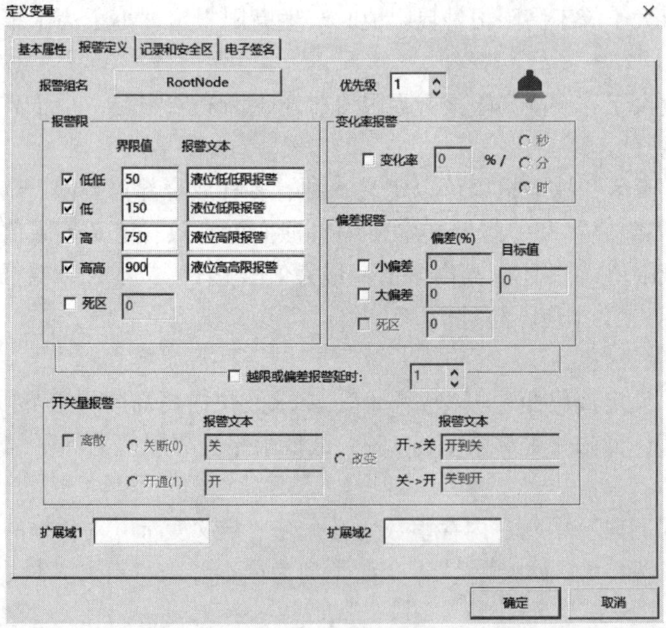

图 6-2-7　报警限的定义

3）单击“报警组名”右侧的“RootNode”，在弹出的“选择报警组”对话框中选择目标报警组，在“优先级”编辑框中输入100，完成后单击“确定”。

4）新建一个画面，选用工具箱中的“报警窗口”工具，在画面上创建报警窗口。双击报警窗口，弹出“报警窗口配置属性页”对话框，如图6-2-8所示。在“报警窗口名”编辑框中输入“越限报警窗”，选择“历史报警窗”单选按钮，然后单击“确定”。

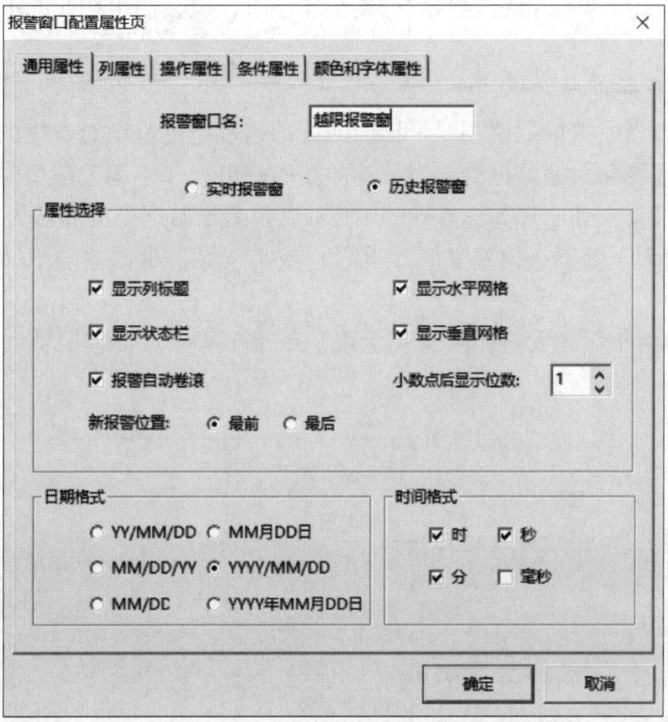

图6-2-8 “报警窗口配置属性页”对话框

5）选用工具箱中的“文本”工具，在画面上添加文本并双击该文本，弹出“动画连接”对话框，单击“模拟值输出”并选择变量“液位测量”。在模拟值输入中同样选择变量“液位测量”，“值范围”最大值为1 000，最小值为0。动画连接建立完成后，保存当前画面。

6）右击该画面并选择“切换到View”，进入组态王运行系统。打开越限报警画面，如图6-2-9所示。

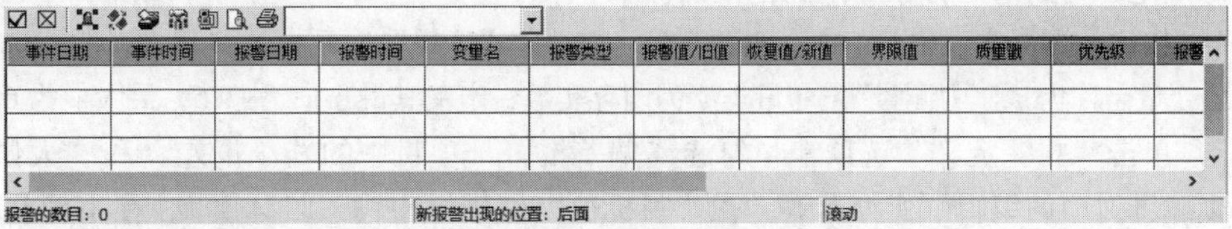

图6-2-9 越限报警画面

7）在画面上与“液位测量”变量连接的文本处输入值5，报警窗口中会出现一条报警信息。然后分别输入100、146、800、900，报警窗口中会显示一系列的报警信息。可以看到，当数据小于等于50时，产生低低限报警；当数据大于50且小于等于150时，低低限报警恢复，产生低限报警；当数据大于150且小于750时，低限报警恢复，此时该变量没有报警；当数据大于等于750且小于900时，产生高限报警；当数据大于等于900时，高限报警恢复，产生高高限报警。当数据逐步减小时，也会产生相应的报警和恢复。

2. 偏差报警

（1）偏差报警原理

偏差报警是指当模拟量的值相对目标值的波动超过指定范围时产生的报警。偏差报警可以分为小偏差报警和大偏差报警。当波动的数值超出大、小偏差限值时，分别产生大偏差报警和小偏差报警，其原理如图6-2-10所示。偏差报警产生的算法为：

1）当变量值大于等于小偏差限值（上限）或小于等于小偏差限值（下限）时，产生小偏差报警。

2）当变量值大于等于大偏差限值（上限）或小于等于大偏差限值（下限）时，产生大偏差报警。

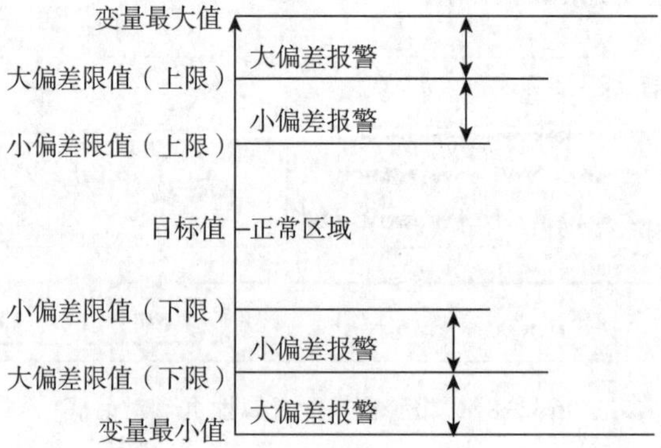

图6-2-10　偏差报警原理

变量变化的过程中，如果跨越某个界限值，则会立刻产生报警，而同一时刻不会产生两种类型的偏差报警。

（2）偏差报警设置

【例6-2-2】某工序中要求压力在一定的范围内，不能太大或太小，可通过定义偏差报警来确定压力的值是否在要求的范围内。

1）在“数据词典”中新建内存实数变量，在“定义变量”对话框的“基本属性”选项卡下设置变量名称为“压力测量”，变量类型为内存实数，定义其最小值为-1.5，最大值为6。

2）单击“报警定义”选项卡，勾选“偏差报警”项目中的“小偏差”和“大偏差”复选框，则对应的编辑框变为有效。在“目标值”编辑框中输入目标值2，在小偏差对应的“偏差”编辑框中输入值100，在大偏差对应的“偏差”编辑框中输入值150，选择相应的报警组并设置优先级，如图6-2-11所示。

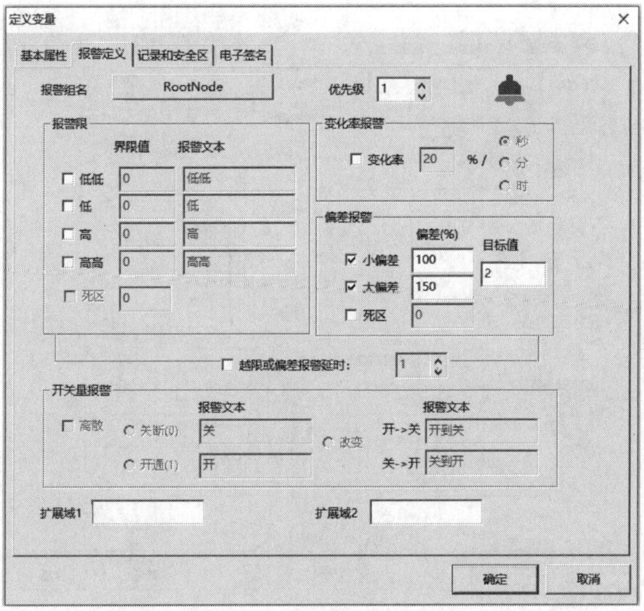

图 6-2-11 偏差报警的定义

3）在建立的画面中添加一个文本并定义该文本的动画连接，模拟值输出、模拟值输入连接的变量为“压力测量”，“值范围”最大值为6，最小值为-1.5。动画连接建立完成后，保存当前画面。

4）修改变量的值。数据值增加：当数据增加到4（2+2）时，产生小偏差报警；增加到5（2+3）时，小偏差报警恢复，产生大偏差报警。数据值减小：当数据减小到4时，大偏差报警恢复，产生小偏差报警；当数据小于4但大于0时，小偏差报警恢复，此时没有报警产生；当数据减小到0（2-2）时，产生小偏差报警；当数据减小到-1（2-3）时，小偏差报警恢复，产生大偏差报警。

3. 变化率报警

变化率报警是指模拟量的值在一段时间内的变化速度超过了指定数值而产生的报警，即变量变化太快时产生的报警。系统运行过程中，每当变量发生一次变化，系统都会自动计算变量变化的速度，以确定是否产生变化率报警。变化率报警单位包括秒、分、时三种，变化率报警值的计算公式为：[（变量的当前值-变量上一次变化的值）×100×报警单位对应的值］/［（变量本次变化的时间-变量上一次变化的时间）×（变量的最大值-变量的最小值）]。

其中，报警单位对应的值定义为：如果报警单位为秒，则该值为1；如果报警单位为分，则该值为60；如果报警单位为时，则该值为3 600。

计算结果取整数部分的绝对值，若计算结果大于等于报警极限值，则立即产生报警。当变化率小于报警极限值时，报警恢复。

变化率报警的定义如图6-2-12所示。勾选“变化率”复选框，在编辑框中输入报警极限值，选择报警单位。

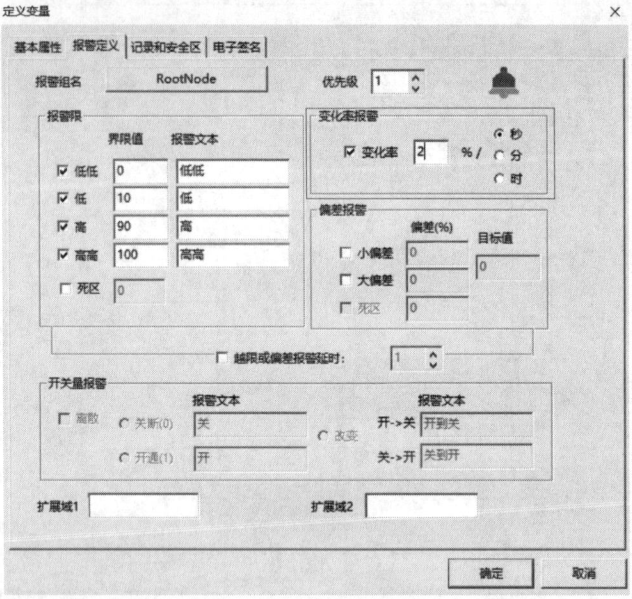

图 6-2-12　变化率报警的定义

4. 报警死区

报警死区的作用是防止变量值在报警限上、下频繁波动而产生许多不真实的报警。在原报警限上、下各增加一个报警限的阈值，使原报警限界线变为一条报警限带，当变量的值在报警限带范围内变化时，不会产生和恢复报警，只有超出该范围时才产生和恢复报警信息。这样对消除波动信号的无效报警有积极的作用。

【例 6-2-3】对“液位测量”变量的越限报警进行报警死区的定义，原要求为液位的高高限报警界限值为 900，高限报警界限值为 750，低限报警界限值为 150，低低限报警界限值为 50。现定义报警死区，死区值为 5。操作步骤如下：

（1）在组态王的“数据词典”中重新定义变量“液位测量”的报警属性，如图 6-2-13 所示，勾选“报警限”项目中的“死区”复选框，在对应编辑框中输入死区值 5。

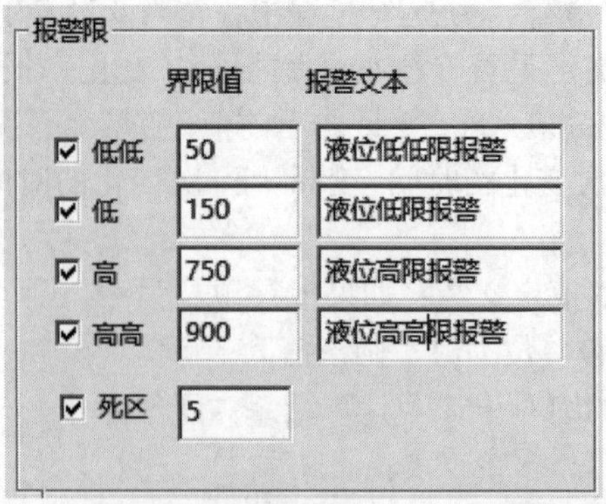

图 6-2-13　越限报警死区的定义

（2）切换到组态王运行系统，修改“液位测量”变量的值，定义报警死区后的报警界限值见表 6-2-1。

表 6-2-1　定义报警死区后的报警界限值

界限值	低低限	低限	高限	高高限
报警值	45	145	755	905
恢复值	55	155	745	895

5. 报警延时

报警延时是指对系统当前产生的报警信息并不立即显示和记录，而是进行延时。延时到后，如果该报警不存在，表明该报警可能是一个误报警，系统将自动清除；如果该报警仍然存在，表明这是一个真实的报警，系统会将其添加到报警缓冲区中，进行显示和记录。延时期间若有新的报警产生，则重新开始定时。

报警延时原理如图 6-2-14 所示。图中虚线表示变量刚产生报警时的变量曲线，实线表示延时后的变量曲线。可以看出，在图 6-2-14a 中，变量在 t_1 时刻产生报警，延时时间 T 后，变量值依然在报警限之上，则该报警是真实的报警；在图 6-2-14b 中，变量的值经过延时时间 T 后恢复到了报警限以下（类似于毛刺信号），系统不再产生这个报警。

提示

组态王中同一个变量的越限报警和偏差报警使用同一个报警延时时间，时间单位为秒。

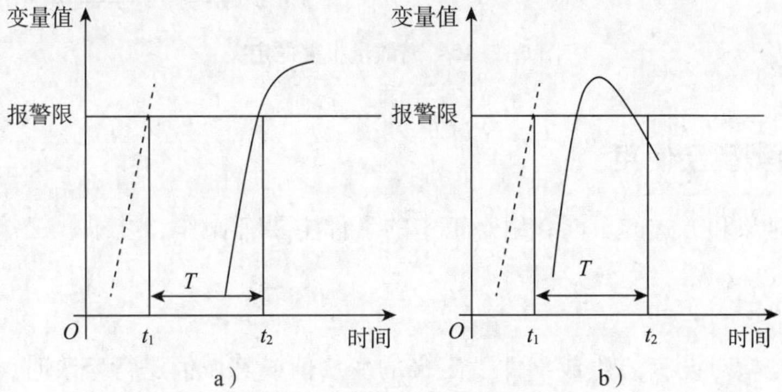

a）　　　　b）

图 6-2-14　报警延时原理

a）真实报警　b）非真实报警

四、离散型变量报警属性

离散型变量有 1 和 0 两种状态，其报警类型有开通报警、关断报警和改变报警三种。

1. 开通报警：变量值由 0 变为 1 时产生的报警。
2. 关断报警：变量值由 1 变为 0 时产生的报警。

3. 改变报警：变量值由0变为1或由1变为0时产生的报警。

离散量报警的定义如图6-2-15所示。“报警定义”选项卡中“报警组名”“优先级”和扩展域的定义与模拟量报警相同。勾选“开关量报警”项目中的“离散”复选框，三种类型的报警选项变为有效。定义时，只能选择一种报警类型，选择完成后，在对应的“报警文本”编辑框中输入不多于15个字符的说明。

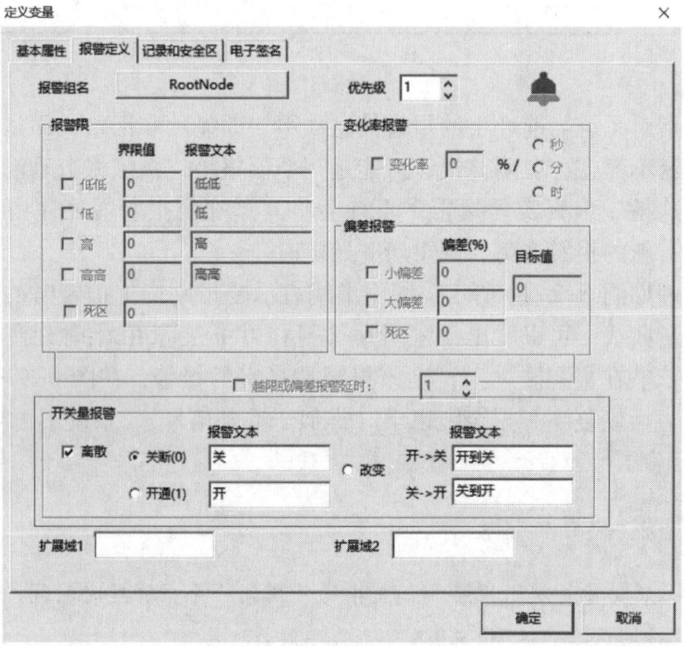

图6-2-15　离散量报警的定义

五、事件类型及使用

根据操作对象和方式的不同，组态王中的事件主要有操作、登录、工作站、应用程序等类型。

1. 操作事件

操作事件是指对设有“生成事件”定义的变量值或其域值进行修改时，系统产生的事件。例如，修改重要参数的值、报警限值、变量的优先级。同报警一样，字符串型变量值和字符串型变量域值的修改不能生成事件。

操作事件在“定义变量”对话框的“记录和安全区”选项卡下设置，如图6-2-16所示，在“记录”中选择记录类型，在“安全区”中选择是否生成事件并设置安全区。

2. 登录事件

登录事件是指用户登录系统或退出系统时产生的事件。例如，当用户登录时，如果登录成功，则产生登录成功事件；如果登录失败或取消登录，则产生登录失败事件；如果用户退出登录状态，则产生注销事件。

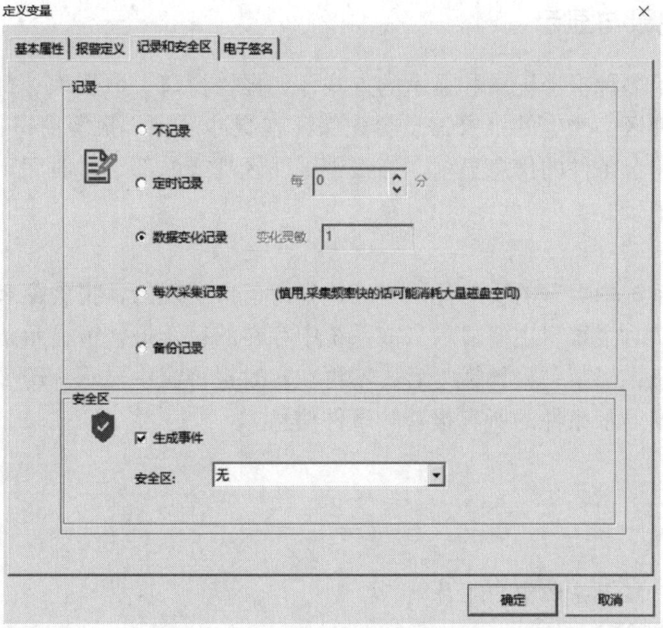

图 6-2-16　操作事件的定义

3. 工作站事件

工作站事件是指某个工作站站点上的组态王运行系统的启动和退出事件，包括单机和网络站点。组态王运行系统启动，产生工作站启动事件；运行系统退出，产生工作站退出事件。

4. 应用程序事件

如果变量为 I/O 变量，变量的数据源为 DDE 或 OPC 服务器等应用程序，变量的操作事件定义完成后，当采集到的数据发生变化时，产生该变量的应用程序事件。

【例 6-2-4】建立一个与 Excel 连接的 DDE 设备变量，产生该变量的应用程序事件。操作步骤如下：

（1）在组态王中新建 DDE 设备，设备的逻辑名称为“Excel 设备”，服务程序名称为“Excel”，话题名为“Sheet1”。

（2）在“数据词典”中新建变量，变量名为“DDE 事件”，变量类型为 I/O 实数，变量连接的设备为“Excel 设备”，项目名称为“r1c1”。

（3）在变量的“定义变量”对话框的“记录和安全区”属性页中勾选“生成事件”复选框。

（4）在建立的画面中添加一个文本并建立该文本的动画连接，将模拟值输出与变量“DDE 事件”关联。保存画面，启动 Excel，切换到组态王运行系统并打开该画面。

（5）修改 Excel 中 Sheet1 工作表的 r1c1 单元格中的数据，每当组态王检测到数据变化时，就会产生应用程序事件。

六、报警记录与显示

组态王提供了多种报警记录和显示的方式，如报警窗口、数据库、打印机等。系统提供一个预定的缓冲区，产生的报警信息会先保存在缓冲区中，报警窗口再根据定义条件，从缓冲区中获取符合条件的信息显示。当报警缓冲区满或内部定时时间到时，将信息按照配置的条件进行记录。

1. 报警窗口

组态王运行系统中报警的实时显示是通过报警窗口实现的，报警窗口分为实时报警窗和历史报警窗。实时报警窗主要显示当前系统中存在的符合报警窗显示条件的实时报警信息和报警确认信息，当某一报警恢复后，不再在实时报警窗中显示。历史报警窗显示当前系统中符合报警窗显示条件的所有报警和事件信息。

提示

实时报警窗不显示系统中的事件。

2. 报警记录文件

系统的报警信息可以记录到文本文件中，通过这些文本文件能够查看报警记录。可定义记录的文本文件的记录时间段、记录内容、保存期限等，文件的后缀为“. al2”。

3. 报警记录数据库

组态王产生的报警和事件信息可以通过 ODBC 记录到开放式数据库中，如 Access、SQL Server。

任务实施

一、创建报警组

双击工程浏览器中的“报警组”，弹出“报警组定义”对话框，单击“增加”，新建“机械手监控报警”报警组，如图 6-2-17 所示。

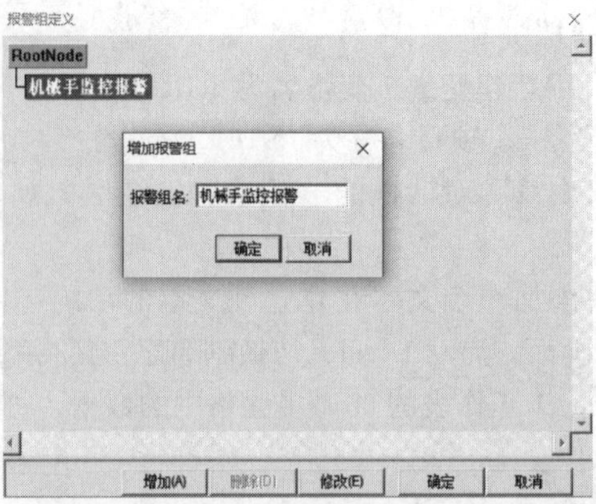

图 6-2-17　新建“机械手监控报警”报警组

二、创建并配置报警窗口

1. 创建报警窗口

选用工具箱中的“报警窗口”工具，或单击开发系统中的“工具”→“报警窗口”，创建一个报警窗口，如图 6-2-18 所示。

图 6-2-18 报警窗口

操作提示

被选中的报警窗口周围有 8 个带箭头的小矩形，将光标移动到小矩形处，当光标箭头变为双向箭头时，按住鼠标左键并拖动，可以调整报警窗的大小。

2. 配置实时和历史报警窗

双击报警窗口，打开图 6-2-19 所示的“报警窗口配置属性页”对话框，设置报警窗口名为“机械手运行事件报警”，选择“历史报警窗”单选按钮，设置新报警位置为最前，在“日期格式”项目中选择“YYYY/MM/DD”单选按钮。

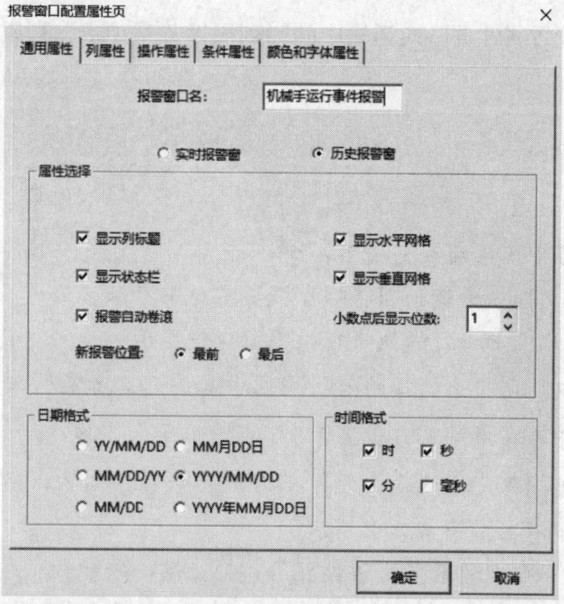

图 6-2-19 报警窗口配置属性页——通用属性

操作提示

“通用属性”属性页中各选项含义如下：

【报警窗口名】：定义报警窗口在数据库中的变量登记名。

【显示列标题】：勾选该复选框后，开发和运行过程中窗口的上部均出现每一列的列标题。

【显示状态栏】：勾选该复选框后，开发和运行过程中窗口的下部均出现报警窗的状态信息栏。

【报警自动卷滚】：勾选该复选框后，系统运行过程中，如果报警窗口中的信息显示超过当前窗口的一页显示范围，当出现新的报警时，报警窗口会自动滚动，显示新报警。

【显示水平网格】：勾选该复选框后，开发和运行过程中窗口的信息显示部位均出现水平网格线。

【显示垂直网格】：勾选该复选框后，开发和运行过程中窗口的信息显示部位均出现垂直网格线。

【小数点后显示位数】：定义报警窗口中数据显示部分各数据的小数位数。

【新报警位置】：定义产生一条报警或事件后，显示在报警窗口的位置。“最前”为显示在报警窗口的最上方，之前显示的报警在窗口中依次向下移动一行；“最后”为显示在报警窗口的最后一行。

【日期格式】：定义报警窗口中日期的显示格式，只能选择一项。

【时间格式】：定义报警窗口中时间的显示格式，勾选目标复选框，则可显示时间的对应部分，可以选择多项。

单击“报警窗口配置属性页”对话框中的“列属性”选项卡，列属性的配置如图 6-2-20 所示。

操作提示

“列属性”属性页中各选项含义如下：

【未选择的列】：此框中出现的列将不在报警窗口中显示。

【已选择的列】：此框中出现的列将在报警窗口中显示。

>：选入按钮，在“未选择的列”中选中其一列名称后，单击该按钮可将列加入“已选择的列”中，即可在报警窗口中显示。

<：选出按钮，在“已选择的列”中选中某一列名称后，单击该按钮可将列加入“未选择的列”中，即不在报警窗口中显示。

【上移】：选中某一列名称后单击该按钮，该列上移一行。

【下移】：选中某一列名称后单击该按钮，该列下移一行。

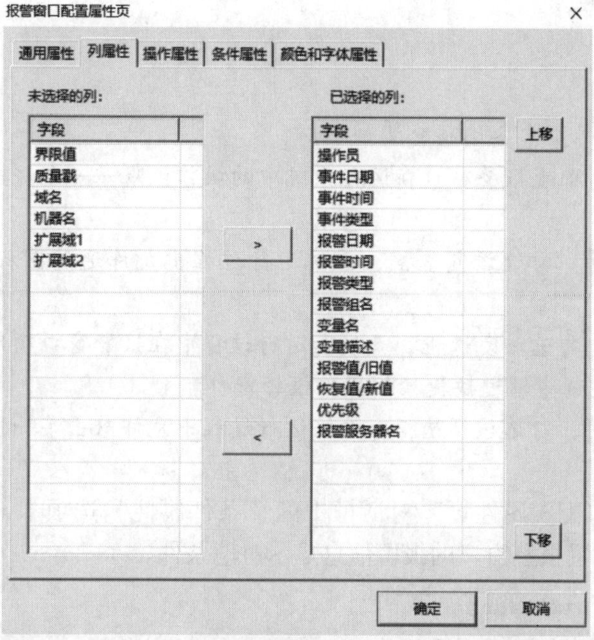

图 6-2-20　报警窗口配置属性页——列属性

单击“报警窗口配置属性页”对话框中的“操作属性”选项卡，操作属性的配置如图 6-2-21 所示，设置报警窗口的操作属性。

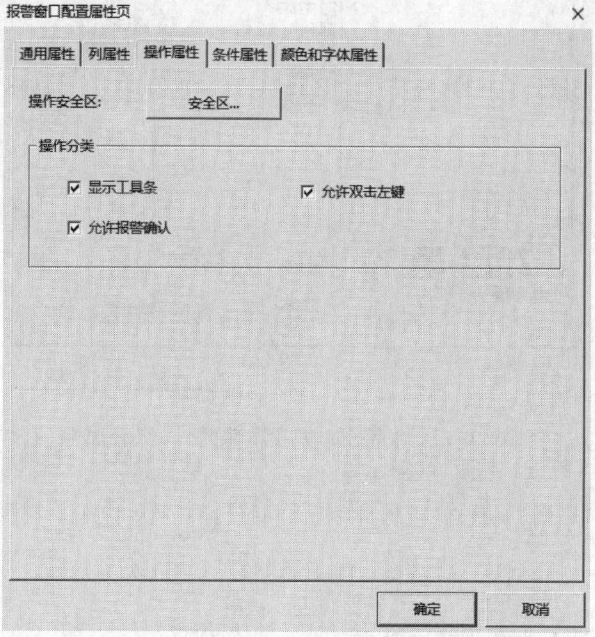

图 6-2-21　报警窗口配置属性页——操作属性

操作提示

“操作属性”属性页中各选项含义如下：

【操作安全区】：配置报警窗口在运行系统中的操作权限——允许操作该报警窗口的安全区。

【允许报警确认】：勾选该复选框，系统运行过程中允许通过图标等方式对报警进行确认。

【显示工具条】：勾选该复选框，开发和运行过程中在报警窗口顶部显示快捷按钮，允许用户在系统运行过程中通过快捷按钮操作报警窗口。

【允许双击左键】：勾选该复选框，系统运行过程中允许双击某一报警条以执行预置自定义函数功能。

单击“报警窗口配置属性页”对话框中的“条件属性”选项卡，条件属性的配置如图 6-2-22 所示，设置报警窗口的报警信息显示过滤条件。

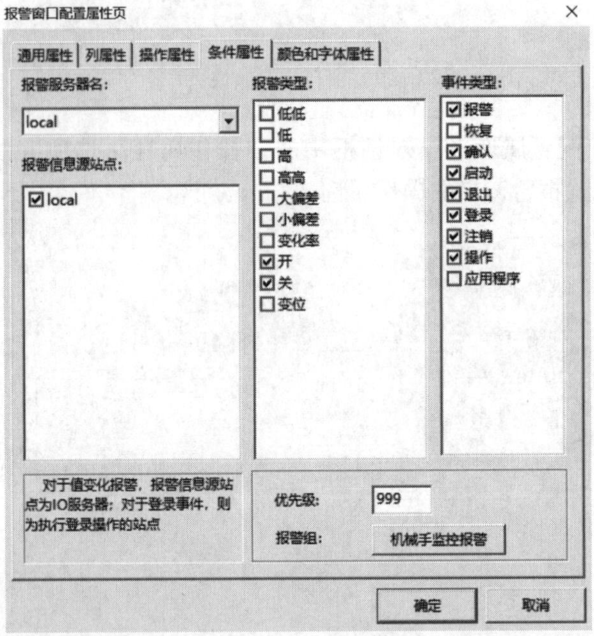

图 6-2-22　报警窗口配置属性页——条件属性

操作提示

“条件属性”属性页中各选项含义如下：

【报警服务器名】：如果系统为单机模式，则该项无须选择。如果系统为网络模式，网络中各站点的报警信息存于报警服务器上，配置网络后，指定本机为某些报警服务器的客户。

【报警信息源站点】：如果系统为单机模式，则默认为本地，该项无须选择。如果系统为网络模式，由于数据的报警信息最初来自 I/O 服务器，网络配置后，指定本机为某些 I/O 服务器的客户，该列表框中将列出所有本机当前选择的报警服务器下的 I/O 服务器名称，可选择将当前报警服务器下的某些 I/O 服务器上的报警信息显示在该报警窗口中。

【优先级】：选择报警窗口中要显示的报警和事件的最高优先级条件，高于设定优先级的报警和事件将显示在报警窗口中。

【报警组】：选择报警窗口中要显示的报警和事件的报警组，选择的报警组及其子报警组的报警和事件允许显示在报警窗口中，只能选择一个报警组。

【报警类型】：选择报警窗口中允许显示的报警类型。

【事件类型】：选择报警窗口中允许显示的事件类型。

单击“报警窗口配置属性页”对话框中的“颜色和字体属性”选项卡，属性页如图 6-2-23 所示，根据需要设置报警窗口中报警和事件信息显示的文本色、字体等。

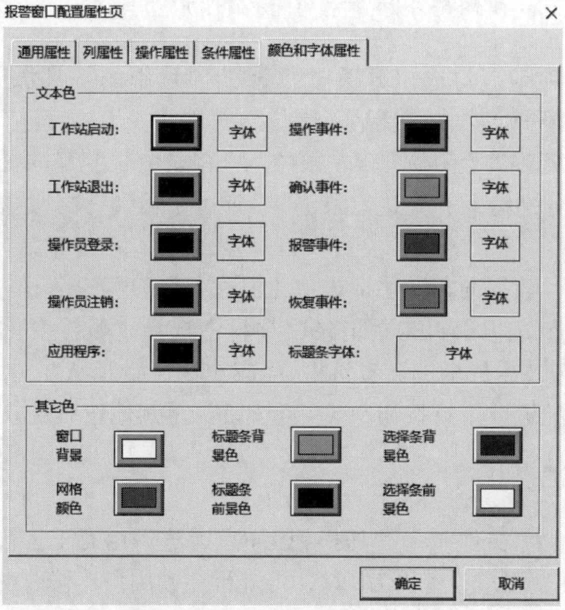

图 6-2-23　报警窗口配置属性页——颜色和字体属性

3. 配置数据库

双击工程浏览器中的“报警配置”，弹出“报警配置属性页”对话框，设置存储内容、报警事件存储、数据库等内容，如图 6-2-24 所示。

三、配置变量报警和事件

1. 定义变量报警

在工程浏览器的“数据词典”中双击“下限位”变量，弹出“定义变量”对话框，

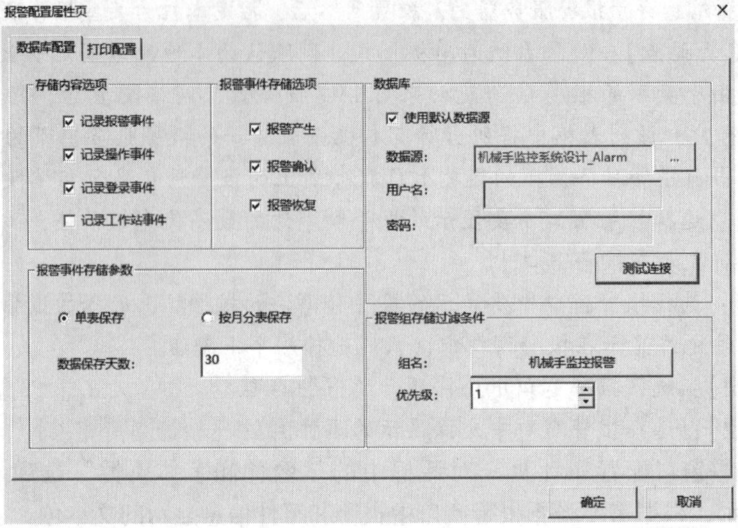

图 6-2-24 “报警配置属性页”对话框

单击“报警定义”选项卡，勾选“开关量报警”项目中的“离散”复选框，选择“开通”单选按钮，输入报警文本为“到达下限位”。

用同样的方法，定义“上限位”“左限位”“右限位”变量的报警属性，报警方式均选择开通，报警文本分别输入“到达上限位”“到达左限位”“到达右限位”。

2. 定义变量事件

在工程浏览器的“数据词典”中双击“上升按钮”变量，弹出“定义变量”对话框，单击“记录与安全区”选项卡，在“记录”项目中选择“数据变化记录”单选按钮，在“安全区”项目中勾选“生成事件”复选框，“安全区”选择A。

用同样的方法，配置“下行按钮”“左行按钮”等其他按钮对象的事件信息。

四、运行与调试

单击开发系统中的“文件”→“切换到View”，进入组态王运行系统。

1. 登录“操作员”用户，密码为123，再进行注销用户、修改密码操作，观察报警窗口中的事件记录。

2. 登录“操作员”用户，在组态监控界面中对机械手进行操作，观察报警窗口中的事件记录。

知识拓展

扫描右侧二维码，可了解报警相关函数和利用短信、E-mail发送报警信息相关知识。

思考与练习

1. 简述报警和事件的作用。
2. 简述变量报警定义的方法。
3. 简述模拟型变量越限报警的作用及其设置方法。
4. 简述模拟型变量偏差报警的作用及其设置方法。
5. 简述模拟型变量变化率报警的作用及其设置方法。
6. 简述报警延时和报警死区的作用。
7. 简述离散型变量报警的类型。

技能拓展

创建图 6-2-25 所示的水位控制系统组态工程。具体要求如下：

1. 当水池水位低于水池低水位界（S4）时，进水阀 Y 打开进水，定时器开始定时，4 s 后，如果进水阀状态不为 OFF，那么进水阀 Y 指示灯闪烁，表示进水阀 Y 出现故障。

2. S3 为 ON 后进水阀 Y 关闭（Y 为 OFF）。

3. 当 S4 为 OFF 且水塔水位低于水塔低水位界时（S2 为 OFF），电动机 M 运转，向水塔抽水。当水塔水位高于水塔高水位界（S1 为 ON）时，电动机 M 停止。

4. 具备报警和事件记录功能，进水阀 Y 损坏时触发报警。

5. 设置登录权限，只有管理员才能启动系统，其他人员只能观看不能操作。

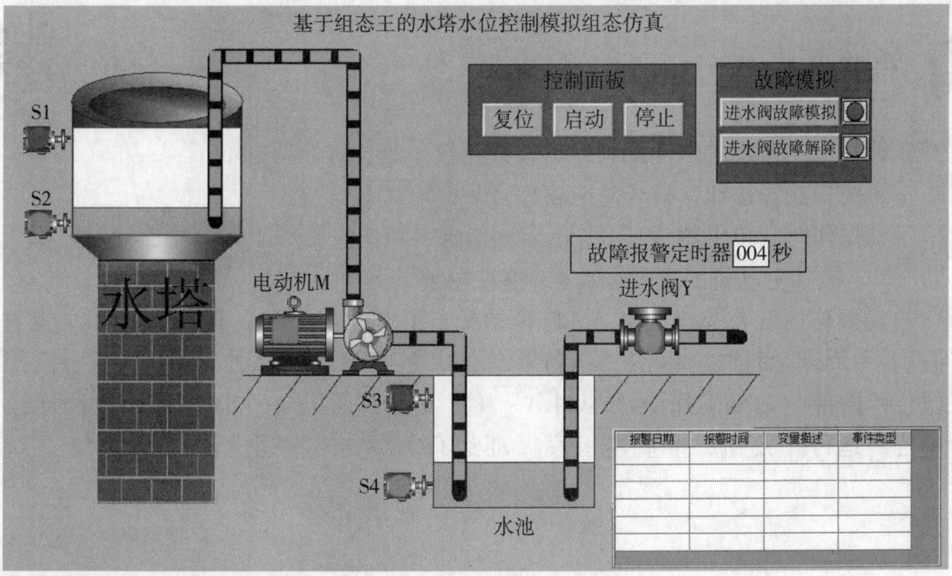

图 6-2-25　水位控制系统组态画面

项目七　自动配料组态监控系统设计

医药、食品、化工等企业经常需要根据规定配方进行物料配制和生产。传统的人工配料方式存在员工称量操作不规范、记录重量信息不准确、称重效率低等问题。很多上位机监控软件具备配方功能，可根据要求设定不同类型的配方。

任务 1　自动配料组态监控系统界面创建设计

学习目标

1. 进一步掌握组态王软件的应用方法与技巧。
2. 能完成自动配料组态监控系统界面的创建设计。

任务引入

创建图 7-1-1 所示的自动配料组态监控系统。具体控制要求如下：

1. 单击窗口选择按钮，打开对应窗口。

2. 手动操作时，单击料 A~料 E 电磁阀对象，相应电磁阀工作，相连管道显示流体动画效果。单击搅拌电动机、皮带电动机对象，相应电动机运行。

3. 自动操作时，首先设置料 A~料 E 的配方值和搅拌时间（模拟设置 PLC 定时器的设定值）。单周期运行时，单击“运行”按钮，系统自动按添加料 A~料 E→搅拌电动机工作→传送带电动机工作→添加料 A~料 E 的工序运行一个周期后停止。连续运行时，单击“运行”按钮，按上述工序循环运行。单击“停止”按钮，系统立即停止运行。

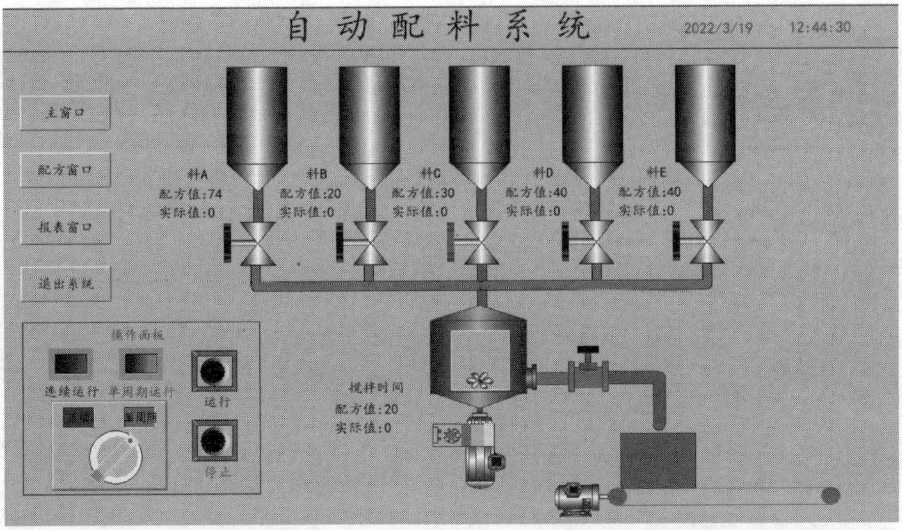

a）

b）

c）

图 7-1-1　自动配料组态监控系统

a）主窗口　b）配方窗口　c）系统报表窗口

任务实施

一、创建新工程

1. 新建工程

新建“自动配料监控系统”工程，双击新建的“自动配料监控系统”工程，进入工程浏览器。在工程浏览器中单击“画面”，双击右侧内容显示区中的“新建”图标，按图 7-1-2 所示的画面属性要求新建“主窗口”“配方窗口”和“报表窗口”。

2. 创建 PLC

单击工程浏览器中“设备”前的“+”，单击“COM1”，双击内容显示区中的“新建”图标，弹出设备配置向导界面。单击“PLC”左侧的“+”，单击“Mitsubishi”→“FX3u”→“Programmable port”，按提示创建“FX3U”设备。

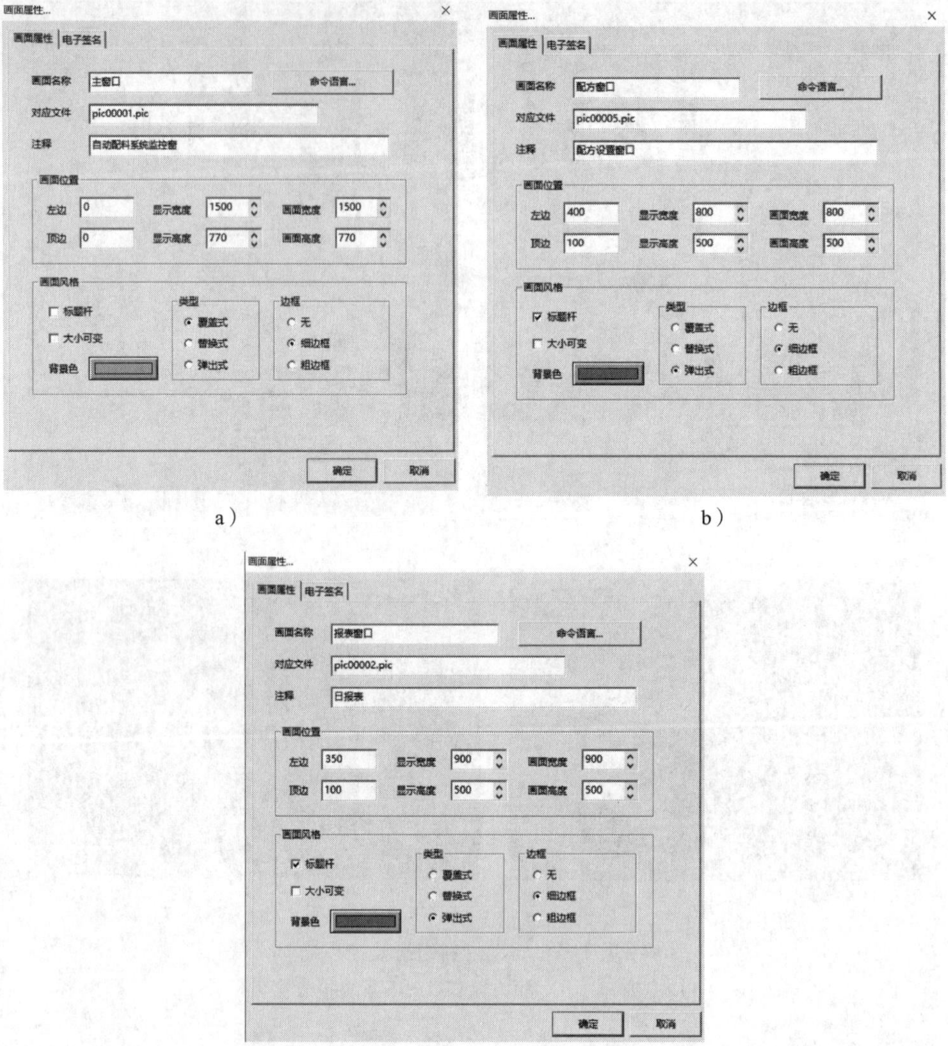

a）　b）　c）

图 7-1-2　自动配料监控系统画面属性

a）主窗口　b）配方窗口　c）报表窗口

二、定义变量

单击工程浏览器中的“变量”标签，左侧视图中显示“变量组”。单击“变量组”，右侧视图将显示工程中的所有变量。右击“变量组”并单击“建立变量组”，新建“自动配料系统变量组”。双击“新建”图标，在变量组中按表 7-1-1 定义相关变量。

表 7-1-1　变量定义表

变量名	变量类型	描述	初始值	连接设备	寄存器	数据类型	读写属性
工作方式	I/O 离散	单周期/连续方式	关	FX3U	M0	Bit	读写
运行按钮	I/O 离散	系统启动	关	FX3U	M1	Bit	读写
停止按钮	I/O 离散	系统停止	关	FX3U	M2	Bit	读写
运行标志	I/O 整数	运行标志位	关	FX3U	M3	Bit	读写
料 A 阀	I/O 离散	料 A 出料控制阀	关	FX3U	Y1	Bit	读写
料 B 阀	I/O 离散	料 B 出料控制阀	关	FX3U	Y2	Bit	读写
料 C 阀	I/O 离散	料 C 出料控制阀	关	FX3U	Y3	Bit	读写
料 D 阀	I/O 离散	料 D 出料控制阀	关	FX3U	Y4	Bit	读写
料 E 阀	I/O 离散	料 E 出料控制阀	关	FX3U	Y5	Bit	读写
搅拌电动机	I/O 离散	混合料加工搅拌电动机	关	FX3U	Y10	Bit	读写
皮带电动机	I/O 离散	物料传送带电动机	关	FX3U	Y11	Bit	读写
放料阀	I/O 离散	成品料阀门	关	FX3U	Y12	Bit	读写
料 A 配方值	I/O 整数	料 A 配方设定值	0	FX3U	D201	SHORT	读写
料 B 配方值	I/O 整数	料 B 配方设定值	0	FX3U	D202	SHORT	读写
料 C 配方值	I/O 整数	料 C 配方设定值	0	FX3U	D203	SHORT	读写
料 D 配方值	I/O 整数	料 D 配方设定值	0	FX3U	D204	SHORT	读写
料 E 配方值	I/O 整数	料 E 配方设定值	0	FX3U	D205	SHORT	读写
料 A 实际值	I/O 整数	料 A 实际加入值	0	FX3U	D101	SHORT	只读
料 B 实际值	I/O 整数	料 B 实际加入值	0	FX3U	D102	SHORT	只读
料 C 实际值	I/O 整数	料 C 实际加入值	0	FX3U	D103	SHORT	只读
料 D 实际值	I/O 整数	料 D 实际加入值	0	FX3U	D104	SHORT	只读
料 E 实际值	I/O 整数	料 E 实际加入值	0	FX3U	D105	SHORT	只读
搅拌时间配方值	I/O 整数	搅拌时间配方值	0	FX3U	D206	SHORT	读写
搅拌时间实际值	I/O 整数	搅拌时间实际值	0	FX3U	D106	SHORT	只读
成品注满	I/O 离散	成品车注满	关	FX3U	M5	Bit	读写
皮带到位	I/O 离散	皮带运行到位	关	FX3U	M6	Bit	读写
配方	内存字符串	配方设置名	0	—	—	—	—
搅拌器	内存整数	搅拌器旋转	0	—	—	—	—
成品液位	内存整数	成品车液位	0	—	—	—	—
皮带位置	内存整数	皮带运行位置	0	—	—	—	—

操作提示

定义变量时，采集频率均设为 200 ms。

三、设计画面

1. 设计主窗口画面

（1）页眉

选用工具箱中的“圆角矩形”工具，绘制页眉底框，边框为黑色，填充色为蓝色。

选用工具箱中的“文本”工具，绘制“自动配料系统”文本，字体为楷体、字形为常规、小初号字、黑色，分别绘制“系统日期”“系统时间”文本，字体为楷体、字形为常规、三号字、红色。

（2）储料罐

选用工具箱中的“圆角矩形”和“多边形”工具，绘制合适大小的矩形和三角形组成储料罐。通过工具箱中的“显示调色板”和“显示画刷类型”工具，设置储料罐颜色和过渡色。选中绘制完成的储料罐并将其合成为图素，使用复制、粘贴操作绘制其余储料罐。

（3）图库对象

选用工具箱中的“打开图库”工具或按“F2”键打开图库，在“阀门”中选择目标对象，将其放到画面中的指定位置，使用复制、粘贴操作绘制其他阀门。

在图库的“搅拌器”“马达”“反应器”中分别选择目标对象，放到画面中的指定位置。

在图库的“按钮”“指示灯”“开关”中分别选择目标对象，放到画面中的指定位置。

操作提示

马达和搅拌器需要转换成普通图素后再将其合成为图素或单元。

（4）管道

选用工具箱中的“立体管道”工具，在画面中绘制管道并设置管道属性。右击绘制的管道，单击“管道属性”，弹出“管道属性”对话框，设置管道宽度为 14，内壁颜色为灰色，流线宽度为 12，流线长度为 7。

操作提示

设置管道属性时，应将不同料的流线分别设为不同颜色，以区别各料。

（5）文本

选用工具箱中的“文本”工具，在画面指定位置绘制对应的文本对象，字体为楷体、字形为常规、四号字、黑色。

(6) 按钮

选用工具箱中的“按钮”工具，在画面指定位置绘制对应的按钮对象，按钮名称字体为楷体、字形为常规、四号字、黑色。通过字符串替换功能，分别将按钮文本改为“主窗口”“配方窗口”“报表窗口”“退出系统”。

(7) 其他对象

选用工具箱中的“圆角矩形”工具，在画面指定位置绘制成品料存储容器。选用工具箱中的“直线”“椭圆”“多边形”工具，在画面指定位置绘制传动带。

选用工具箱中的图素位置调整工具，使自动配料监控系统主窗口画面如图 7-1-3 所示。

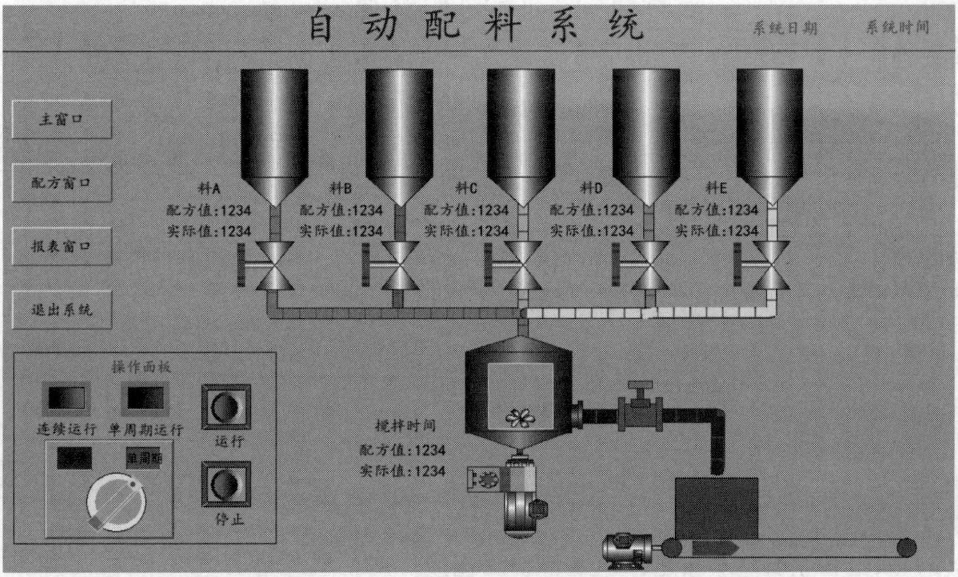

图 7-1-3　自动配料监控系统主窗口画面

2. 设计配方窗口和报表窗口画面

选用工具箱中的“文本”工具，在“配方窗口”“报表窗口”画面中分别绘制标题文本，字体为楷体、字形为加粗、二号字、文字颜色分别设置为红色和黑色。

选用工具箱中的“按钮”工具，在“配方窗口”“报表窗口”画面中分别绘制“关闭”按钮，字体为楷体、字形为常规、小三号字、黑色。

3. 保存画面

单击“文件”→“全部存”，将完成的画面进行保存。

四、动画连接

1. 按钮动画连接

(1) 双击工作方式开关对象，弹出“开关向导”对话框，单击“?”并选择变量“工作方式”，设置开启时颜色为蓝色，标签为连续，关闭时颜色为灰色，标签为单周期，如图 7-1-4 所示。

用同样的方法，设置运行和停止按钮对象的动画连接，变量分别选择“运行按钮”和“停止按钮”，设置关闭时颜色为黑色，开启时颜色为绿色。

（2）双击连续运行指示灯对象，弹出“指示灯向导”对话框，单击“?”并选择变量“工作方式”，设置正常色为绿色，报警色为红色，勾选“闪烁”复选框，闪烁条件为【\\local\运行标志==1&&\\local\工作方式==1】，如图 7-1-5 所示。

双击单周期运行指示灯对象，选择变量“工作方式”，设置正常色为红色，报警色为绿色，勾选“闪烁”复选框，闪烁条件为【\\local\运行标志==1&&\\local\工作方式==0】。

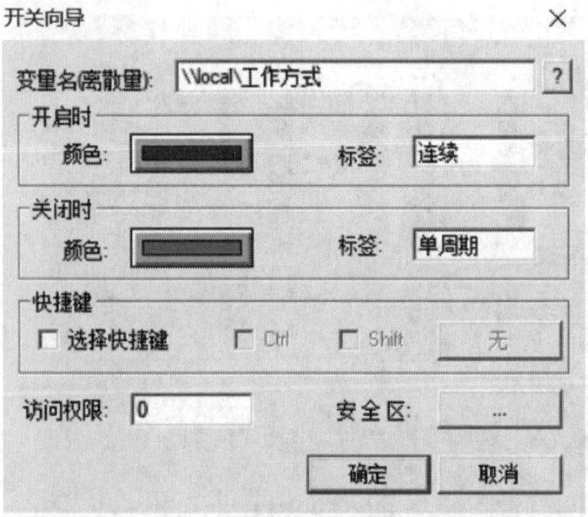

图 7-1-4　工作方式开关的动画连接

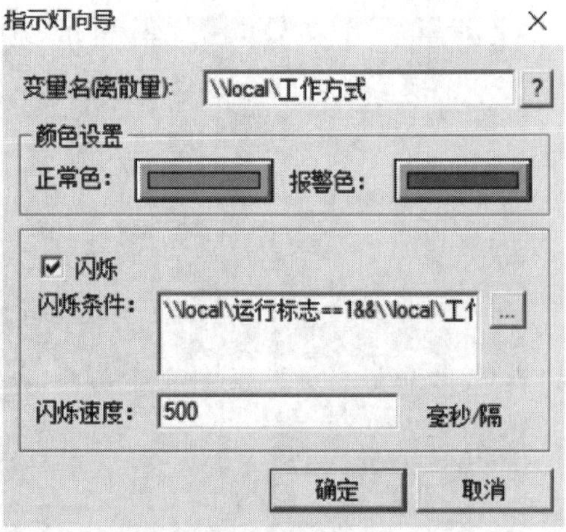

图 7-1-5　指示灯向导设置

（3）双击“主窗口”按钮，弹出“动画连接”对话框，单击“按下时”，弹出“命令语言”对话框，输入【ShowPicture("主窗口");】。

用同样的方法，分别设置“配方窗口”“报表窗口”“退出系统”按钮按下时命令语言为【ShowPicture("配方窗口");】、【ShowPicture("报表窗口");】、【Exit(0);】。

2. 阀门动画连接

双击料 A 阀门对象，弹出“阀门向导”对话框，单击“?”并选择变量“料 A 阀”，设置关闭时颜色为灰色，打开时颜色为绿色。

用同样的方法，分别设置料 B~料 E、放料阀门对象的动画连接，变量分别选择“料 B 阀”“料 C 阀”“料 D 阀”“料 E 阀”“放料阀”，设置关闭时颜色为灰色，打开时颜色为绿色。

3. 管道动画连接

双击连接料 A 容器的管道对象，弹出“动画连接”对话框，单击“流动”，弹出“管道流动连接”对话框，单击“?”并选择变量“料 A 阀”。

用同样的方法，分别设置其他管道的动画连接。

操作提示

设置料A、料B共用管道的动画连接时，变量应设置为“\\local\料A阀||\\local\料B阀”；设置料D、料E共用管道的动画连接时，变量应设置为“\\local\料D阀||\\local\料E阀”；设置料A、料B、料C、料D、料E共用管道的动画连接时，变量应设置为“\\local\料A阀||\\local\料B阀||\\local\料C阀||\\local\料D阀||\\local\料E阀”。

4. 马达动画连接

双击传送带马达对象，弹出“马达向导”对话框，单击“?”并选择变量“皮带电动机”，设置关闭时颜色为灰色，打开时颜色为绿色，如图7-1-6所示。

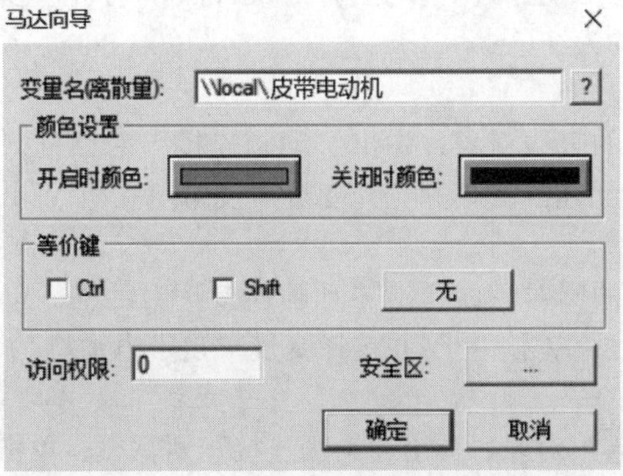

图7-1-6 传送带马达动画连接设置

将搅拌器马达对象分裂成单元，双击“ ”马达状态显示对象，单击“填充属性”，弹出“填充属性连接”对话框，单击“?”并选择变量“搅拌电动机”，设置填充色0为黑色，1为红色。设置完成后，选中马达全部图素并将其合成为单元。

5. 搅拌器动画连接

双击搅拌器对象，弹出“动画连接”对话框，单击“旋转”，弹出“旋转连接”对话框，单击“?”并选择变量“搅拌器”。

6. 文本对象动画连接

(1) 双击“系统日期”文本对象，弹出“动画连接”对话框，单击“字符串输出”，弹出“文本输出连接”对话框，单击“?”并选择变量“$Date”，对齐方式为居中。用同样的方法，将“系统时间”文本对象的变量连接为“$Time”。

(2) 双击料A配方值“1234”文本对象，弹出“动画连接”对话框，单击“模拟值输出”，弹出“模拟值输出连接”对话框，单击“?”并选择变量“料A配方值”，设置输出格式整数位数为1，小数位数为0，显示格式为十进制。再单击“模拟值输入”，弹出“模拟值输入连接”对话框，单击“?”并选择变量“料A配方值”，值范围为 0~1 000。

用同样的方法，分别设置料 B、料 C、料 D、料 E、搅拌时间配方值文本对象的模拟值输出和模拟值输入连接。

（3）双击料 A 实际值“1234”文本对象，弹出“动画连接”对话框，单击“模拟值输出”，弹出“模拟值输出连接”对话框，单击“?”并选择变量“料 A 实际值”，设置输出格式整数位数为 1，小数位数为 0，显示格式为十进制。

用同样的方法，分别设置料 B、料 C、料 D、料 E、搅拌时间实际值文本对象的模拟值输出连接。

（4）双击“连续运行”文本对象，弹出“动画连接”对话框，单击“文本色”，弹出“文本色连接”对话框，单击“?”并选择变量“工作方式”，设置文本色 0 为黑色，1 为红色。

用同样的方法，分别设置“单周期运行”“运行”“停止”文本对象的文本色连接，文本色 0 均为黑色，1 均为红色。

7. 传送带动画连接

（1）双击传送带中的直线对象，弹出“动画连接”对话框，单击“线属性”，弹出“线属性连接”对话框，单击“?”并选择变量“皮带电动机”，设置笔属性 0 为灰色，1 为红色。

（2）双击传送带中的圆对象，弹出“动画连接”对话框，单击“填充属性”，弹出“填充属性连接”对话框，单击“?”并选择变量“皮带电动机”，设置刷属性 0 为灰色，1 为红色。

（3）双击“”对象，弹出“动画连接”对话框，单击“隐含”，弹出“隐含连接”对话框，单击“?”并选择变量“皮带电动机”，设置表达式为真时显示。再单击“水平移动”，弹出“水平移动连接”对话框，单击“?”并选择变量“皮带位置”，设置移动距离向左为 0，向右为 200，对应值最左边为 0，最右边为 100，如图 7-1-7 所示。

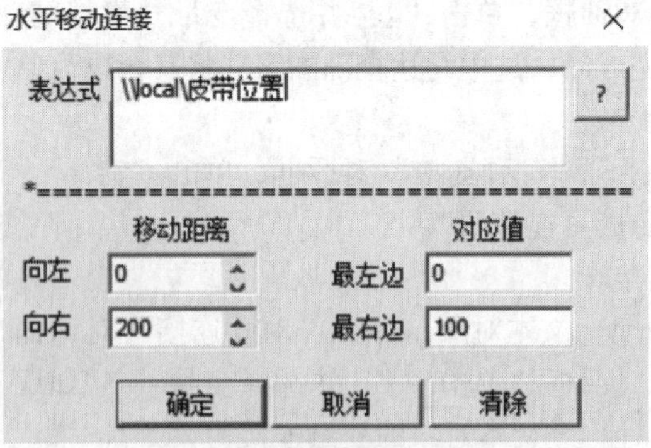

图 7-1-7 水平移动连接设置

双击成品液箱矩形对象，弹出“动画连接”对话框，单击“填充”，弹出“填充连接”对话框，单击“?”并选择变量“成品液位”，设置最小填充高度对应数值为 0、占据百分比为 0，最大填充高度对应数值为 100、占据百分比为 100，如图 7-1-8 所示。再单击“水平移动”，弹出“水平移动连接”对话框，参照传送带设置水平移动相关参数。

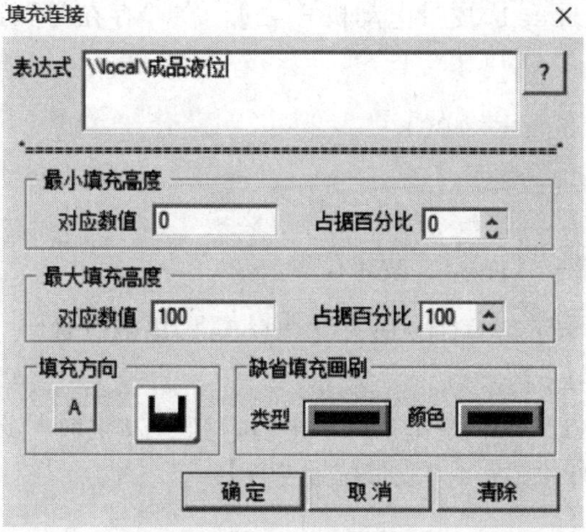

图 7-1-8　填充连接设置

五、编写命令语言

1. 编写应用程序命令语言

在工程浏览器中双击“应用程序命令语言”，弹出“应用程序命令语言”对话框，在“启动时”选项卡下编写复位初始化脚本应用程序，参考脚本程序如下：

```
\\local\料A阀=0;\\local\料B阀=0;\\local\料C阀=0;
\\local\料D阀=0;\\local\料E阀=0;\\local\搅拌电动机=0;
\\local\皮带电动机=0;\\local\放料阀=0;\\local\搅拌器=0;
\\local\成品液位=0;\\local\成品注满=0;\\local\皮带位置=0;
\\local\皮带到位=0;
```

2. 编写事件命令语言

（1）新建事件【\\local\搅拌电动机==1】，在“发生时”选项卡下编写命令语言【\\local\搅拌器=0;】，在“存在时”选项卡下编写以下命令语言：

```
if(\\local\搅拌器==100)
\\local\搅拌器=0;
else
\\local\搅拌器=\\local\搅拌器+5;
```

（2）新建事件【\\local\放料阀==1】，在“存在时”选项卡下编写以下命令语言：

```
if(\\local\成品液位==100)
```

```
\\local\成品注满=1;
else
\\local\成品液位=\\local\成品液位+5;
```

(3) 新建事件【\\local\皮带电动机==1】，在“存在时”选项卡下编写以下命令语言：

```
if(\\local\皮带位置==100)
\\local\皮带到位=1;
else
\\local\皮带位置=\\local\皮带位置+5;
```

在“消失时”选项卡下编写命令语言【\\local\皮带位置=0;\\local\成品液位=0;\\local\皮带到位=0;】。

(4) 新建事件【\\local\停止按钮==1】，在“发生时”选项卡下编写命令语言【\\local\成品液位=0;\\local\皮带位置=0;】。

操作提示

事件命令语言中，“存在时”时间设置为“每200毫秒”。

六、运行与调试

1. 在工程浏览器中双击“设置运行系统”，弹出“运行系统设置”对话框，运行系统外观菜单仅保留画面，设置系统启动主画面为主窗口。

2. 编写、下载PLC控制程序，PLC参考程序如图7-1-9所示，并完成PLC控制线路安装。

3. 单击开发系统中的“文件”→“切换到View”，进入组态王运行系统。

(1) 设置料A、料B、料C、料D、料E、搅拌时间配方值为50、70、90、110、130、50。

(2) 将工作方式置为单周期，单击“运行”按钮，系统运行一个周期后停止，观察电磁阀、管道、搅拌器、传送带等运行情况是否符合要求。

(3) 将工作方式置为连续，单击“运行”按钮，系统连续运行，观察电磁阀、管道、搅拌器、传送带等运行情况是否符合要求。

操作提示

调试过程中若发现某个动画属性设置有误，可在开发系统中进行更改，保存后直接运行即可。

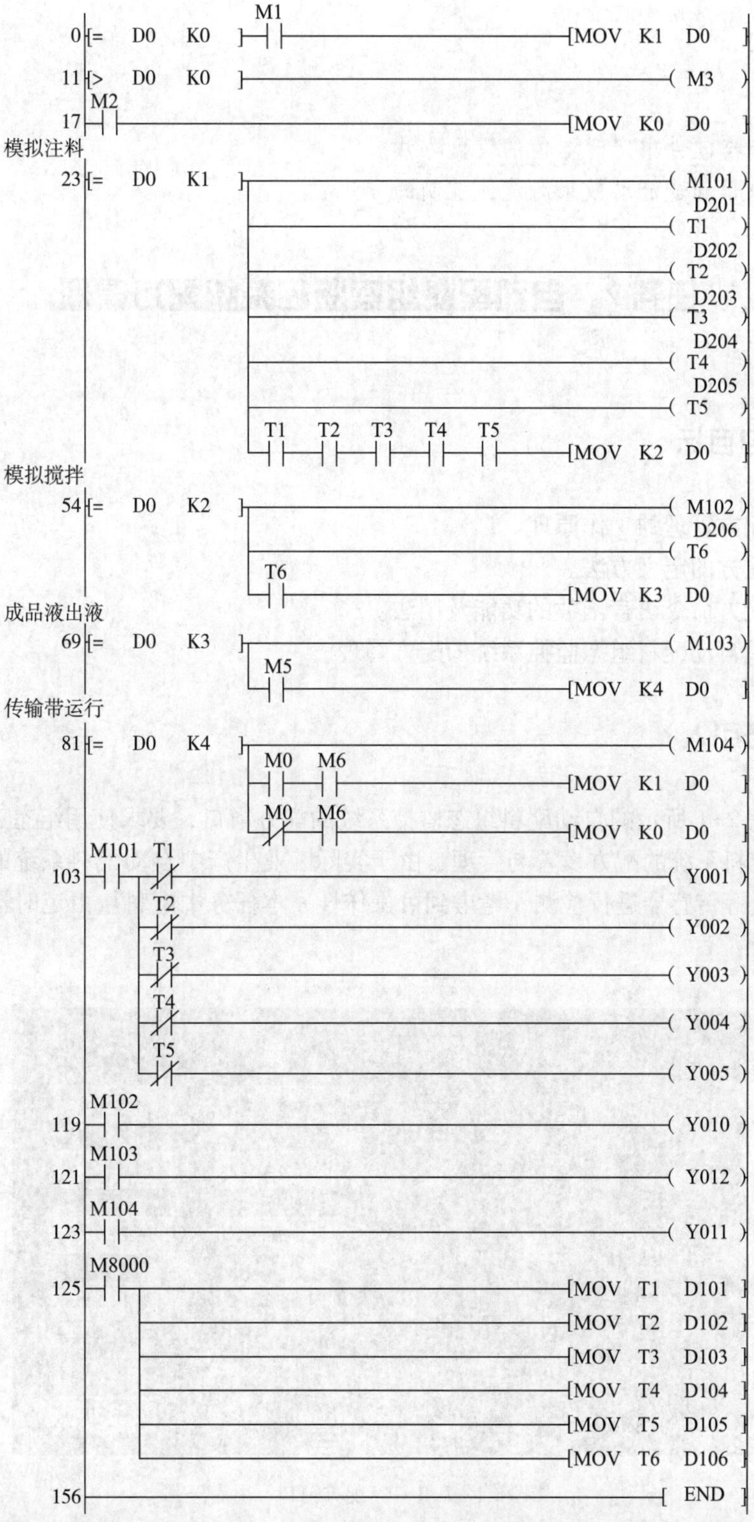

图 7-1-9 PLC 参考程序

思考与练习

1. 简述组态软件中定时器值的设置方法。
2. 简述设计管道流动效果时流速控制的方法。

任务2　自动配料组态监控系统配方管理

学习目标

1. 了解配方管理的工作原理。
2. 掌握配方的定义方法。
3. 掌握配方命令语言函数的功能及用法。
4. 能完成自动配料组态监控系统的配方管理。

任务引入

创建图7-2-1所示的自动配料组态监控系统的配方窗口，要求使用组态王的配方管理功能，实现配料系统的配方设置与管理。由于实际工业生产中自动配料系统的配料量一般由称重、流量等传感器进行检测，考虑到可操作性，本任务中配料量由定时器定时时间模拟代替。

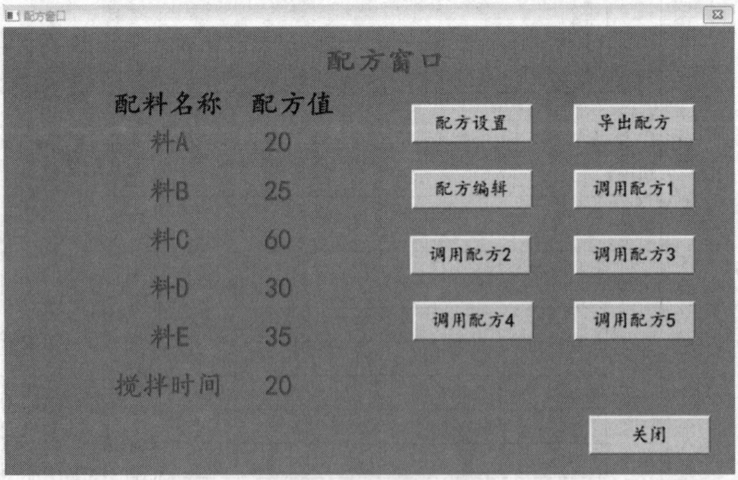

图7-2-1　配方窗口

相关知识

一、配方管理的工作原理

在工业生产过程中，配方用来描述生产一件产品所用的不同配料之间的比例关系，配方是生产过程中一些变量对应的参数设定值的集合。组态王的配方管理功能能够提高生产效率。当生产过程中需要大规模地控制变量参数时，如果一个接一个地设置这些变量参数就会影响生产进度，而配方管理功能可以一次设置大量的控制变量参数，满足生产过程的需要。

组态王提供的配方管理功能由配方管理器和配方函数集两部分组成。配方管理器用于创建和维护配方模板文件，配方函数允许组态王运行过程中对配方模板文件中的各种配方进行选择、修改、创建、删除等操作。

所有配方都在配方模板文件（后缀为“.csv”）中定义和存储，配方模板文件是通过配方定义模板产生的。配方定义模板用于定义配方中的配料名、数据类型、关联变量和配方名。配方定义模板的结构见表 7-2-1。

表 7-2-1　配方定义模板的结构

配料名	关联变量	数据类型	配方 1	配方 2	配方 *M*
配料 1	变量 1	实数型、整数型、离散型或字符串型	11	21	*M*1
配料 2	变量 2	实数型、整数型、离散型或字符串型	12	22	*M*2
配料 3	变量 3	实数型、整数型、离散型或字符串型	13	23	*M*3
配料 4	变量 4	实数型、整数型、离散型或字符串型	14	24	*M*4
配料 *N*	变量 *N*	实数型、整数型、离散型或字符串型	1*N*	2*N*	*MN*

配方模板文件中的配方定义模板设置完成后，组态王运行过程中就可以通过配方函数对配方进行调入、修改等操作，其工作原理示意图如图 7-2-2 所示。

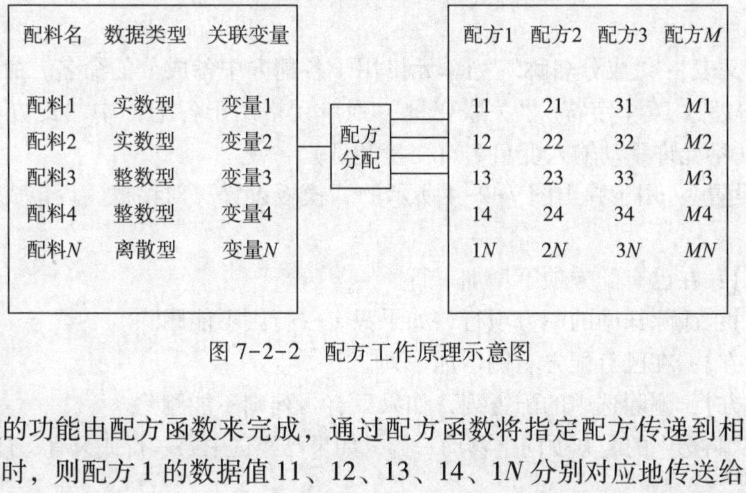

图 7-2-2　配方工作原理示意图

配方分配的功能由配方函数来完成，通过配方函数将指定配方传递到相应的变量中。当调用配方 1 时，则配方 1 的数据值 11、12、13、14、1*N* 分别对应地传送给变量 1、变量

2、变量 3、变量 4、变量 N；同理，当调用配方 M 时，将配方 M 的数据值传送给变量 1、变量 2、变量 3、变量 4、变量 N。

二、配方的定义

“配方编辑器”对话框如图 7-2-3 所示。配方定义窗口中第一行的前三列是不可操作的，即不能在这些单元格中输入任何内容。

【配方组名称】：同一工程中配方组名不能重复。只能由中英文、数字和下划线组成，且不能以数字开头；不得出现特殊字符；区分大小写；长度不能超过 128 个字符。最多允许 64 个配方组。

【配方组描述】：用于输入配方组的描述信息。可以为空，长度不能超过 256 个字符。

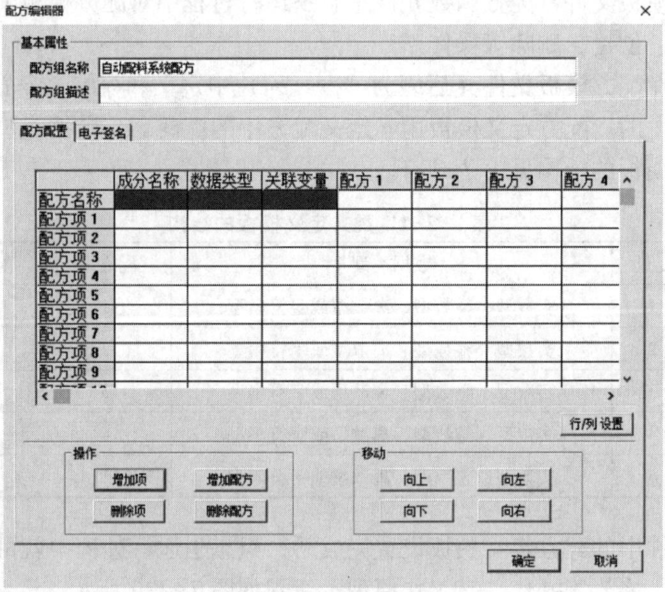

图 7-2-3 “配方编辑器”对话框

【配方定义表】：“成分名称”列单元格用于各配方中各成分的命名，命名规则同配方组名称，不得超过 16 个字符。“关联变量”列单元格用于各配方中“配方项”对应变量的关联连接（不允许手动输入变量名、变量类型）。

【行/列设置】：用于弹出图 7-2-4 所示的“模板设置”对话框，设定成分数量和配方数量。

【增加项】：在已有配方项下增加一行。

【删除项】：删除选中的配方项行，如果只有一行则不能删除。

【增加配方】：在已有配方右侧增加一列。

【删除配方】：删除选中的配方列，如果只有一列则不能删除。

【向上】：将选中的配方项向上移动一行，如果已经选中第一行或只有一行则移动失败。

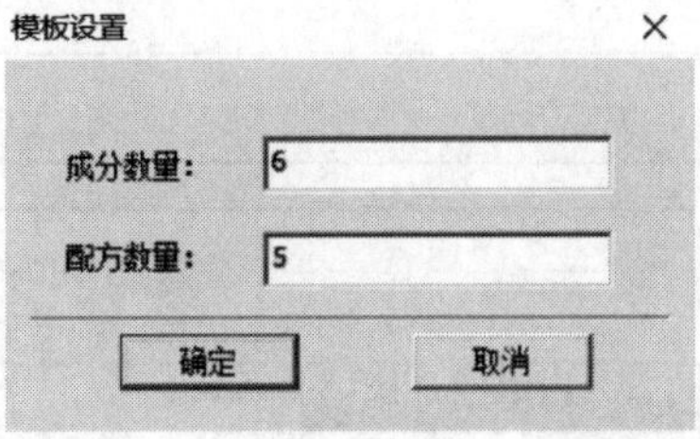

图 7-2-4 “模板设置”对话框

【向下】：将选中的配方项向下移动一行，如果已经选中最后一行或只有一行则移动失败。

【向左】：将选中的配方向左移动一行，如果已经选中第一列则移动失败。

【向右】：将选中的配方向右移动一行，如果已经选中最后一列则移动失败。

三、配方命令语言函数

配方管理功能是通过配方命令语言函数实现的。可通过建立操作按钮或在命令语言中使用配方函数来实现配方的调用。

1. RecipesAdd

此函数的功能为打开“配方编辑器”对话框，语法格式如下：

```
RecipesAdd(Esig);
```

参数 Esig 指电子签名类型。Esig = 0，表示无签名；Esig = 1，表示操作签名；Esig = 2，表示操作和校验签名。

提示

当该函数使用电子签名时，首先打开“配方编辑器”对话框，操作完成单击“确定”后，打开电子签名验证界面。若验证通过，执行函数操作；若验证失败，不执行函数操作。

【例 7-2-1】输入语句 `RecipesAdd(0)`，将打开“配方编辑器”对话框，用户可以进行配方编辑操作，如图 7-2-5 所示。

2. RecipesEdit

此函数的功能为打开指定组的“配方编辑器”对话框，进行配方组的编辑，语法格式如下：

```
RecipesEdit("RecipesName",Esig);
```

参数 RecipesName 指配方组名称。

【例 7-2-2】输入语句 `RecipesEdit("面包",0)`，将打开面包配方组的“配方编辑器”对话框，用户可以对面包配方组进行编辑，如图 7-2-6 所示。

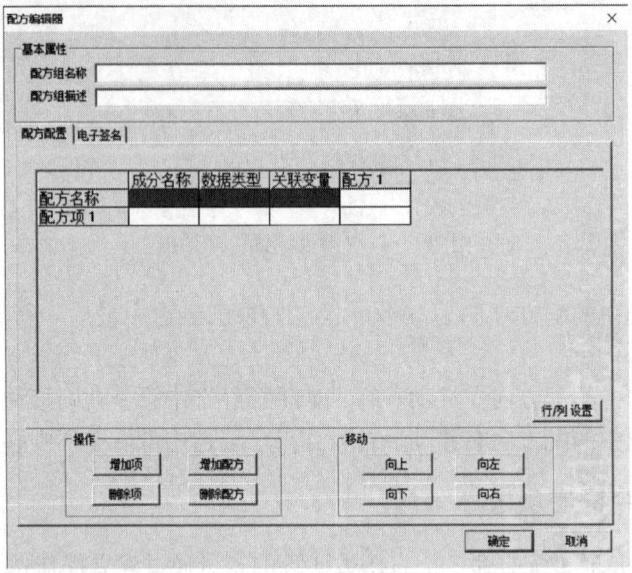

图 7-2-5 “配方编辑器”对话框

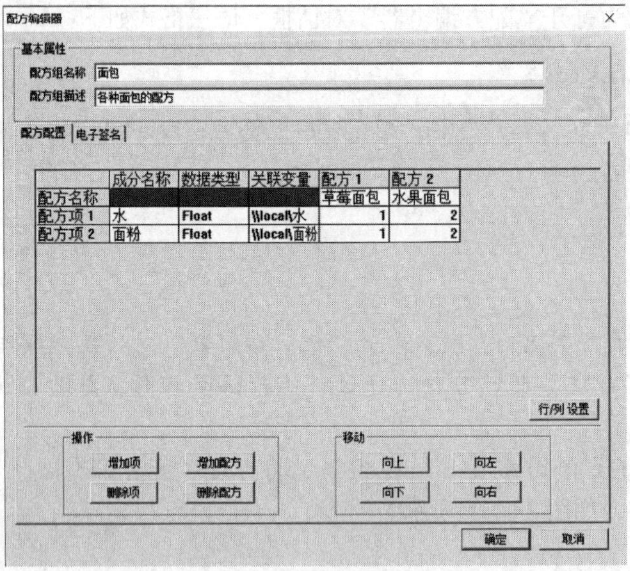

图 7-2-6 面包配方组的“配方编辑器”对话框

3. RecipesDelete

此函数的功能是删除指定配方组，语法格式如下：

```
RecipesDelete(Esig);
```

【例 7-2-3】输入语句 `RecipesDelete(0)`，将打开已有的配方组列表，选中其中一个并单击“确定”，将删除所选的配方组，如图 7-2-7 所示。

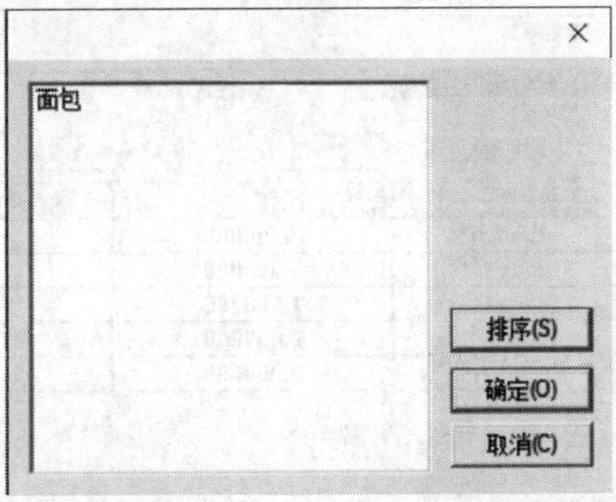

图 7-2-7　配方组删除界面

4. RecipeDownload

此函数的功能为将指定配方组中的指定配方的数据赋值给对应的变量，语法格式如下：

```
RecipeDownload("RecipesName","RecipeName");
```

参数 RecipesName 指配方组的名称，RecipeName 指配方的名称。

【例 7-2-4】输入语句 `RecipeDownload("面包","水果面包")`，将面包配方组中的水果面包配方数据赋值给对应的变量。

5. RecipeStore

此函数的功能为将变量的数据保存到指定的配方中，语法格式如下：

```
RecipeStore("RecipesName","RecipeName");
```

【例 7-2-5】输入语句 `RecipeStore("面包","水果面包")`，将变量的数据保存到水果面包配方中。

6. RecipeManages

此函数的功能为打开配方管理界面，语法格式如下：

```
RecipeManages(Esig);
```

【例 7-2-6】输入语句 `RecipeManages(0)`，将打开配方管理界面，如图 7-2-8 所示，用户可以进行配方同步、配方写入等操作。

【配方变量】：输入“数据词典”中创建的字符串变量名称，当进行配方写入时，将当前配方名称写入到该字符串变量中。

【选择配方模板】：选择要显示或操作的配方组。

【选择配方】：选中某一配方组后，“选择配方”对应的下拉菜单中会列出该配方组中的所有配方，可以对希望显示的配方项进行选择。

【配方同步】：将变量值同步显示到表中“待写入/待保存配方值”列。

【配方写入】：将配方的数据值写入对应的变量。

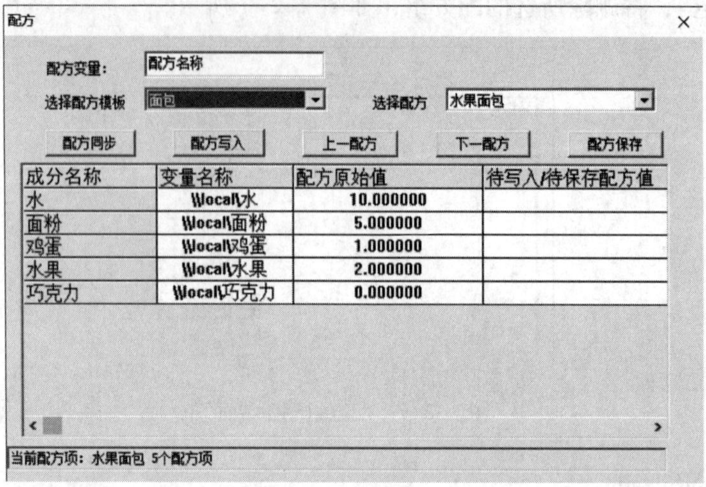

图 7-2-8　配方管理界面

【上一配方】：查看上一配方的数据等内容。

【下一配方】：查看下一配方的数据等内容。

【配方保存】：将表中“待写入/待保存配方值”列的数据保存到配方原始值中。

7. RecipesExport

此函数的功能是导出所有配方，语法格式如下：

```
RecipesExport("recipes_csv_name",Esig);
```

参数"recipes_csv_name"指配方要保存的完整路径和文件名称，文件后缀为“.csv”。

【例 7-2-7】输入语句 RecipesExport("C:\test.csv",0)，将开发系统中所有的配方导出到 C 盘中的 test.csv 文件。

提示

函数 RecipesExport 的第一个参数内容必须是完整路径加完整路径名，且文件后缀为“.csv”，否则将无法导出配方或导出时会发生错误。

8. RecipesImport

此函数的功能是导入 CSV 文件中的配方，语法格式如下：

```
RecipesImport("recipes_csv_name",Esig);
```

【例 7-2-8】输入语句 RecipesImport("C:\test.csv",0)，将 C 盘中的配方文件 test.csv 导入到开发系统中。

任务实施

一、创建配方模板

单击工程浏览器中“文件”下的“配方”，双击右侧内容显示区中的“新建”图标，弹出“配方编辑器”对话框。

1. 加入变量

单击“关联变量”列和“配方项1”行确定的单元格，单击“...”，弹出“选择变量名”对话框，选择变量“料A配方值”，完成后单击“确定”，“配方编辑器”对话框中相应变量的数据类型会自动显示。

用同样的方法，依次将变量“料B配方值”“料C配方值”“料D配方值”“料E配方值”“搅拌时间配方值”与配方项2~配方项6相关联。

2. 新建配方

在“配方名称”行和各配方列确定的单元格中输入各配方名称。例如，在“配方名称”行和“配方1”列确定的单元格中输入配方名称“产品1”，在产品1配方对应变量中输入每种配方项的值。

用同样的方法，输入配方名称“产品2”“产品3”“产品4”“产品5”，设置各配方中对应变量的值。

3. 修改配方属性

完成配方编辑后，在“基本属性”项目中定义配方组名称为“自动配料配方”，单击“行/列设置”，弹出“模板设置”对话框，成分数量为6、配方数量为5。设置完成的配方模板如图7-2-9所示。

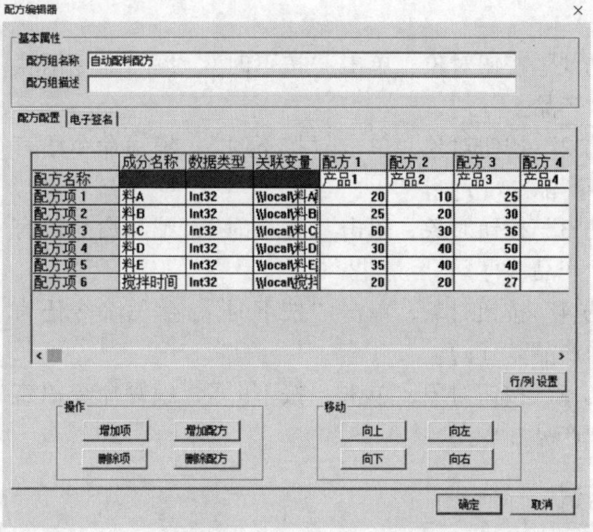

图7-2-9　新配方模板

二、设计画面

1. 设计按钮对象

选用工具箱中的“按钮”工具，在画面中指定位置绘制按钮对象，设置字体为楷体、字形为常规、四号字、黑色。通过字符串替换功能，分别将按钮文本改为“配方设置”“导出配方”“配方编辑”“调用配方 1”“调用配方 2”“调用配方 3”“调用配方 4”“调用配方 5”。

2. 设计文本对象

选用工具箱中的“文本”工具，在画面中指定位置绘制文本对象，设置字体为楷体、字形为常规、四号字，“配料名称”“配方值”为黑色，其余文字为红色。

三、动画连接

1. 文本动画连接

双击料 A 配方值“####”对象，弹出“动画连接”对话框，单击“模拟值输出”，弹出“模拟值输出”对话框，单击“?”并选择变量“料 A 配方值”，设置输出格式整数位数为 1，小数位数为 0，显示格式为十进制。

用同样的方法，分别设置料 B、料 C、料 D、料 E、搅拌时间配方值文本对象的模拟值输出连接。

2. 按钮动画连接

双击“配方设置”按钮对象，弹出“动画连接”对话框，单击“按下时”，弹出“命令语言”对话框，编写命令语言【RecipeManages(0);】。

双击“导出配方”按钮对象，单击“按下时”，编写命令语言【RecipesExport("D:\test.csv",0);】。

双击“配方编辑”按钮对象，单击“按下时”，编写命令语言【RecipesEdit("自动配料配方",0);】。

双击“调用配方 1”按钮对象，单击“按下时”，编写命令语言【RecipeDownload("自动配料配方","产品 1");】。

双击“调用配方 2”按钮对象，单击“按下时”，编写命令语言【RecipeDownload("自动配料配方","产品 2");】。

双击“调用配方 3”按钮对象，单击“按下时”，编写命令语言【RecipeDownload("自动配料配方","产品 3");】。

双击“调用配方 4”按钮对象，单击“按下时”，编写命令语言【RecipeDownload("自动配料配方","产品 4");】。

双击“调用配方 5”按钮对象，单击“按下时”，编写命令语言【RecipeDownload("自动配料配方","产品 5");】。

四、运行与调试

1. 单击开发系统中的“文件”→“切换到 View”，进入组态王运行系统，单击“配方窗口”按钮，打开系统配方窗口。

2. 单击“配方设置”按钮，弹出图 7-2-10 所示的配方管理界面，选择“自动配料配方”模板和“产品 1”配方，修改产品 1 配方中各变量值，完成后单击“配方保存”。用同样的方法，分别设置产品 2~产品 5 的配方值。

3. 单击“调用配方 1”按钮，将产品 1 对应配方中变量值导入运行系统，如图 7-2-11 所示。用同样的方法，分别将产品 2~产品 5 对应配方中变量值导入运行系统。

4. 单击配方窗口中的“关闭”按钮进入主窗口，单击“运行”按钮，系统将按照产品对应的变量值运行，观察并记录系统的运行状态。

5. 分别更改设置产品 1~产品 5 的配方值，依次调用其配方并运行系统，观察并记录系统运行状态。

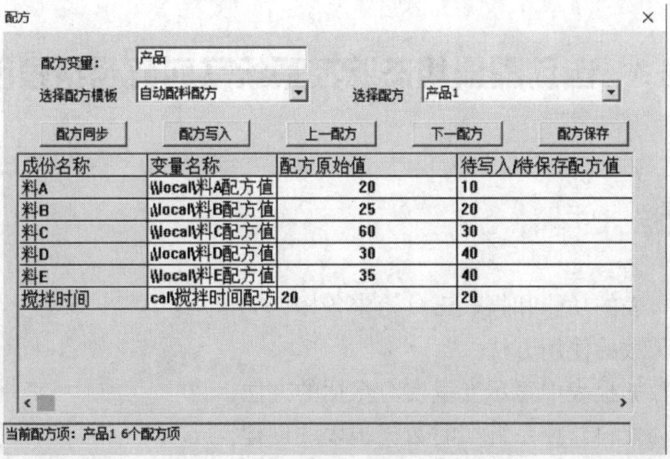

图 7-2-10　配方管理

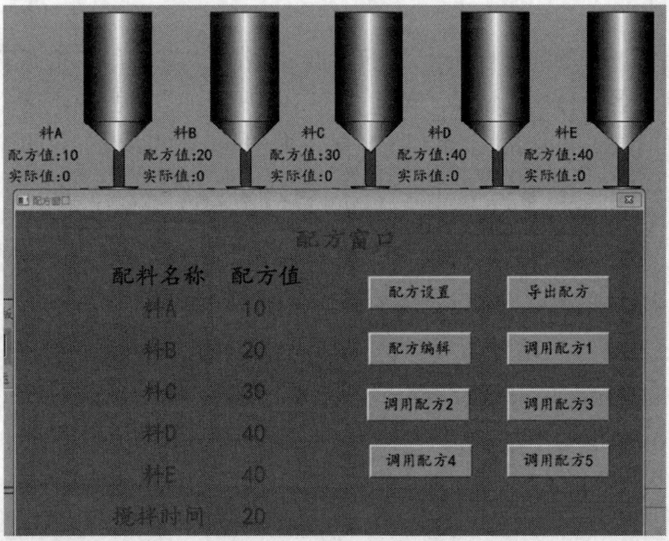

图 7-2-11　调用配方 1

知识拓展

扫描右侧二维码，可了解配方电子签名相关知识。

思考与练习

1. 简述组态王配方管理功能的作用。
2. 简述配方的工作原理。
3. 简述函数 RecipeDownload 的功能及使用方法。

任务3 自动配料组态监控系统实时数据报表创建

学习目标

1. 了解数据报表的功能和报表工具箱中各按钮的作用。
2. 掌握报表函数的使用方法。
3. 了解实时数据报表中显示变量实时数据的方法。
4. 能完成自动配料监控系统实时数据报表的创建。

任务引入

工业生产中常需要查阅能够反映生产过程的一些数据、状态等，组态王专门提供了数据报表功能，用以实现各种数据的统计。创建图 7-3-1 所示的自动配料组态监控系统数据报表窗口，使用组态王的数据报表功能查询相关数据，并进行报表的保存、打印等操作。

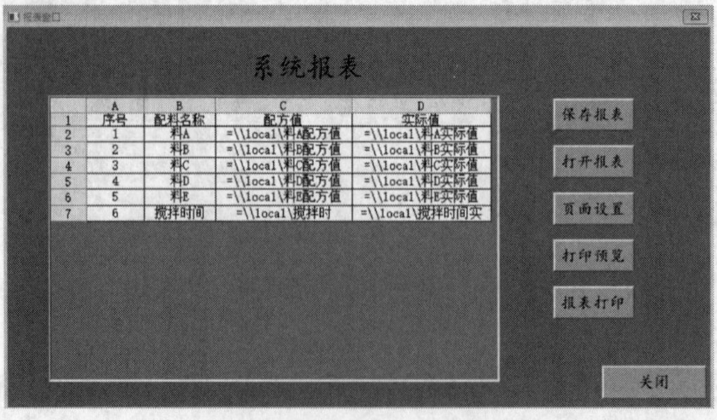

图 7-3-1 数据报表窗口

相关知识

一、数据报表

数据报表是对数据进行记录的一种重要形式，它既能反映系统实时的生产情况，也能对长期的生产过程进行统计、分析，使管理人员能够掌握和分析生产情况。

组态王提供内嵌式报表系统，可以任意设置报表格式并对报表进行组态。此外，组态王还提供了丰富的报表函数，能够实现各种运算、数据转换、统计分析、报表打印等。既可以制作实时报表，也可以制作历史报表，还可以制作各种报表模板，实现多次使用。

二、报表工具箱

报表的组态包括设置报表格式、编辑表格内容等，这些操作需通过报表工具箱中的工具或右击表格打开的快捷菜单来实现，如图 7-3-2 所示。报表工具箱中各常用按钮的含义与 Microsoft Office 办公软件中按钮的含义类似。

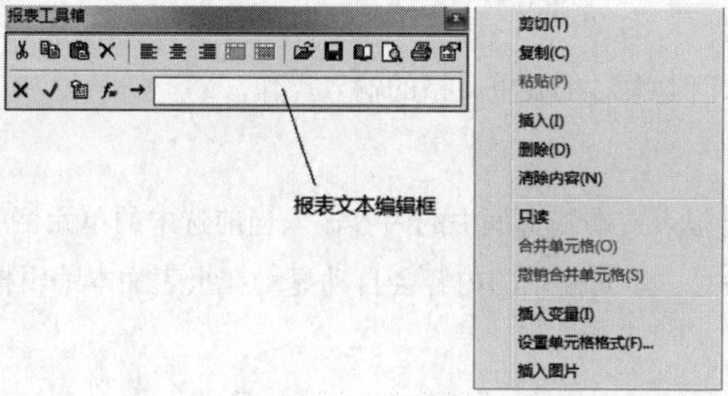

图 7-3-2　报表工具箱和快捷菜单

1. 页面设置

单击“ ”，弹出“页面设置”对话框，如图 7-3-3 所示，用户可以设置纸张大小、纸张来源、纸张方向、页边距等，还可以设置报表的页眉、页脚内容。

2. 报表打印预览

单击“ ”，可以在开发系统中对设计好的报表进行打印预览，查看打印后的效果。进行打印预览时，系统会自动隐藏组态王的开发系统和运行系统。

3. 打印

单击“ ”，弹出“打印”对话框，可以在开发环境中打印当前设计的报表。在运行环境中打印可以使用报表打印函数 ReportPrint2()。

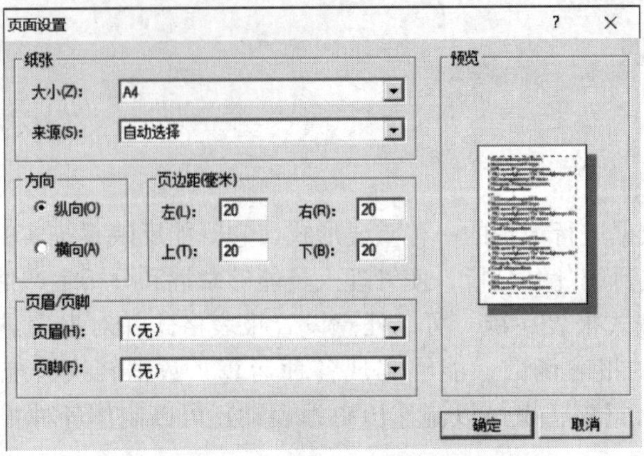

图 7-3-3 “页面设置”对话框

4. 设置单元格格式

单击“”，弹出“设置单元格格式”对话框，可以设置单元格的格式，如数字格式、字体、对齐方式、单元格边框样式、单元格图案等。

5. 取消 ✕

单击“✕”，取消上次对报表单元格的输入操作。

6. 输入 ✓

单击“✓”，将报表文本编辑框中的内容输入当前选中的单元格中。当用户选中一个已经有内容的单元格时，单元格中的内容会自动显示在报表文本编辑框中。

提示

在单元格中输入组态王变量、引用函数或公式时，必须在其前加“=”。

7. 插入组态王变量

单击“”，弹出“组态王变量选择”对话框。例如，要在报表单元格中显示“$时间”变量的值，首先要在报表文本编辑框中输入“=”，然后单击该按钮，在弹出的对话框中选择“$时间”，单击“确定”，报表文本编辑框中的内容变为“=$时间”，单击“输入”，则该表达式被输入当前选中单元格中。系统运行时，该单元格的显示值会随变量的变化随时自动刷新。

8. 插入报表函数 fx

单击“fx”，弹出图 7-3-4 所示的报表内部的“函数选择”对话框，选择所需的报表函数后单击“确定”即可。

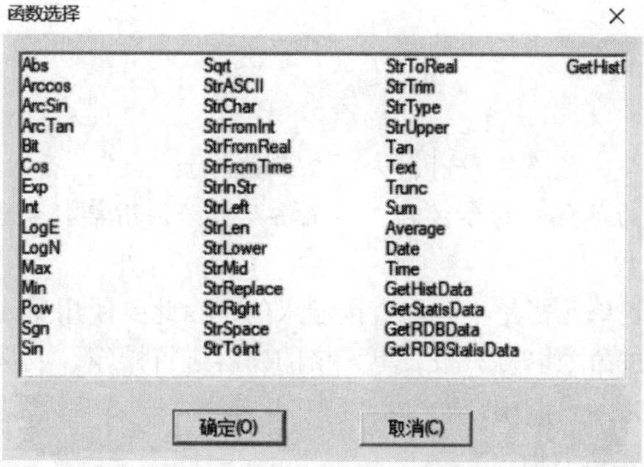

图 7-3-4　“函数选择”对话框

三、报表函数

报表单元格中数据的计算、报表的操作等都是通过组态王提供的一整套报表函数实现的。报表函数分为报表内部函数、报表单元格操作函数、报表存取函数、报表历史数据查询函数、报表统计函数、报表打印类函数等。

1. 报表内部函数

报表内部函数是指只能在报表单元格内使用的函数（特殊标明情况除外），包括数学函数、字符串函数、统计函数等。报表内部函数几乎全部来自组态王的系统函数，使用方法相同，只是函数中的参数发生了变化，减少了用户的学习量，方便学习和使用。组态王的报表函数和用报表单元格作为参数的函数，其参数的引用均使用这种方法。当参数为多个单元格时：

（1）如果是任选多个单元格，则表达方法为用逗号将各个单元格的标识分隔，如‘a1，b3，c6，h10’。

（2）如果选择连续的多个单元格，可以输入第一个单元格标识和最后一个单元格标识，中间用冒号分隔。例如，选择 a1 到 c10 间的单元格区域，则表达方法为‘a1：c10’。

（3）报表内部函数中的单元格参数可以使用组态王变量代替，即报表支持的组态王系统函数可以直接在报表中使用。

（4）无论合并单元格中的数值对齐方式如何，当进行函数运算时，合并单元格中的数值都将被置于左上角。

【例 7-3-1】在图 7-3-5 所示的报表中，B3 和 C3 为合并单元格；\\local\a0=1；\\local\a1=1；当组态王运行时，求和的结果为：

	A	B	C
1			
2	aa0	=\\本站点\a0	=\\本站点\a0
3	aa1	=\\本站点\a1	

图 7-3-5　报表

Sum('b2:b3')=2

Sum('c2:c3')=1

提示

（1）在单元格中使用报表函数时，必须在函数前加“=”，否则按照字符串处理。

（2）当单元格作为函数中的参数时，单元格参数必须用单引号括起来。

2. 单元格操作函数

运行系统中，报表单元格是不允许直接输入的，因此要使用单元格操作函数。单元格操作函数是指可以通过命令语言对报表单元格的内容进行操作，或从单元格获取数据的函数。单元格操作函数大多只能用在命令语言中。

（1）设置单个单元格数值

```
Long nRet=ReportSetCellValue(String szRptName,long nRow,long nCol,float fValue)
```

函数功能：将指定报表的指定单元格设置为给定值。

返回值：整型。0——成功
1——行列数小于等于0
2——报表名称错误
3——设置值失败

参数说明：szRptName为报表名称，Row为要设置数值在报表中的行号（可用变量代替），Col为要设置数值在报表中的列号（可用变量代替），Value为要设置的数值。

【例7-3-2】根据组态王实型变量“压力”的数据变化设置“实时数据报表”的第2行第4列为变量“压力”的值，并且返回“实数设置结果”（组态王变量），在数据改变命令语言中输入【实数设置结果=ReportSetCellValue("实时数据报表",2,4,压力);】即可。

（2）设置单个单元格文本

```
Long nRet = ReportSetCellString (String szRptName, long nRow, long nCol,String szValue)
```

函数功能：将指定报表的指定单元格设置为给定字符串。

返回值：整型。0——成功
1——行列数小于等于0
2——报表名称错误
3——设置文本失败

参数说明：Row为要设置数值在报表中的行号（可用变量代替），Col为要设置数值在报表中的列号（可用变量代替），Value为要设置的文本。

【例7-3-3】根据组态王实型变量“压力”的数据变化设置“实时数据报表”的第2行第5列为字符串变量“压力说明”的值，并且返回“字符串设置结果”（组态王变量），在数据改变命令语言中输入【字符串设置结果=ReportSetCellString("实时数据报表",2,5,压力说明);】即可。

（3）设置多个单元格数值

```
Long nRet = ReportSetCellValue2 (String szRptName, long nStartRow,
long nStartCol,long nEndRow,long nEndCol,float fValue)
```

函数功能：将指定报表的指定单元格区域设置为给定值。

返回值：整型。0——成功

1——行列数小于等于0

2——报表名称错误

3——设置值失败

参数说明：StartRow为要设置数值在报表中的开始行号（可用变量代替），StartCol为要设置数值在报表中的开始列号（可用变量代替），EndRow为要设置数值在报表中的结束行号（可用变量代替），EndCol为要设置数值在报表中的结束列号（可用变量代替），Value为要设置的数值。

【例7-3-4】根据组态王实型变量“压力”的数据变化设置“实时数据报表”的第3行第4列到第6行第7列区域为变量“压力”的值，并且返回“实数设置结果2”（组态王变量），在数据改变命令语言中输入【实数设置结果2=ReportSetCellValue2("实时数据报表",3,4,6,7,压力);】即可。

（4）设置多个单元格文本

```
Long nRet = ReportSetCellString2 (String szRptName, long nStartRow,
long nStartCol,long nEndRow,long nEndCol,String szValue)
```

函数功能：将指定报表的指定单元格区域设置为给定字符串。

返回值：整型。0——成功

1——行列数小于等于0

2——报表名称错误

3——设置文本失败

参数说明：StartRow为要设置数值在报表中的开始行号（可用变量代替），StartCol为要设置数值在报表中的开始列号（可用变量代替），EndRow为要设置数值在报表中的结束行号（可用变量代替），EndCol为要设置数值在报表中的结束列号（可用变量代替），Value为要设置的文本。

【例7-3-5】根据组态王实型变量“压力”的数据变化设置“实时数据报表”的第8行第5列到第10行第7列区域为字符串变量“压力说明”的值，并且返回“字符串设置结果2”（组态王变量），在数据改变命令语言中输入【字符串设置结果2=ReportSet-CellString2("实时数据报表",8,5,10,7,压力说明);】即可。

（5）获取单个单元格数值

```
float fValue = ReportGetCellValue (String szRptName, long nRow, long
```

nCol)

函数功能：获取指定报表的指定单元格的数值。

返回值：实型。

参数说明：Row 为要获取数据在报表中的行号（可用变量代替），Col 为要获取数据在报表中的列号（可用变量代替）。

【例 7-3-6】获取“实时数据报表”中第 2 行第 4 列单元格的数值，赋给实型变量“数值”，在数据改变命令语言中输入【数值=ReportGetCellValue("实时数据报表",2,4);】即可。

（6）获取单个单元格文本

```
String szValue = ReportGetCellString (String szRptName, long nRow,
long nCol)
```

函数功能：获取指定报表的指定单元格的文本。

返回值：字符串型。

参数说明：Row 为要获取文本在报表中的行号（可用变量代替），Col 为要获取文本在报表中的列号（可用变量代替）。

【例 7-3-7】获取“实时数据报表”中第 2 行第 5 列单元格的文本，赋给字符串型变量“文本”，在数据改变命令语言中输入【文本=ReportGetCellString("实时数据报表",2,5);】即可。

（7）获取报表的行数

```
Long nRows=ReportGetRows(String szRptName)
```

函数功能：获取指定报表的行数。

【例 7-3-8】获取“实时数据报表”的行数，赋给变量“行数”，在数据改变命令语言中输入【行数=ReportGetRows("实时数据报表");】即可。

（8）获取报表的列数

```
Long nCols=ReportGetColumns(String szRptName)
```

函数功能：获取指定报表的列数。

【例 7-3-9】获取“实时数据报表”的列数，赋给变量“列数”，在数据改变命令语言中输入【列数=ReportGetColumns("实时数据报表");】即可。

（9）设置报表的行数

```
ReportSetRows(String szRptName,long RowNum)
```

函数功能：设置指定报表的行数。

参数说明：RowNum 为要设置的行数。

【例 7-3-10】将“实时数据报表”的行数设置为 1000 的命令语言为【ReportSetRows("实时数据报表",1000);】。

（10）设置报表列数

```
ReportSetColumns(String szRptName,long ColumnNum)
```

函数功能：设置指定报表的列数。

参数说明：ColumnNum 为要设置的列数。

【例 7-3-11】将“实时数据报表”的列数设置为 1000 的命令语言为【ReportSetColumns("实时数据报表",1000);】。

3. 报表存取函数

报表存取函数主要用于存储指定报表和读取已存储的报表，用户可利用报表存取函数保存和查阅历史数据。

（1）存储报表

```
Long nRet=ReportSaveAs(String szRptName,String szFileName)
```

函数功能：将指定报表按照给定的文件名存储到指定目录下，ReportSaveAs 支持将报表文件保存为 rtl、xls 和 csv 格式。

参数说明：szFileName 为存储路径和文件名称。

返回值：0——成功，其他值——失败。

【例 7-3-12】存储“实时数据报表”，文件名为“数据报表 1”，路径为“C:\ My Documents”，返回值赋给变量“存文件”，命令语言为【存文件=ReportSaveAs("实时数据报表","C:\My Documents\数据报表 1.Rtl");】。

（2）读取报表

```
Long nRet=ReportLoad(String szRptName,String szFileName)
```

函数功能：将指定路径中的报表读取到当前报表中。ReportLoad 支持读取 rtl 格式的报表文件。

参数说明：szFileName 为报表存储路径和文件名称。

返回值：0——成功，其他值——失败。

【例 7-3-13】将文件名为“数据报表 1”，路径为“C:\ My Documents”的报表读取到当前报表中，返回值赋给变量“读文件”，命令语言为【读文件=ReportLoad("实时数据报表","C:\My Documents\数据报表 1.Rtl");】。

4. 报表统计函数

（1）Average

函数功能：对指定区域内的单元格进行求平均值运算，结果显示在当前单元格内。

使用格式：=Average('单元格区域')

【例 7-3-14】=Average('a1','b2','r10');任意单元格求平均值

=Average('b1:b10');连续单元格求平均值

（2）Sum

函数功能：对指定区域内的单元格进行求和运算，结果显示在当前单元格内。单元格

区域内出现空字符、字符串等都不会影响求和。

使用格式：=Sum('单元格区域')

【例7-3-15】=Sum('a1','b2','r10');任意单元格求和

=Sum('b1:b10');连续单元格求和

5. 报表打印类函数

(1) 报表打印函数

报表打印函数有两种使用方法，一种是执行函数时自动弹出“打印属性”对话框，用户选择并确定后再进行打印；另一种是执行函数后，按照默认的设置直接输出打印，不弹出“打印属性”对话框，适用于报表的自动打印。

报表打印函数原型：ReportPrint2(String szRptName);或 ReportPrint2(String szRptName,EV_LONG|EV_ANALOG|EV_DISC);

函数功能：将指定的报表输出到打印配置中指定的打印机上打印。

参数说明：EV_ LONG | EV_ ANALOG | EV_ DISC为整型、实型或离散型的参数。当该参数不为0时，自动打印，不弹出“打印属性”对话框；当该参数为0时，弹出“打印属性”对话框。

【例7-3-16】自动打印“实时数据报表”的命令语言为【ReportPrint2("实时数据报表");】或【ReportPrint2("实时数据报表",1);】；若要手动打印“实时数据报表”，弹出“打印属性”对话框，则命令语言为【ReportPrint2("实时数据报表",0);】。

(2) 报表页面设置函数

在开发系统中，可以通过报表工具箱对报表进行页面设置，在运行系统中则需要通过调用页面设置函数来完成。

页面设置函数原型：ReportPageSetup(ReportName);

函数功能：设置报表页面属性，如纸张大小、打印方向、页眉页脚等。执行该函数后，会弹出“页面设置”对话框。

【例7-3-17】对“实时数据报表”进行页面设置，命令语言为【ReportPageSetup("实时数据报表");】。

(3) 报表打印预览函数

在运行系统中，页面设置完成后可以使用报表打印预览函数查看打印后的效果。执行打印预览时，系统会自动隐藏组态王的开发系统和运行系统窗口，结束预览后恢复。

报表打印预览函数原型：ReportPrintSetup(ReportName);

函数功能：对指定的报表进行打印预览。

【例7-3-18】对“实时数据报表”进行打印预览，命令语言为【ReportPrintSetup("实时数据报表");】。

四、实时数据报表

实时数据报表的主要功能是显示系统实时数据。除了在表格中实时显示变量的值以外，报表还可以根据单元格中设置的函数、公式等实时刷新单元格数据。在单元格中显示

变量的实时数据一般有直接引用变量和使用单元格设置函数两种方法。

1. 直接引用变量

在报表的单元格中直接输入“=变量名”，可在单元格中显示该变量的数值，当变量的数据发生变化时，单元格中显示的数值也会被实时刷新。如图 7-3-6 所示，要在单元格“B4”中实时显示当前登录用户名，则在“B4”单元格中直接输入“=\\本站点\$用户名”，运行后该单元格中会实时显示登录的用户名。

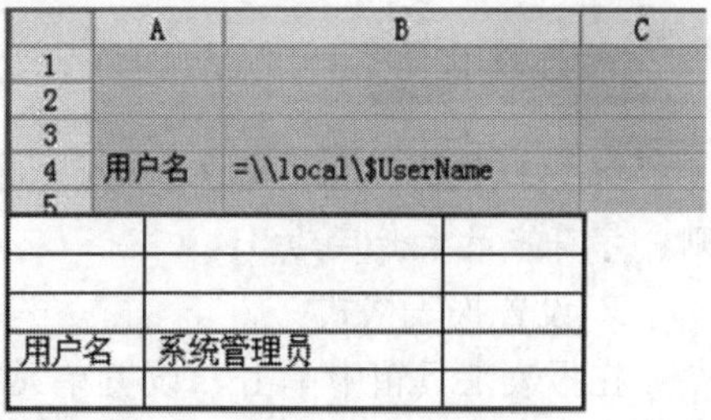

图 7-3-6　直接引用变量

提示

这种方式适用于表格单元格中显示固定变量数据的情况，且只有当报表画面打开时，报表中的数据才会被刷新。

2. 使用单元格设置函数

如果单元格中显示的数据来自不同的变量，或值的类型不固定，可使用单元格设置函数来显示系统实时数据（显示同一个变量的值也可使用这种方法）。

任务实施

一、创建报表

1. 新建报表

进入组态王开发系统，打开报表窗口画面，选用工具箱中的“报表窗口”工具创建新报表，如图 7-3-7 所示。

2. 设计报表

双击报表窗口的灰色部分（没有单元格的部分），弹出“报表设计”对话框，设置报表控件名、表格的行列数及表格样式，如图 7-3-8 所示。

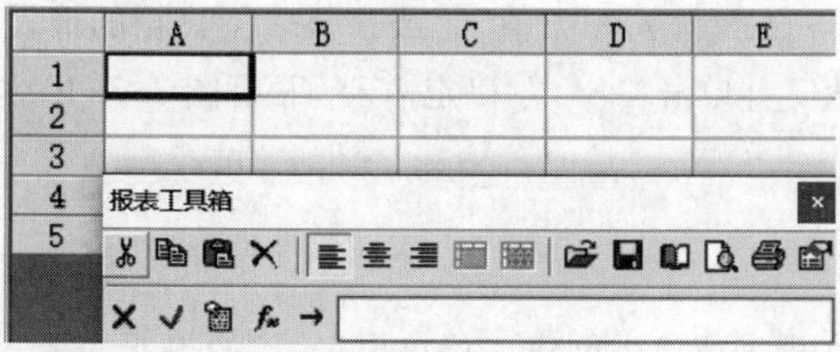

图 7-3-7　新建报表

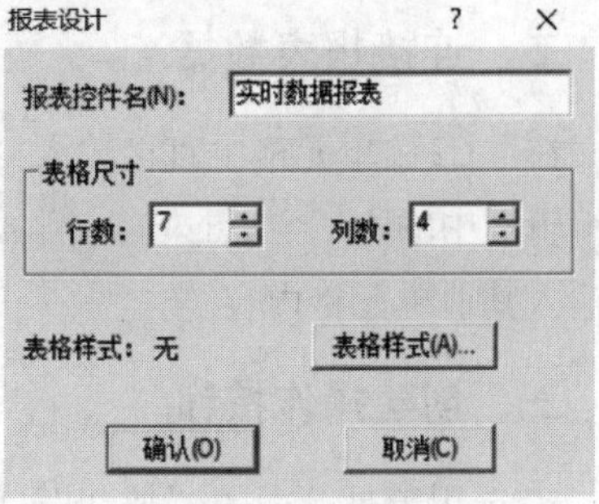

图 7-3-8　报表设计

操作提示

组态王中每个报表窗口都要定义一个唯一的控件名，该控件名应符合组态王的命名规则，字符串最大长度为31。

3. 设置报表格式

在报表工具箱中单击“设置单元格格式”对应按钮或右击报表并单击“设置单元格格式”，弹出“设置单元格格式”对话框，如图7-3-9所示。设置数字分类为数值，对齐方式均为居中，边框形式为外边框。

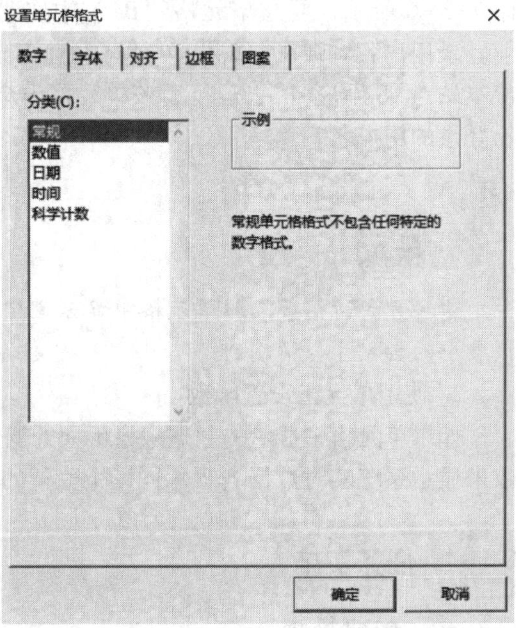

图7-3-9 设置单元格格式

操作提示

“设置单元格格式”对话框包括“数字”“字体”“对齐”“边框”“图案”5个选项卡。

【数字】：设置选中的单元格中的数值类型，可以从“分类”列表框中选择常规、数值、日期、时间、科学计数，运行时有效。

【字体】：设置选中的单元格中文字的字体、字形、字号、颜色和特殊效果。可以在“预览”窗口中看到设置的文字效果。

【对齐】：设置选中的单元格中内容的对齐方式，分为水平对齐和垂直对齐。

【边框】：设置选中单元格的边框样式、线条样式、边框颜色等。

【图案】：设置单元格的填充颜色和图案。“单元格图案”项目中可以选择填充图案和填充图案的颜色。

二、连接报表数据

在“C2”单元格中直接输入“=\\local\料A配方值”，或在报表工具箱的报表文本编辑框中输入“=\\local\料A配方值”并单击“✓”确定输入。根据图7-3-10，分别输入其他单元格内容。

三、创建操作按钮

1. 选用工具箱中的“按钮”工具，在报表窗口中创建“保存报表”“打开报表”“页面设置”“打印预览”“报表打印”5个报表按钮。

2. 双击“保存报表”按钮对象，弹出“动画连接”对话框，单击“按下时”，弹出

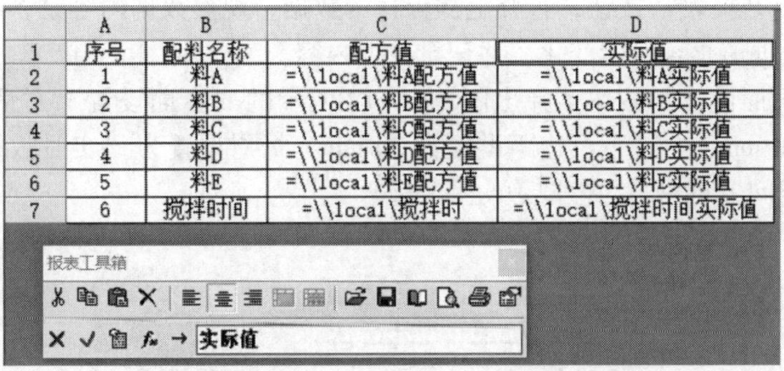

图 7-3-10　直接引用变量

“命令语言”对话框，输入【Long nRet=ReportSaveAs("实时数据报表","D:\数据报表1.Rtl");】。

用相同的方法输入其他操作按钮的命令语言，“打开报表”按钮命令语言为【Long nRet=ReportLoad("实时数据报表","D:\数据报表1.Rtl");】，“页面设置”按钮命令语言为【ReportPageSetup("实时数据报表");】，“打印预览”按钮命令语言为【ReportPrintSetup("实时数据报表");】，“报表打印”按钮命令语言为【ReportPrint2("实时数据报表",0);】。

四、运行与调试

1. 单击开发系统中的“文件”→“切换到 View”，进入组态王运行系统，调用配方后，单击“运行”按钮，运行配料监控系统。

2. 打开报表窗口，报表窗口显示系统运行的实时数据，如图 7-3-11 所示。

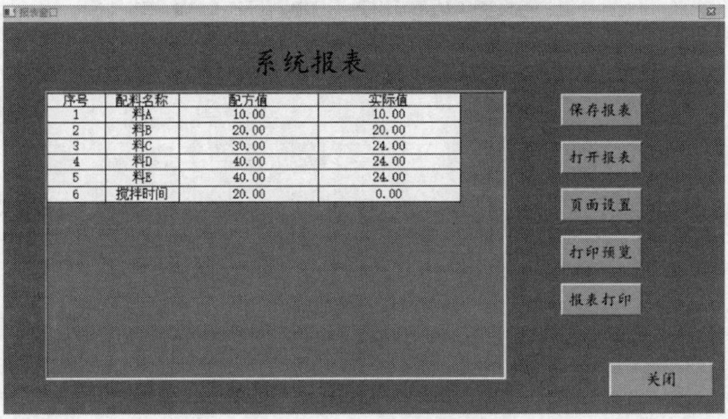

图 7-3-11　系统报表画面

3. 单击“保存报表”按钮，将当前实时数据保存到 D 盘中，可在 D 盘中确认是否成功保存“数据报表 1. Rtl”文件，并查看记录表中的数据内容。

4. 关闭报表窗口，打开配方窗口并调用其他配方，再次打开报表窗口。

5. 单击“打开报表”按钮，打开上次保存的数据，观察数据内容是否与保存的一致。观察报表中的数据值是否发生变化，并记录数据内容。

6. 单击“页面设置”按钮，弹出图 7-3-12 所示的“页面设置”对话框，将左、上页边距设置为 30 mm，右、下页边距设置为 20 mm，页眉设置为“实时数据报表”，页脚设置为“日期时间，页码”，完成后单击“确定”。

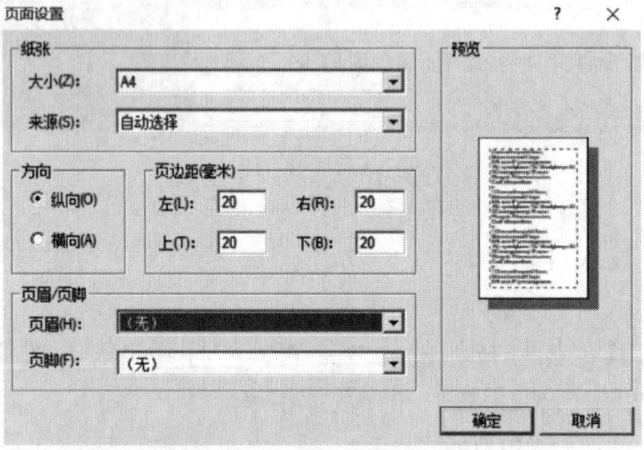

图 7-3-12 “页面设置”对话框

7. 单击“打印预览”按钮，打开打印预览窗口，在打印预览窗口中可直接进行打印和页面设置。

8. 单击“报表打印”按钮，弹出图 7-3-13 所示的“打印”对话框。选择计算机连接的打印机名称，设置打印范围和份数后，单击“确定”完成数据报表的打印操作。

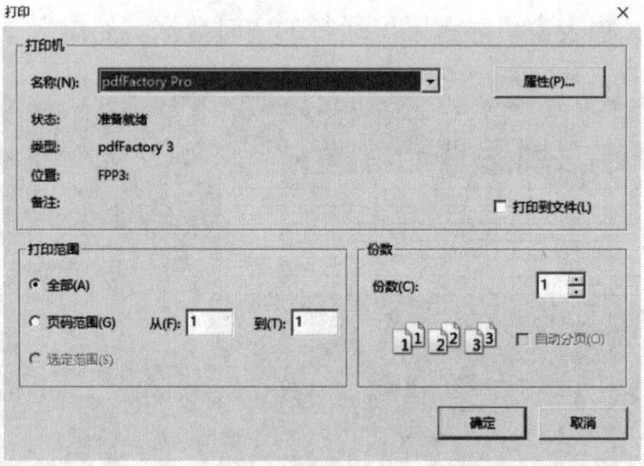

图 7-3-13 “打印”对话框

知识拓展

扫描右侧二维码，可了解报表快捷编辑和报表行列锁定相关知识。

思考与练习

1. 简述报表的创建方法。
2. 简述单个单元格数值与文本设置操作函数的区别。
3. 简述实时数据报表中显示变量实时数据的方法。

技能拓展

创建图 7-3-14 所示的自动配料系统。主画面中有料斗 A、料斗 B 和混合料仓，同时采用三个料位测量仪来监控料斗的液位状态（料位测量仪设为手动调节）。

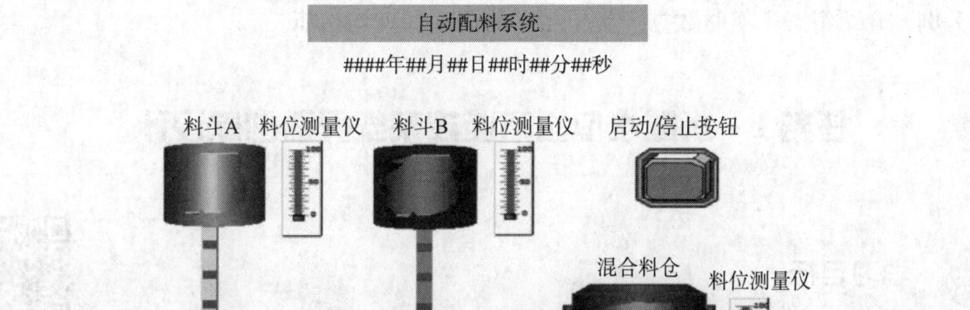

a）　b）　c）

图 7-3-14　自动配料系统

a）主画面　b）配方窗口画面　c）实时报表画面

项目八　水箱水位组态监控系统设计

很多工业生产过程不仅需要对控制现场进行监控，还需要对系统的运行数据进行实时记录，并且查询相关历史数据、制作相关报表进行统计汇总。本项目以水箱水位组态监控系统为例，介绍组态王实时数据、历史数据的记录和查询功能。

任务1　水箱水位组态监控系统界面创建设计

学习目标

1. 掌握超级文本显示控件的创建、属性设置和使用方法。
2. 能完成水箱水位组态监控系统界面的创建设计。

任务引入

创建图8-1-1所示的水箱水位组态监控系统，主画面中可以实时显示系统日期、时间以及登录用户，液位值反映当前水箱、水池的实时水位，用户阀模拟用户放水，可以进行画面切换。配置管理人员、操作员用户，用户登录后对系统进行操作，可实现手动上水和自动运行。自动运行时，当水箱或水池水位低于10%时自动上水，达到上限时自动停止，单击“停止”按钮，系统停止运行（实际应用中使用液位传感器进行液位检测，本任务为便于模拟演示，管理人员登录后可通过游标改变液位，模拟水箱/水池液位上、下限报警，自动运行时通过组态王脚本程序改变液位实现程序控制）。

实时趋势查询画面记录水箱水位、用水量等变量的变化曲线，实时报表查询画面记录水箱水位、用水量等变量的实时数据，实时报警和事件画面记录系统运行过程中的事件和水箱水位等报警信息，帮助画面可打开用户文本。此外，新建“历史报警查询”和“历史数据查询”画面，本任务仅要求能打开和关闭画面。

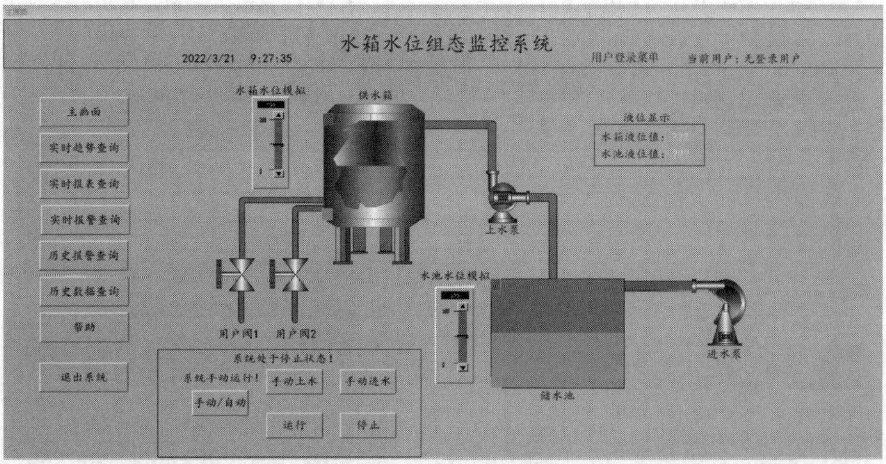
水箱水位组态监控系统
2022/3/21　9:27:35
用户登录菜单
当前用户：无登录用户
主画面
实时趋势查询
实时报表查询
实时报警查询
历史报警查询
历史数据查询
帮助
退出系统
水箱水位模拟
供水箱
上水泵
液位显示
水箱液位值：
水池液位值：
水池水位模拟
用户阀1
用户阀2
进水泵
储水池
系统处于停止状态！
系统手动运行！
手动上水
手动进水
手动/自动
运行
停止

a）

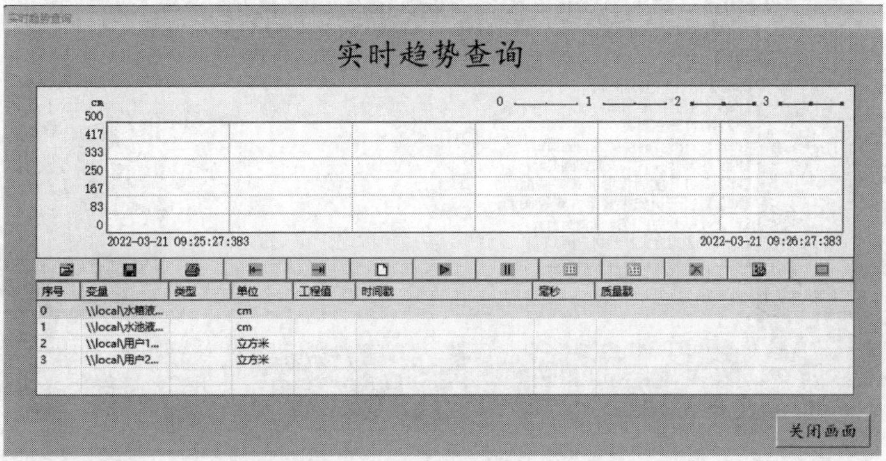
实时趋势查询
cm
500
417
333
250
167
83
0
2022-03-21 09:25:27:383
2022-03-21 09:26:27:383
序号
变量
类型
单位
工程值
时间戳
毫秒
质量戳
0　\\local\水箱液...　cm
1　\\local\水池液...　cm
2　\\local\用户1...　立方米
3　\\local\用户2...　立方米
关闭画面

b）

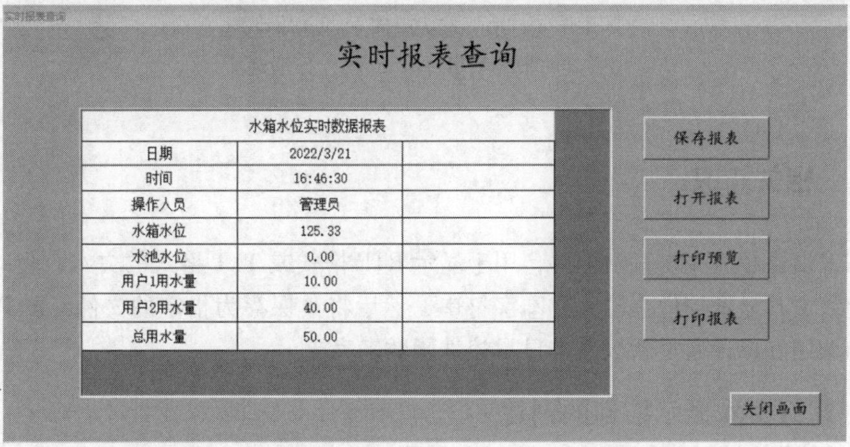
实时报表查询
水箱水位实时数据报表
日期　2022/3/21
时间　16:46:30
操作人员　管理员
水箱水位　125.33
水池水位　0.00
用户1用水量　10.00
用户2用水量　40.00
总用水量　50.00
保存报表
打开报表
打印预览
打印报表
关闭画面

c）

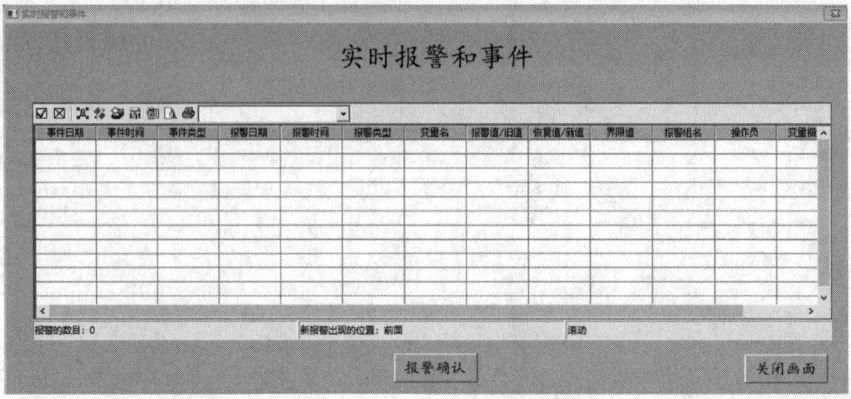

d）

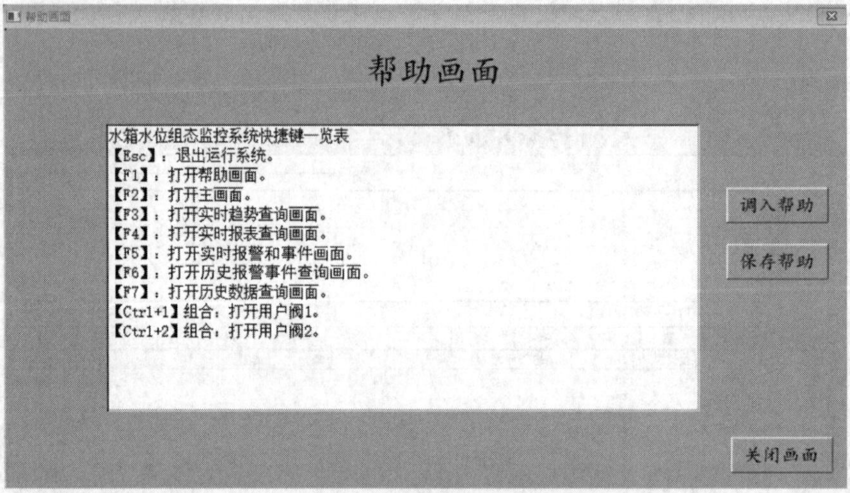

e）

图 8-1-1　水箱水位组态监控系统

a）主画面　b）实时趋势查询画面　c）实时报表查询画面

d）实时报警和事件画面　e）帮助画面

相关知识

组态王提供超级文本显示控件，用于显示 RTF 格式或 TXT 格式的文本，也可以在超级文本显示控件中输入文本字符串，然后将其保存为指定的文件，RTF、TXT 格式文件的调用和保存通过超级文本显示控件函数来完成。

一、超级文本显示控件的创建

选用工具箱中的“插入控件”工具，或单击“编辑”→“插入控件”，弹出“创建控件”对话框，在“种类”列表中单击“超文本显示”，再单击右侧的“显示框”对应图标，最后单击“创建”，创建超级文本，如图 8-1-2 所示。

图 8-1-2 超级文本显示控件

二、超级文本显示控件的属性

双击超级文本显示控件，弹出“超级文本显示框控件属性”对话框，如图 8-1-3 所示。

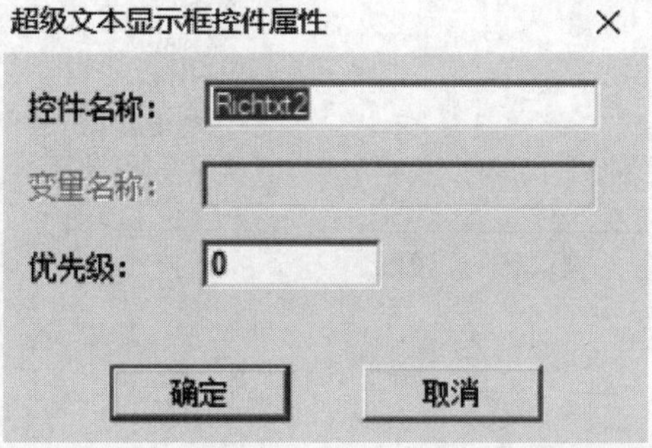

图 8-1-3 “超级文本显示框控件属性”对话框

【控件名称】：定义控件的名称，一个显示框控件对应一个名称，而且是唯一的，不能重复命名，控件的命名应符合组态王命名规则，如“Richtxt1”。

【优先级】：定义控件的优先级，范围为 1~999。设置了优先级后，只有符合该优先级的用户登录系统，才能操作控件，否则无法修改控件的值。

三、超级文本显示控件的使用

超级文本显示控件的相关操作主要由 LoadText（）和 SaveText（）函数实现。

1. LoadText（）函数。将指定 RTF 格式或 TXT 格式文件的内容加载到文本显示框中。

2. SaveText（）函数。将显示框中的内容保存为指定的 RTF 格式或 TXT 格式文件。

任务实施

一、创建新工程

1. 新建工程

新建“水箱水位组态监控系统”工程，双击新建的“水箱水位组态监控系统”工程，进入工程浏览器。单击工程浏览器中的“画面”，在右侧视图中双击“新建”图标，按图 8-1-4 所示画面属性新建主画面、实时趋势查询画面、实时报表查询画面、实时报警和事件画面、历史报警事件查询画面、历史数据查询画面和帮助画面。

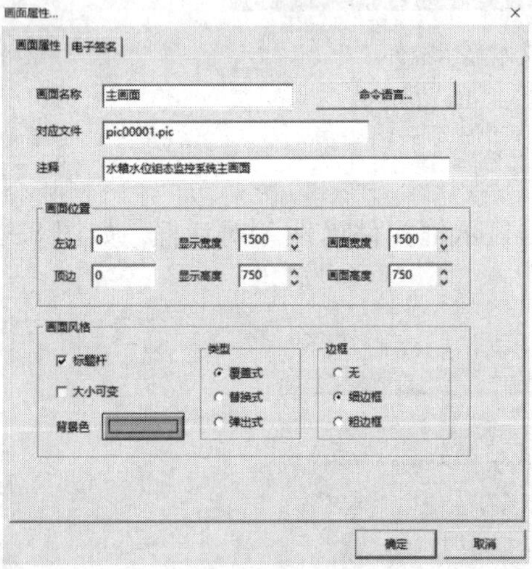

a)

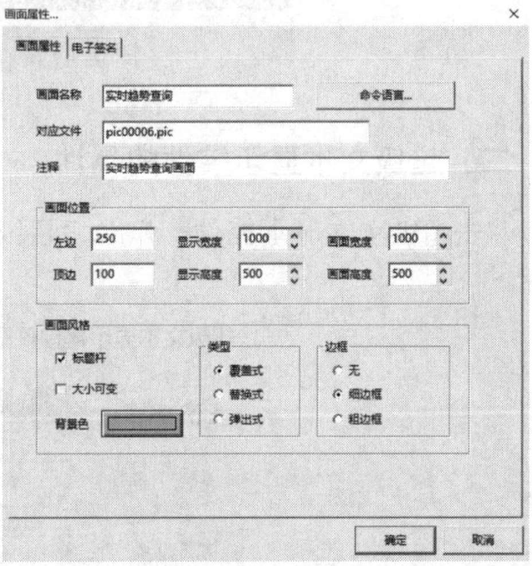

b)

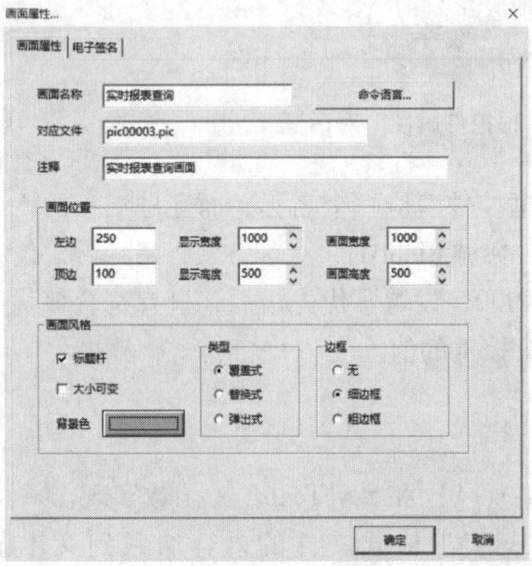

c)

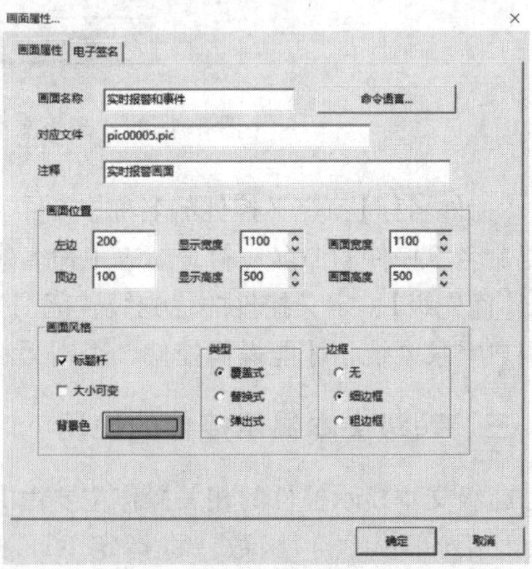

d)

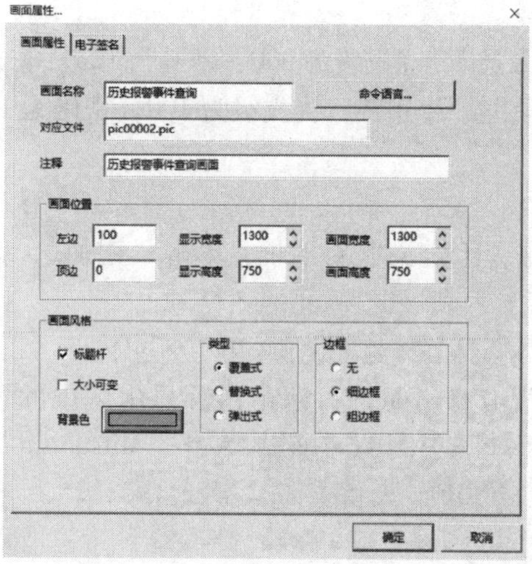

e）

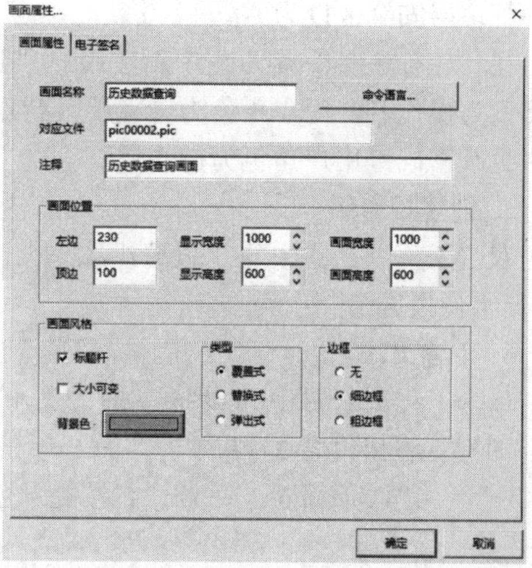

f）

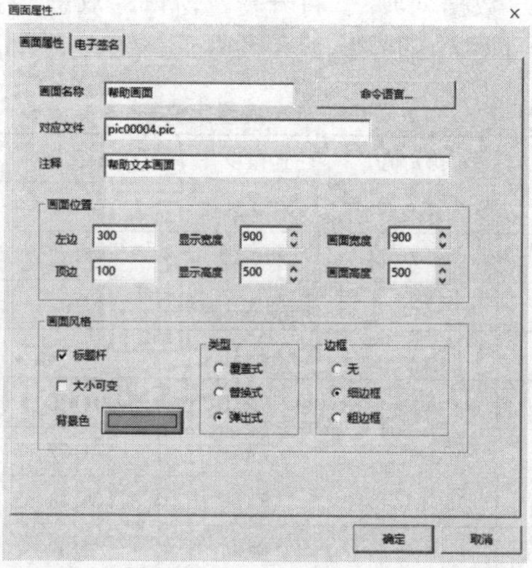

g）

图 8-1-4　水箱水位组态监控系统画面属性

a）主画面　b）实时趋势查询画面　c）实时报表查询画面　d）实时报警和事件画面
e）历史报警事件查询画面　f）历史数据查询画面　g）帮助画面

操作提示

画面位置可根据显示器分辨率自行确定。

2. 配置用户

双击工程浏览器中的“用户配置”，或单击工程浏览器工具栏中的“用户”，弹出“安全管理系统”对话框。新建“工作人员”用户组，新建角色“管理层”“操作层”，其中管理层安全区设为A。

在“工作人员”用户组中新建用户“管理人员”，优先级为900，密码为123，电子签名类型为操作者，用户角色为管理层。新建“操作员”用户，优先级为100，密码为123，不可更改密码，用户角色为操作层。

3. 创建报警组

双击工程浏览器中的“报警组”，弹出“报警组定义”对话框，单击“增加”，新建“水箱水位报警组”。

4. 创建PLC

单击工程浏览器中“设备”前的“+”，单击“COM1”，双击内容显示区中的“新建”图标，弹出设备配置向导界面。单击“PLC”左侧的“+”，单击“Mitsubishi”→“FX3u”→“Programmable port”，按提示创建“FX3U”设备。

二、定义变量

单击工程浏览器中的“数据词典”，打开变量窗口，双击“新建”图标，弹出“定义变量”对话框，按表8-1-1定义相关变量。

表8-1-1　变量定义表

变量名	变量类型	初始值	连接设备	寄存器	数据类型	读写属性
运行按钮	I/O离散	关	FX3U	M101	Bit	读写
停止按钮	I/O离散	关	FX3U	M102	Bit	读写
运行方式	I/O离散	关	FX3U	M103	Bit	读写
水箱上限	I/O离散	关	FX3U	M105	Bit	读写
水箱下限	I/O离散	关	FX3U	M106	Bit	读写
水池上限	I/O离散	关	FX3U	M107	Bit	读写
水池下限	I/O离散	关	FX3U	M108	Bit	读写
手动进水	I/O离散	关	FX3U	M109	Bit	读写
手动上水	I/O离散	关	FX3U	M110	Bit	读写
运行标志	I/O离散	关	FX3U	M10	Bit	读写
用户1	I/O离散	关	FX3U	Y000	Bit	读写
用户2	I/O离散	关	FX3U	Y001	Bit	读写
上水泵	I/O离散	关	FX3U	Y002	Bit	读写
进水泵	I/O离散	关	FX3U	Y003	Bit	读写
水箱液位	I/O整数	0	FX3U	D550	SHORT	读写
水池液位	I/O整数	0	FX3U	D560	SHORT	读写
水箱上水管道	内存实数	0	—	—	—	—
水池进水管道	内存实数	0	—	—	—	—
用户1管道	内存实数	0	—	—	—	—

续表

变量名	变量类型	初始值	连接设备	寄存器	数据类型	读写属性
用户 2 管道	内存实数	0	—	—	—	—
用户 1 流量	内存实数	0	—	—	—	—
用户 2 流量	内存实数	0	—	—	—	—
总用水量	内存实数	0	—	—	—	—

操作提示

1. 定义变量时采集频率均设为 200 ms。

2. 对“水池液位”“水箱液位”变量进行报警限定义，具体设置如图 8-1-5 所示，并在“记录和安全区”属性页中勾选“生成事件”复选框。

3. 定义“水箱上限”“水箱下限”“水池上限”“水池下限”“运行按钮”“停止按钮”“运行方式”“手动进水”“手动上水”变量时，在“记录和安全区”属性页中勾选“生成事件”复选框。

4. 定义“用户 1 流量”“用户 2 流量”“总用水量”时，在“记录和安全区”属性页中选择“定时记录”单选按钮，并设置为“每 10 分”，勾选“生成事件”复选框。

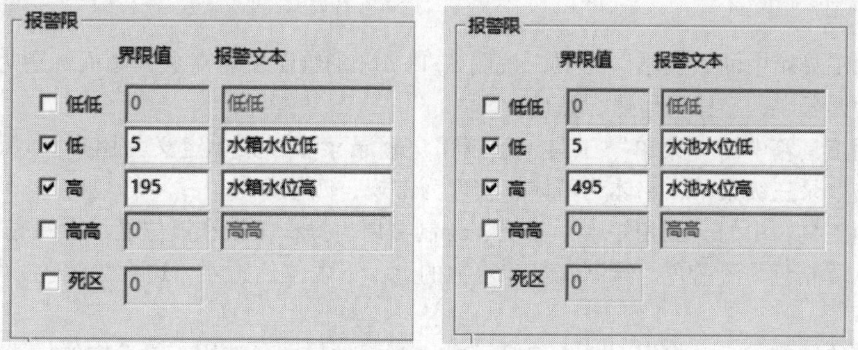

a）　　　　　　　　　　b）

图 8-1-5　报警限设置

a）“水箱液位”变量　b）“水池液位”变量

三、设计画面

1. 设计主画面

选用工具箱中的“打开图库”工具或按“F2”键打开图库，在“反应器”“游标”“阀门”“泵”中分别找到图 8-1-6 中的供水箱、游标、阀门和泵对象并放置到画面中。

选用工具箱中的“按钮”工具，绘制所需按钮，通过字符串替换功能修改按钮文本，将按钮文本字体设置为楷体、字形设置为常规、四号字、黑色。

选用工具箱中的“圆角矩形”工具，按图8-1-6绘制水池，设置背景为深灰色。

按图8-1-6调整游标、阀门、按钮等对象位置。

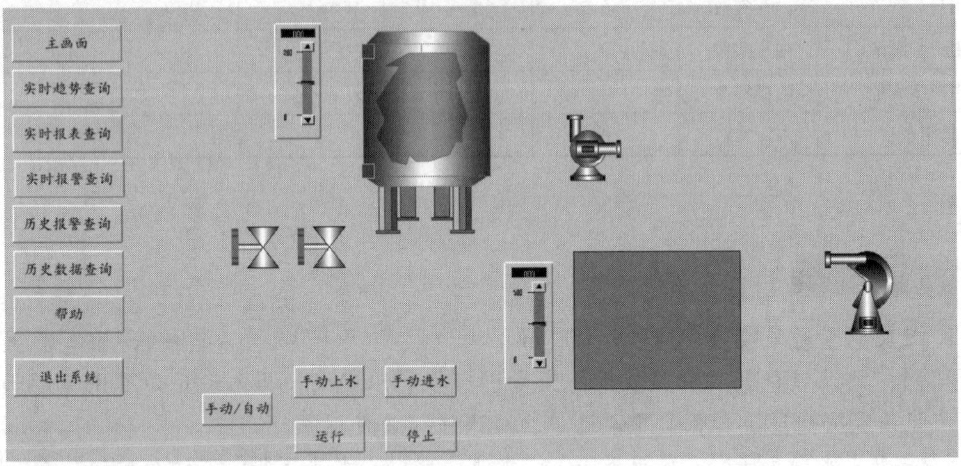

图8-1-6　游标、阀门、按钮等对象位置

选用工具箱中的“立体管道”工具，绘制连接阀门与水箱、水泵与水箱/水池的管道。用户阀门与水箱的连接管道宽度为10，内壁为灰色，流线宽度为8，长度为5，颜色为绿色。水泵与水箱/水池的连接管道宽度为16，内壁为灰色，流线宽度为15，长度为8，颜色为绿色。

选用工具箱中的“文本”工具，按图8-1-7分别绘制文本对象，画面标题为一号字，其余均为四号字，字体为楷体、黑色。

选用工具箱中的“菜单”工具，绘制用户登录菜单，菜单定义为用户登录、密码修改、退出登录三级菜单，字体为楷体、字形为常规、四号字。

选用工具箱中的“圆角矩形”工具，绘制页眉、操作按钮和液位显示栏的底框，边框为黑色，填充色为淡蓝色。绘制水箱和水池的上、下限位传感器，边框为黑色，填充色为灰色。

画面绘制完成后，根据图8-1-7所示的主画面效果图，选用工具箱中的位置调整、对齐工具对画面对象位置进行调整，调整后选用工具箱中的“全选”工具全选图素，右击图素并单击“锁定”。

2. 设计实时趋势查询画面

选用工具箱中的“插入通用控件”工具或单击“编辑”→“插入通用控件”，弹出“插入通用控件”对话框，在列表中选择“CKvRealTimeCurves Control”，创建实时趋势曲线控件，并调整至合适的大小和位置。

使用工具箱中的“文本”工具，在画面中绘制“实时趋势查询”标题，字体为楷体、字形为常规、一号字、黑色。

使用工具箱中的“按钮”工具，在画面中绘制“关闭画面”按钮，字体为楷体、字形为常规、四号字、黑色。

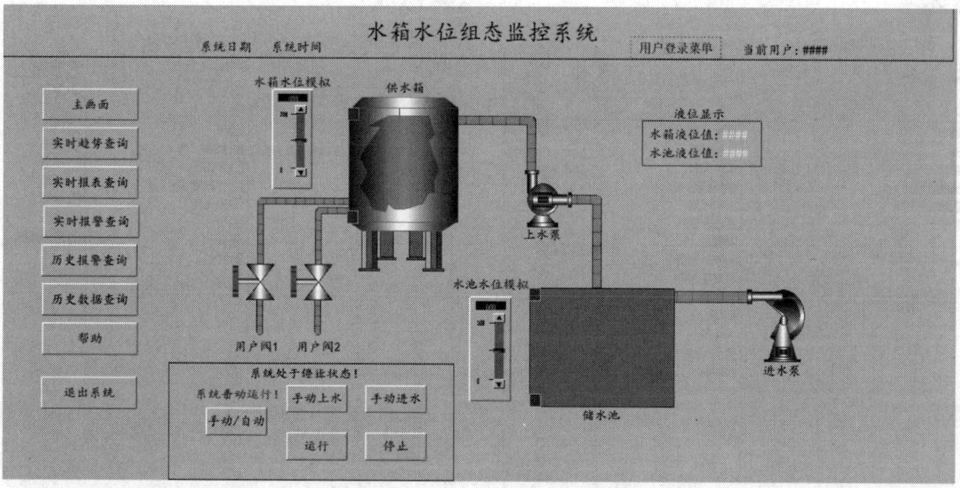

图 8-1-7 主画面效果图

3. 设计实时报表查询画面

选用工具箱中的“报表窗口”工具或单击“工具”→“报表窗口”，在画面适当位置放置大小合适的报表窗口，报表控件名为“实时数据报表”，行数为 9，列数为 3。

选用工具箱中的“文本”工具，在画面中绘制“实时报表查询”标题，字体为楷体、字形为常规、一号字、黑色。

选用工具箱中的“按钮”工具，在画面中绘制“关闭画面”“保存报表”“打开报表”“打印预览”“打印报表”按钮，按钮文本字体为楷体、字形为常规、四号字、黑色。

4. 设计实时报警和事件画面

选用工具箱中的“报警窗口”工具或单击“工具”→“报警窗口”，在画面适当位置放置大小合适的报警窗口。

双击“报警窗口”，弹出“报警窗口配置属性页”对话框，设置窗口名为“水箱水位报警”，选择实时报警窗，日期格式为“YYYY 年 MM 月 DD 日”，时间格式为“时”“分”“秒”。按图 8-1-8 所示设置报警窗口列属性，按图 8-1-9 所示设置报警窗口条件属性。

选用工具箱中的“文本”工具，在画面中绘制“实时报警和事件”标题，字体为楷体、字形为常规、一号字、黑色。

选用工具箱中的“按钮”工具，在画面中绘制“报警确认”和“关闭画面”按钮，按钮文本字体为楷体、字形为常规、四号字、黑色。

5. 设计帮助画面

选用工具箱中的“插入控件”工具或单击“编辑”→“插入控件”，弹出“创建控件”对话框，单击“超文本显示”和右侧的“显示框”对应图标，在帮助画面中创建文本显示窗口，设置控件名称为“帮助”。

选用工具箱中的“按钮”工具，在画面中绘制“调入帮助”“保存帮助”“关闭画面”按钮，按钮文本字体为楷体、字形为常规、四号字、黑色。

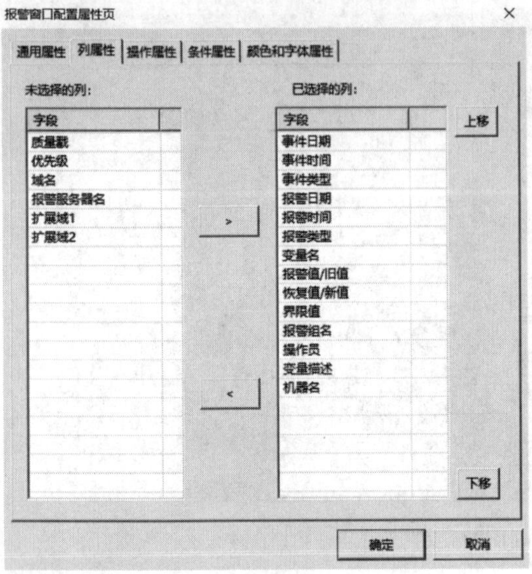

图 8-1-8　报警窗口列属性

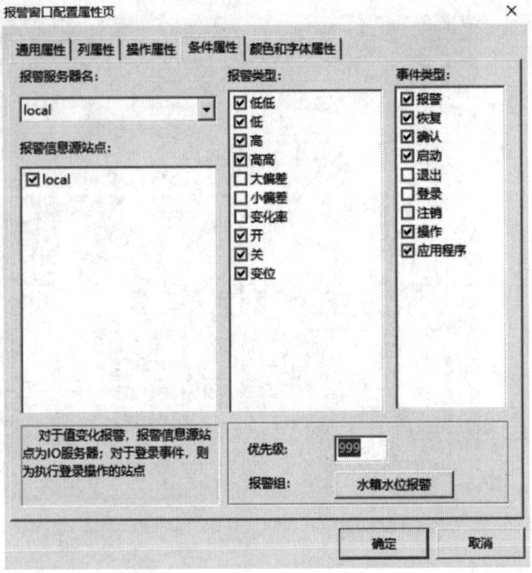

图 8-1-9　报警窗口条件属性

6. 设计历史数据和报警查询画面

选用工具箱中的“文本”工具，分别在画面中绘制“历史数据查询”和“历史报警查询”标题，字体为楷体、字形为常规、一号字、黑色。

选用工具箱中的“按钮”工具，分别在画面中绘制“关闭画面”按钮，按钮文本字体为楷体、字形为常规、四号字、黑色。

四、动画连接

1. 主画面动画连接

(1) 文本

双击“系统日期”文本对象，弹出“动画连接”对话框，单击“字符串输出”，弹出“文本输出连接”对话框，单击“?”并选择变量“$Date”，对齐方式为居中。用同样的方法，将“系统时间”文本对象的变量连接为“$Time”，当前用户“####”的变量连接为“$UserName”。

双击水箱液位值“####”文本对象，弹出“动画连接”对话框，单击“模拟值输出”，弹出“模拟值输出连接”对话框，单击“?”并选择变量“水箱液位”，设置输出格式整数位数为1，小数位数为0，显示格式为十进制。用同样的方法，将水池液位值“####”文本对象的变量连接为“水池液位”。

双击“系统处于停止状态!”文本对象，弹出“动画连接”对话框，单击“隐含”，弹出“隐含连接”对话框，单击“?”并选择变量“运行标志”，设置表达式为真时隐含。用同样的方法，将“系统处于运行状态!”文本对象动画连接/隐含的变量连接为“运行标志”，设置表达式为真时显示；将“系统自动运行”文本对象动画连接/隐含的变量连接为“运行方式”，设置表达式为真时显示。将“系统手动运行”文本对象动画连接/隐含的变量连接为“运行方式”，设置表达式为真时隐含。

（2）液位

双击水箱对象，弹出“反应器”对话框，单击“?”并选择变量“水箱液位”，设置罐体颜色、填充背景颜色为淡灰色，填充颜色为绿色，最小值为 0、占据百分比为 0，最大值为 200、占据百分比为 100，如图 8-1-10 所示。

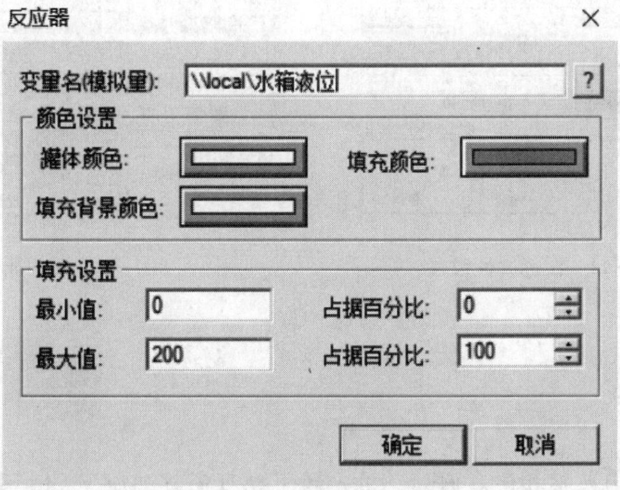

图 8-1-10 反应器属性设置

双击水池对象，弹出“动画连接”对话框，单击“填充”，弹出“填充连接”对话框，单击“?”并选择变量“水池液位”，设置最小填充高度值为 0、占据百分比为 0，最大填充高度值为 500、占据百分比为 100，填充方向选择■，填充颜色设为绿色。

双击水箱上限位“■”对象，弹出“动画连接”对话框，单击“填充属性”，弹出“填充属性连接”对话框，单击“?”并选择变量“水箱上限”，设置刷属性 0 为红色，1 为绿色。用同样的方法，将水箱下限位、水池上限位、水池下限位“■”对象动画连接/填充属性的变量分别连接为“水箱下限”“水池上限”“水池下限”，设置刷属性 0 为红色，1 为绿色。

（3）游标

双击水箱水位游标对象，弹出“游标”对话框，单击“?”并选择变量“水箱液位”，设置滑动杆颜色为灰色，滑动标和值输出颜色为绿色，滑动范围最小为 0、最大为 200，如图 8-1-11 所示。用同样的方法，将水池水位游标对象的变量连接为“水池液位”，滑动范围最小为 0、最大为 500。

（4）阀门

双击用户阀 1 对象，弹出“阀门”对话框，单击“?”并选择变量“用户 1”，设置关闭时颜色为红色，打开时颜色为绿色，等价键为“Ctrl+1”，如图 8-1-12 所示。用同样的方法，将用户阀 2 对象的变量连接为“用户 2”，设置关闭时颜色为红色，打开时颜色为绿色，等价键为“Ctrl+2”。

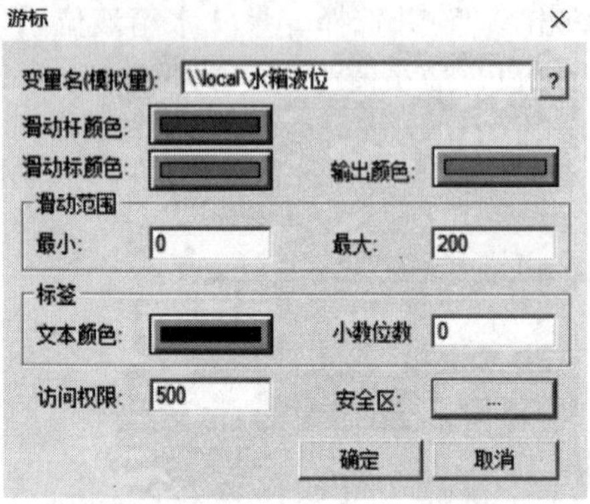

图 8-1-11　游标属性设置

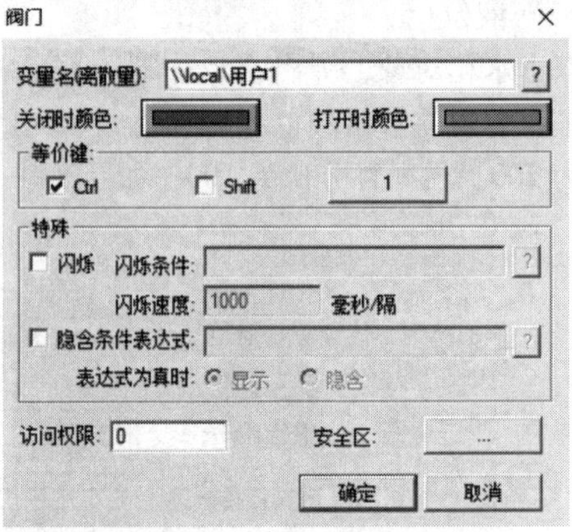

图 8-1-12　阀门属性设置

操作提示

等价键的功能与热键相同。例如，用户阀 1 也可新建热键“Ctrl+1”，编写命令语言【\\local\用户 1=! \\local\用户 1;】。

（5）水泵

双击上水泵对象，弹出“泵”对话框，单击“?”并选择变量“上水泵”，设置开启时颜色为绿色，关闭时颜色为红色。用同样的方法，将进水泵对象的变量连接为“进水泵”。

（6）管道

双击用户阀 1 连接管道对象，弹出“动画连接”对话框，单击“流动”，弹出“管道流动连接”对话框，单击“?”并选择变量“用户 1 管道”。用同样的方法，分别将用户阀 2、进水泵、上水泵连接管道对象的变量连接为“用户 2 管道”“水池进水管道”“水箱上水管道”。

（7）按钮

双击“主画面”按钮对象，弹出“动画连接”对话框，单击“按下时”，弹出“命令语言”对话框，输入命令语言【ShowPicture("主画面");】。

用同样的方法，将“实时趋势查询”“实时报表查询”“实时报警查询”“历史报警查询”“历史数据查询”“帮助”“退出系统”按钮对象按下时的命令语言分别输入为【ShowPicture("实时趋势查询");】、【ShowPicture("实时报表查询");】、【ShowPicture("实时报警和事件");】、【ShowPicture("历史报警事件查询");】、【ShowPicture("历史数据查询");】、【ShowPicture("帮助画面");】、【Exit(0);】。

用同样的方法，将“手动/自动”按钮对象按下时命令语言输入为【\\local\运行方式=! \\local\运行方式;】。“手动上水”按钮对象按下时命令语言输入为【\\local\

手动上水=1;】、弹起时命令语言输入为【\\local\手动上水=0;】。“手动进水”按钮对象按下时命令语言输入为【\\local\手动进水=1;】、弹起时命令语言输入为【\\local\手动进水=0;】。“运行”按钮对象按下时命令语言输入为【\\local\运行按钮=1;】、弹起时命令语言输入为【\\local\运行按钮=0;】。“停止”按钮对象按下时命令语言输入为【\\local\停止按钮=1;】、弹起时命令语言输入为【\\local\停止按钮=0;】。

操作提示

(1) 画面设计、动画连接过程中要注意经常进行画面保存。

(2) 游标对象以及“历史报警查询”“历史数据查询”“退出系统”三个按钮对象的优先级为500，安全区为A、B，其他对象优先级均为1。

2. 实时趋势查询画面动画连接

右击控件对象，单击“控件属性”，弹出控件属性对话框，在“常规”属性页中设置实时曲线的标注字体。在“曲线”属性页中，单击“添加”，弹出“新增加曲线”对话框，添加“水箱液位”“水池液位”“用户1流量”“用户2流量”实时趋势曲线。

操作提示

实时趋势曲线也可在运行系统中进行添加和删除。

3. 实时报表查询画面动画连接

使用报表工具箱，在A1~A7单元格中直接输入“水箱水位实时数据报表”“日期”“操作人员”等文本，在B2~B7单元格中直接输入【=\\local\$Date】等命令，或单击报表工具箱中的“”插入变量，最后进行单元格合并和报表格式设置，实时数据报表如图8-1-13所示。

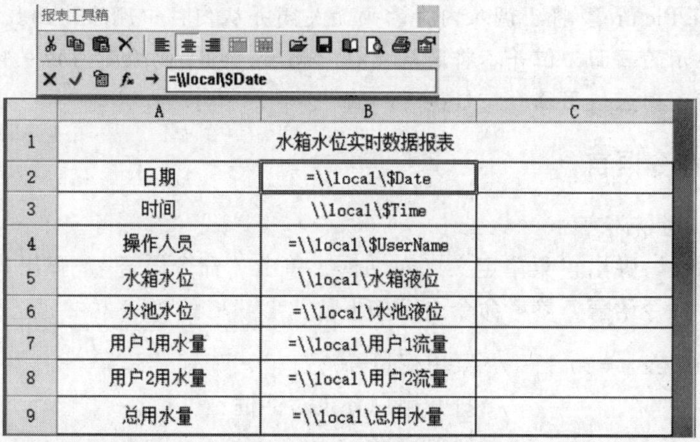

	A	B	C
1		水箱水位实时数据报表	
2	日期	=\\local\$Date	
3	时间	\\local\$Time	
4	操作人员	=\\local\$UserName	
5	水箱水位	\\local\水箱液位	
6	水池水位	=\\local\水池液位	
7	用户1用水量	=\\local\用户1流量	
8	用户2用水量	=\\local\用户2流量	
9	总用水量	=\\local\总用水量	

图8-1-13　实时数据报表

将“保存报表”按钮对象按下时命令语言输入为【Report Save As("实时数据报表","D:\水箱水位组态监控系统实时数据报表.xls");】，“打开报表”按钮对象按下时命令语言输入为【Report Load("实时数据报表","D:\水箱水位组态监控系统实时数据报表.xls");】，“打印预览”按钮对象按下时命令语言输入为【Report Print Setup("实时数据报表");】，“打印报表”按钮对象按下时命令语言输入为【Report Print2("实时数据报表",0);】。

4. 实时报警和事件画面动画连接

将“报警确认”按钮对象按下时命令语言输入为【\\local\$NewAlarm=0;】。

操作提示

“$NewAlarm”变量是组态王的一个系统变量，主要显示当前系统中新报警的产生情况。当系统中有新报警产生（无论何种类型）时，该变量被自动置为1。需注意的是，该变量不能自动置0，需人为将其清零。

5. 帮助画面动画连接

将“调入帮助”按钮对象按下时命令语言输入为【Load Text("帮助","D:\水箱水位组态监控系统帮助.txt",".txt");】，“保存帮助”按钮对象按下时命令语言输入为【Save Text("帮助","D:\水箱水位组态监控系统帮助.txt",".txt");】。

6. “关闭画面”按钮动画连接

分别双击各画面中的“关闭画面”按钮，弹出“动画连接”对话框，将按下时命令语言输入为【Hide Picture("画面名称");】或【Close Picture("画面名称");】，“画面名称”为本画面名称。

操作提示

函数“Close Picture”将已调入内存的画面关闭并从内存中删除，函数“Hide Picture”用于隐藏正在显示的画面，但并不将其从内存中删除，两个函数都可以关闭画面。若某画面需要继续运行，则应使用函数“Hide Picture”。

五、编写命令语言

1. 编写菜单命令语言

双击菜单对象，弹出“菜单定义”对话框，单击“命令语言”，弹出“命令语言”对话框，输入菜单命令语言，参考命令语言如下：

```
if(MenuIndex==0)      /*菜单变量=0*/
LogOn();              /*打开用户登录对话框*/
if(MenuIndex==1)      /*菜单变量=1*/
ChangePassWord();     /*打开口令修改对话框*/
```

```
if(MenuIndex==2)      /*菜单变量=2*/
LogOff();             /*退出用户登录*/
```

2. 编写应用程序语言

双击工程浏览器中的“应用程序命令语言”，弹出“应用程序命令语言”对话框，在“运行时”选项卡下编写脚本应用程序并加注相应注释，运行时执行时间为“每 200 毫秒”。参考脚本程序如下：

```
if(\\local\水池液位>=490)//*水池上限位
\\local\水池上限=1;
else
\\local\水池上限=0;
if(\\local\水池液位<=50)//*水池下限位
\\local\水池下限=1;
else
\\local\水池下限=0;
if(\\local\水箱液位>=190)//*水箱上限位
\\local\水箱上限=1;
else
\\local\水箱上限=0;
if(\\local\水箱液位<=20)//*水箱下限位
\\local\水箱下限=1;
else
\\local\水箱下限=0;
\\local\总用水量=\\local\用户 1 流量+\\local\用户 2 流量;//*计算总用水量
```

3. 编写事件命令语言

单击工程浏览器中的“事件命令语言”，双击“新建”图标，弹出“事件命令语言”对话框，输入各事件的命令语言。

（1）新建事件“\\local\用户 1==1”，在“发生时”选项卡下输入命令语言【\\local\用户 1 管道=10;//用户 1 管道流速为 10】，在“消失时”选项卡下输入命令语言【\\local\用户 1 管道=0;//用户 1 管道流速为 0】，在“存在时”选项卡下输入以下命令语言：

```
\\local\水箱液位=\\local\水箱液位-2;//当用户阀 1 打开时,水箱液位-2
\\local\用户 1 流量=\\local\用户 1 流量+2;//当用户阀 1 打开时,用户 1 流量累积+2
```

（2）新建事件“\\local\上水泵==1”，在“发生时”选项卡下输入命令语言【\\local\水箱上水管道=-10;//上水管道流速为-10】，在“消失时”选项卡下输入命令语言【\\local\水箱上水管道=0;//上水管道流速为 0】，在“存在时”选项卡下输入以下命令语言：

```
\\local\水池液位=\\local\水池液位-4;//当水箱上水时,水池液位-4
if(\\local\水箱液位<=190)//如果水箱液位小于等于190
{
\\local\水箱液位=\\local\水箱液位+5;//则当上水泵=1时,水箱液位+5
}
```

（3）新建事件“\\local\进水泵==1”，在“发生时”选项卡下输入命令语言【\\local\水池进水管道=10;//进水管道流速为10】，在“消失时”选项卡下输入命令语言【\\local\水池进水管道=0;//进水管道流速为0】，在“存在时”选项卡下输入以下命令语言：

```
if(\\local\水池液位<=490)//如果水池液位小于等于490
\\local\水池液位=\\local\水池液位+5;//当进水泵=1时,水池液位+5
```

（4）新建事件“\\local\用户2==1”，在“发生时”选项卡下输入命令语言【\\local\用户2管道=6;//用户2管道流速为6】，在“消失时”选项卡下输入命令语言【\\local\用户2管道=0;//用户2管道流速为0】，在“存在时”选项卡下输入以下命令语言：

```
\\local\水箱液位=\\local\水箱液位-2;//当用户阀2打开时,水箱液位-2
\\local\用户2流量=\\local\用户2流量+2;//当用户阀2打开时,用户2流量累积+2
```

（5）新建事件“\\local\$NewAlarm==1”，在“发生时”选项卡下输入命令语言【ShowPicture("实时报警和事件");】，在“消失时”选项卡下输入命令语言【HidePicture("实时报警和事件");】。

4. 编写热键命令语言

单击工程浏览器中的“热键命令语言”，双击“新建”图标，弹出“热键命令语言”对话框，新建以下热键：

（1）新建热键“Esc”，输入命令语言【Exit(0);】。

（2）新建热键“F1”，输入命令语言【ShowPicture("帮助画面");】。

（3）新建热键“F2”，输入命令语言【ShowPicture("主画面");】。

（4）新建热键“F3”，输入命令语言【ShowPicture("实时趋势查询");】。

（5）新建热键“F4”，输入命令语言【ShowPicture("实时报表查询");】。

（6）新建热键“F5”，输入命令语言【ShowPicture("实时报警和事件");】。

（7）新建热键“F6”，输入命令语言【ShowPicture("历史报警事件查询");】。

（8）新建热键“F7”，输入命令语言【ShowPicture("历史数据查询");】。

（9）新建热键“Enter”，输入命令语言【\\local\$NewAlarm=0;//报警确认】。

六、运行与调试

1. 双击工程浏览器中的“设置运行系统”，弹出“运行系统设置”对话框，系统运行外观菜单仅保留“画面”，系统启动主画面设为“主画面”，完成运行系统的配置。

2. 编写、下载 PLC 控制程序，PLC 参考程序如图 8-1-14 所示，并完成 PLC 控制线路的安装。

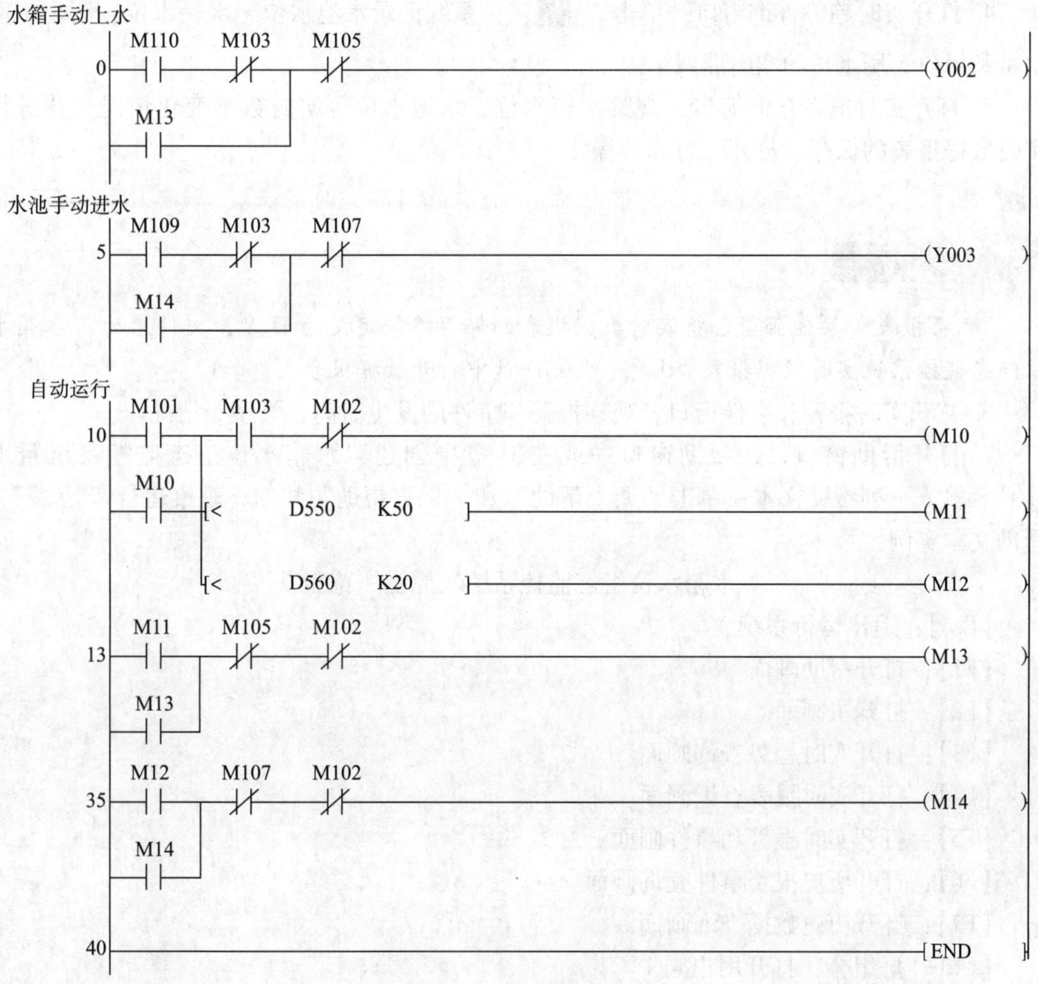

图 8-1-14　PLC 参考程序

3. 单击开发系统中的“文件”→“切换到 View”，进入组态王运行系统，进行以下操作：

（1）以操作员身份登录（密码为 123），切换为手动运行模式。按住“手动上水”按钮，上水马达工作，水箱上水、液位变化，松开按钮后停止。按住“手动进水”按钮，进水马达工作，水池上水、液位变化，松开按钮后停止。按下用户 1 阀门或用户 2 阀门，模拟用户用水，水箱液位变化。

（2）以管理人员身份登录（密码为 123），切换为手动运行模式。调节水池游标以模拟水池液位变化，使游标达到上限或下限，或打开用户阀门模拟用水直至水箱内的水用完，触发报警自动打开“实时报警窗口”，单击“报警确认”按钮确认报警后，报警窗口自动关闭。

（3）以操作员身份登录，切换为自动运行模式。单击“运行”按钮，系统自动运行，当水池液位低于50时启动进水泵注水，达到上限时停止注水；当水箱液位低于20时启动上水泵注水，达到上限时停止注水。打开用户用水阀，模拟用户用水，水箱液位下降。

4. 打开实时趋势查询窗口，单击“▷”，系统记录水池水位、水箱水位、用户1用水量和用户2用水量的实时曲线。

5. 打开实时报表查询窗口，观察水箱水位、水池水位等实时数据变化情况，并进行实时数据报表的保存、打开、打印等操作。

操作提示

“保存报表”按钮函数已将实时数据报表的保存路径定义为D盘，文件名为“水箱水位组态监控系统实时数据报表.xls”，可在D盘中打开数据报表文件。

6. 打开实时报警和事件窗口，观察报警和事件的发生时间、类型等情况。

7. 打开帮助窗口，在帮助窗口中或在D盘中创建“水箱水位组态监控系统帮助.txt”，输入下列帮助文本，单击“调入帮助”和“保存帮助”按钮，观察运行情况。

帮助文本实例：

水箱水位组态监控系统快捷键一览表

【Esc】：退出运行系统。

【F1】：打开帮助画面。

【F2】：打开主画面。

【F3】：打开实时趋势查询画面。

【F4】：打开实时报表查询画面。

【F5】：打开实时报警和事件画面。

【F6】：打开历史报警事件查询画面。

【F7】：打开历史数据查询画面。

【Ctrl+1】组合：打开用户阀1。

【Ctrl+2】组合：打开用户阀2。

操作提示

“保存帮助”按钮函数已将帮助文本文件的保存路径定义为D盘，文件名为“水箱水位组态监控系统帮助.txt”，保存后可在D盘中打开帮助文件并进行编辑。

思考与练习

1. 简述超级文本显示控件的功能。

2. 简述超级文本显示控件的使用方法。

3. 简述函数“Close Picture”和“Hide Picture”的区别。

任务 2　水箱水位组态监控系统历史数据查询

学习目标

1. 掌握历史数据报表的制作方法。
2. 能完成水箱水位组态监控系统历史数据的查询。

任务引入

工业现场常需要将系统运行的实时数据进行存储，统计时常常需要对历史数据进行查询和打印。本任务对水箱水位组态监控系统中水箱液位、水池液位、用户用水量等实时数据进行保存，创建图 8-2-1 所示的历史数据查询窗口，对历史数据进行查询、保存和打印。

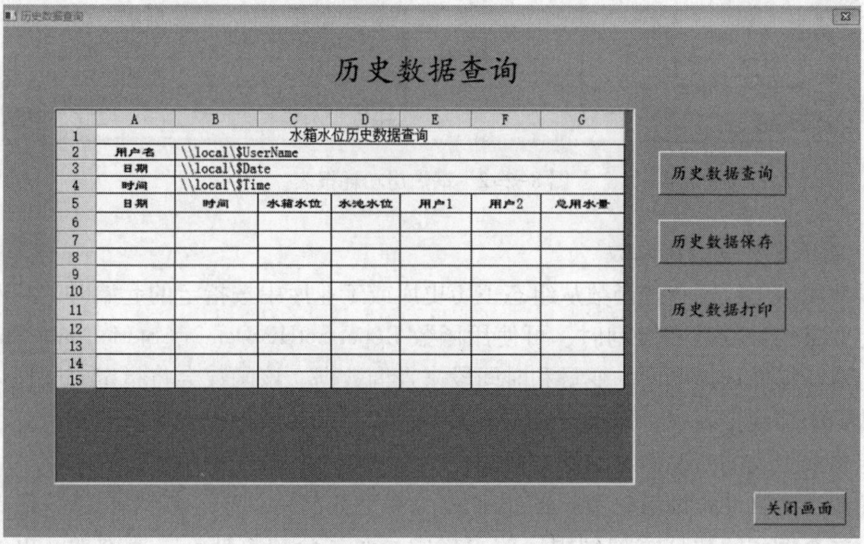

图 8-2-1　历史数据查询窗口

相关知识

历史数据报表

历史数据报表用于记录历史生产数据，下面介绍两种常用的历史数据报表的制作方法。

1. 报表单元格实时添加数据

某锅炉房功耗记录表要求每 8 h 生成一次报表，记录每小时最后一刻的数据作为历史数据，且该报表在被查看时应实时刷新。

这个报表可以采用向单元格中定时添加数据的方法实现。报表设计如图 8-2-2 所示，按照要求在不同的时间，将变量的值用单元格设置函数“ReportSetCellValue（）”定时设置到不同的单元格中，报表单元格中的数据即可自动刷新，而含有函数的单元格也会自动计算结果。换班时，保存当前添加数据的报表为报表文件，清除上一班次填充的数据后继续填充。可以另外创建一个报表窗口，即可在运行过程中调用这些保存的报表，实现历史数据报表的查询。

	A	B	C	D	E	F	G	H
1	系统锅炉房功耗总报表							
2	NO!1		报表时间:	=Time($...				
3	日期	时间	1#热水锅炉	1#采暖锅炉	泵	总功耗	供电单价(元)	总电价(元)
4						=sum('c4:j4')		='k4'*'g4'
5						=sum('c5:j5')		='k5'*'g5'
6						=sum('c6:j6')		='k6'*'g6'
7						=sum('c7:j7')		='k7'*'g7'
8						=sum('c8:j8')		='k8'*'g8'
9						=sum('c9:j9')		='k9'*'g9'
10						=sum('c10:j10')		='k10'*'g10'
11						=sum('c11:j11')		='k11'*'g11'
12						=sum('f4:f11')		=sum('h4:h11')
13	制表单位:					值班员:		

图 8-2-2　锅炉房功耗报表

2. 使用历史数据查询函数

可以使用历史数据查询函数从组态王历史库或工业库中按指定的起始时间和时间间隔查询指定变量的数据。在查询时，可使用函数 ReportSetHistData2（Start Row，Start Col），通过弹出对话框并选择不同的变量和时间段来查询数据。该函数会将指定时间段内查询到的所有数据添加到报表中，如果报表不够大，系统会自动增加报表行数或列数，因此对于使用固定格式报表的情况而言不够方便。

如需要定时自动查询历史数据的报表，而不是弹出对话框，或者报表的格式是固定的，要求将查询到的数据添加到固定的表格中，而多余的数据不需要添加，可使用函数 ReportSetHistData、ReportSetHistData3 或 ReportSetHistDataEx。

任务实施

一、设计画面

1. 创建报表

打开水箱水位组态监控系统中的历史数据查询画面。选用工具箱中的“报表窗口”工具，在画面中创建数据报表。双击报表窗口的灰色部分，弹出“报表设计”对话框，设置报表控件名为“历史数据查询”，行数为 15，列数为 7。

合并 A1~G1 单元格，填写标题“水箱水位历史数据查询”。合并单元格 B2~G2、B3~G3、B4~G4，打开“设置单元格格式”对话框，设置字体为楷体、字形为常规、12 号字，对齐方式为居中。历史数据报表如图 8-2-3 所示。

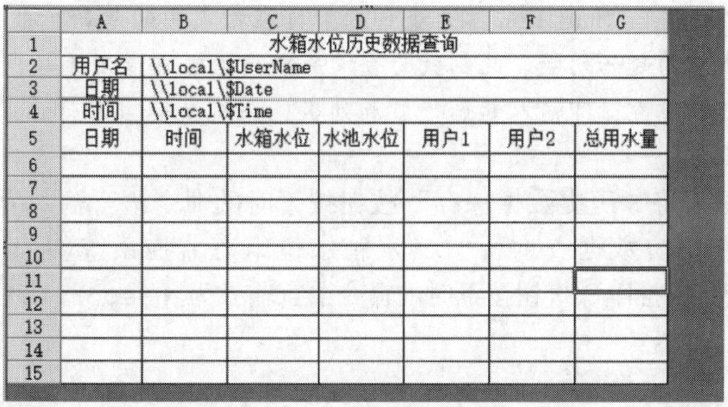

	A	B	C	D	E	F	G
1	水箱水位历史数据查询						
2	用户名	\\local\$UserName					
3	日期	\\local\$Date					
4	时间	\\local\$Time					
5	日期	时间	水箱水位	水池水位	用户1	用户2	总用水量
6							
7							
8							
9							
10							
11							
12							
13							
14							
15							

图 8-2-3　历史数据报表

2. 绘制按钮对象

选用工具箱中的“按钮”工具，在画面上分别绘制“历史数据查询”“历史数据保存”“历史数据打印”和“关闭画面”按钮。

二、配置历史库

双击工程浏览器中的“历史数据记录”，弹出“历史库配置”对话框，如图 8-2-4 所示。勾选“运行时启动历史数据记录”和“历史库”复选框，单击“配置”，弹出“历史记录配置”对话框，如图 8-2-5 所示。设置数据保存天数为 7 日，存储路径为当前工程路径，单击“确定”完成配置。

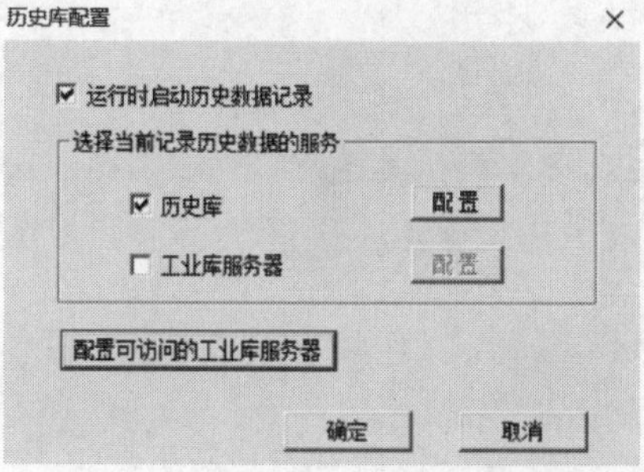

图 8-2-4　“历史库配置”对话框

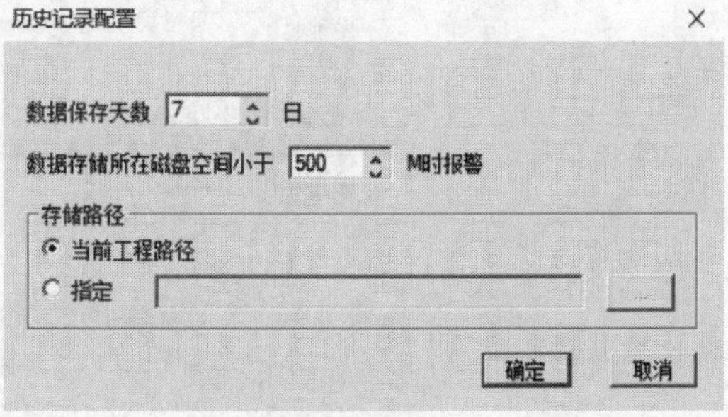

图 8-2-5　“历史记录配置”对话框

三、编写命令语言

双击画面中的“历史数据查询”按钮，弹出“动画连接”对话框，单击“按下时”，弹出“命令语言”对话框，输入命令语言【ReportSetHistData2(5,1);】。

操作提示

ReportSetHistData2（）函数的语法格式为【ReportSetHistData2(Start Row, Start Col);】。其中，“Start Row”为查询的数据在报表中的起始行数，“Start Col”为查询的数据在报表中的起始列数。此函数为查询历史数据报表专用函数，只要设置查询的数据在报表中的起始位置，即输入起始行数和列数，系统就会自动弹出“报表历史查询”对话框。

用同样的方法，将“历史数据保存”按钮按下时的命令语言输入为【Long nRet = ReportSaveAs("历史数据查询","D:\水箱水位组态监控系统\历史数据查询报表.xls");】，“历史数据打印”按钮按下时的命令语言输入为【ReportPrintSetup("历史数据查询");】。

四、运行与调试

1. 单击开发系统中的“文件”→“切换到 View”，进入组态王运行系统。
2. 以“管理人员”身份登录，单击“运行”按钮，设备处于运行状态。
3. 运行过程中，调节水箱水位模拟游标、水池水位模拟游标的位置。
4. 系统运行一段时间后，单击“历史数据查询”按钮，弹出图 8-2-6 所示的“报表历史查询”对话框。在“报表属性”属性页中设置报表名称为“历史数据查询报表”，起始行、起始列为报表函数中设置的起始行、起始列，排列属性、列属性等可根据需要进行设置。

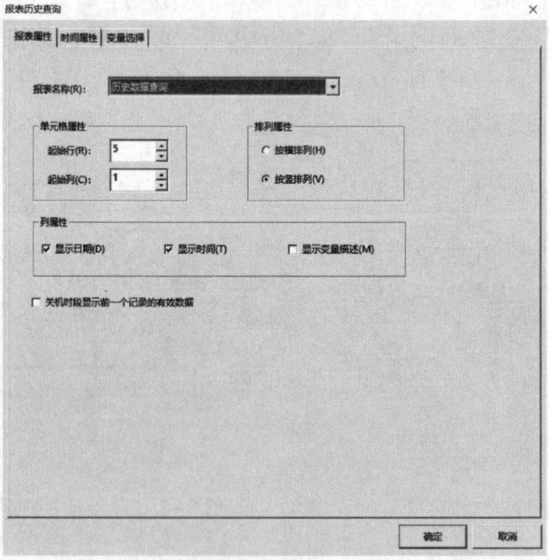

图 8-2-6 “报表历史查询”对话框

单击“时间属性”选项卡，属性页如图 8-2-7 所示，根据需要选择起始时间、终止时间、间隔时间。

单击“变量选择”选项卡，属性页如图 8-2-8 所示，设置完成后单击“确定”，可查询所需的历史数据。

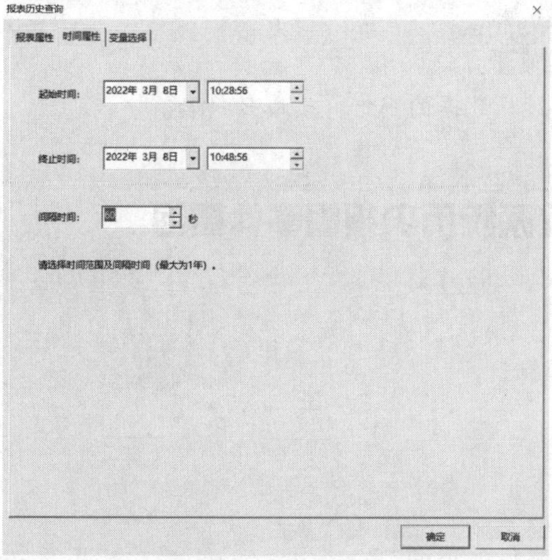

图 8-2-7 “时间属性”属性页

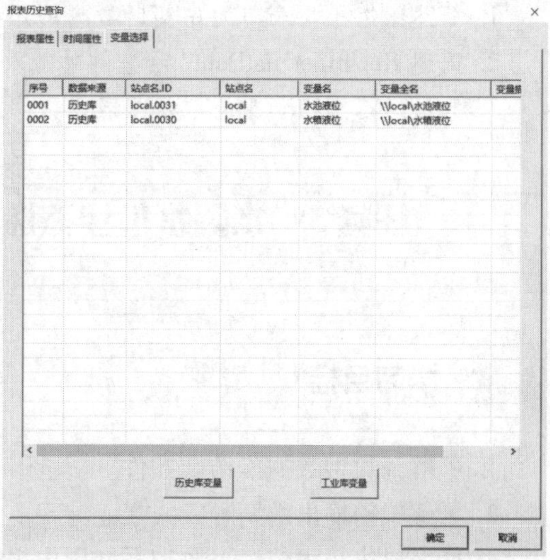

图 8-2-8 “变量选择”属性页

5. 单击“历史数据保存”按钮，将查询的历史数据保存在“D:\水箱水位组态监控系统”文件夹中。

6. 单击“历史数据打印”按钮，可以对报表进行打印输出和打印预览，如图 8-2-9 所示，可以对页面进行设置或直接打印输出。

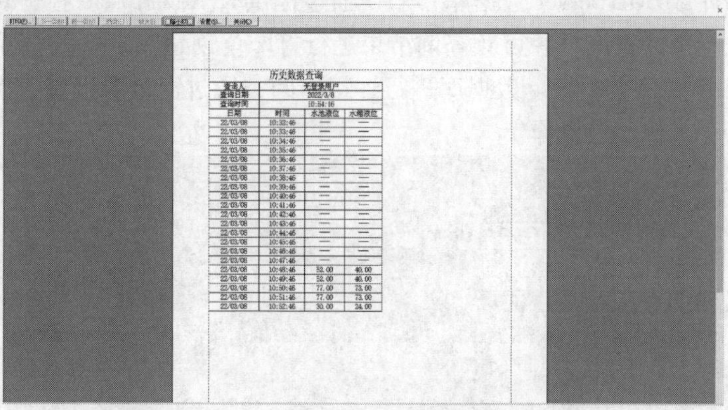

图 8-2-9 报表打印

知识拓展

扫描右侧二维码，可了解 KingReport 插件相关知识。

思考与练习

1. 简述组态王报表单元中实时数据的添加方法。
2. 简述 ReportSetHistData2 函数的功能及其使用方法。
3. 利用组态王内置报表以及报表函数实现对日数据的查询并生成日报表。

任务3 水箱水位组态监控系统历史报警事件查询

学习目标

1. 了解开放型数据库访问控件。
2. 了解报警输出的两种方式。
3. 能完成水箱水位组态监控系统历史报警事件的查询。

任务引入

很多工业现场要将变量的相关报警信息和系统操作信息进行存储，并且要求可以灵活地进行历史报警和事件的查询与打印。组态王支持通过 ODBC 接口将数据存储到关系数据库（Access 数据库或 SQL Server 数据库）中，通过提供 KvAdoDBGrid 控件对存储的历史报警和事件信息进行条件查询，并可对查询结果进行打印。创建图 8-3-1 所示的历史报警事件查询画面，将组态王与 Access 数据库进行连接访问，通过窗口对报警、事件历史数据信息进行查询、保存、打印等操作。

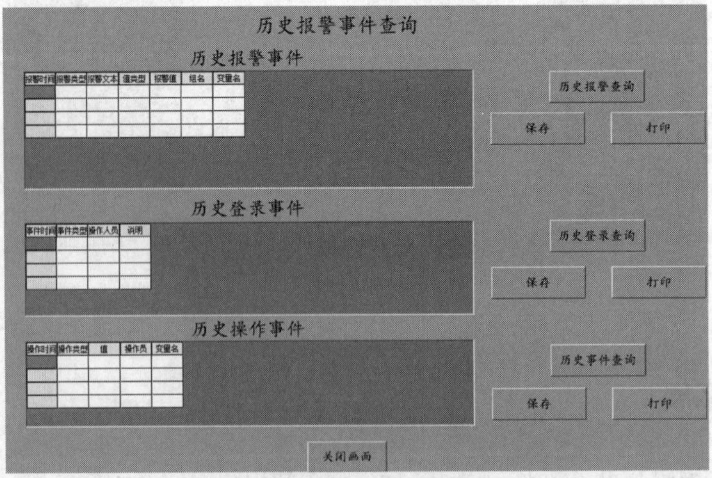

图 8-3-1　历史报警事件查询画面

相关知识

一、开放型数据库访问控件

开放型数据库访问控件 KvAdoDBGrid 是组态王提供的用于访问数据库的 Active X 控件，该控件是通过 ADO 接口实现的。通过该控件，用户可以在组态王界面中很方便地访问、编辑数据库，可以通过数据库查询窗口查询数据，也可以用控件的统计函数计算出控件中数据的最大值、最小值、平均值等，还可以用函数动态地添加和删除字段。

1. KvAdoDBGrid 控件的属性

KvAdoDBGrid 控件的属性对话框如图 8-3-2 所示。

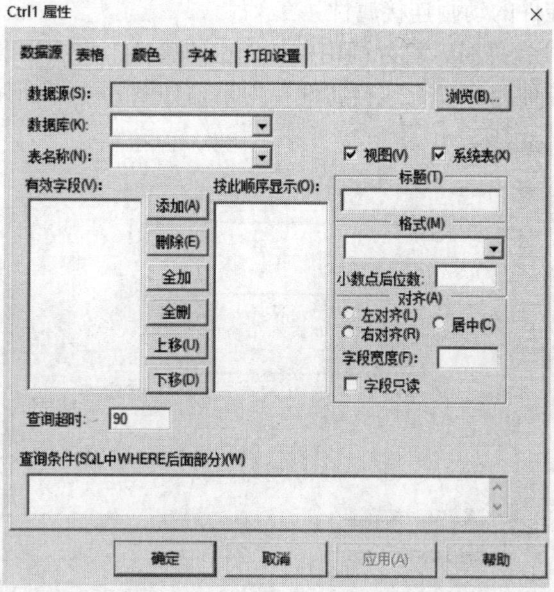

图 8-3-2 KvAdoDBGrid 控件属性对话框

（1）“数据源”属性页

“数据源”属性页主要用于定义控件连接的数据源、数据表，并对每个字段在控件中显示的标题、格式、对齐方式、小数点后位数等进行设置。可以在本属性页中指定查询的条件，也可以在运行时修改控件属性以改变查询条件。

单击“浏览”，可选择或新建 ODBC 数据源。

选择数据源后，“表名称”下拉列表中会自动填充可选的表名称，可在列表中选择要显示的数据所在的表名称。

选择表名称后，“有效字段”中自动列出原表中的所有字段，可通过“添加”“删除”“全加”“全删”“上移”、“下移”按钮选择要显示的字段和显示顺序。

选中任一显示的字段，可在右侧设置该字段显示的标题、格式、对齐方式等属性。

最后在“查询条件”中设置限制条件（SQL 语法），只输入“SELECT…WHERE”语句之后的部分。

（2）“表格”属性页

“表格”属性页主要用于设置表格在运行状态时的外观和可操作性。

（3）“颜色”属性页

“颜色”属性页主要用于设置表格颜色、背景颜色、文本颜色等。

（4）“字体”属性页

“字体”属性页主要用于设置固定行字体、普通行字体、标题字体等。

（5）“打印设置”属性页

“打印设置”属性页主要用于设置打印标题、页眉页脚、页码的格式和位置等，可对每一页进行单独的页面设置。

2. KvAdoDBGrid 控件的动画连接属性

使用 KvAdoDBGrid 控件时，可以调用控件提供的属性、方法和事件函数来对控件进行操作，KvAdoDBGrid 控件的“动画连接属性”对话框如图 8-3-3 所示。

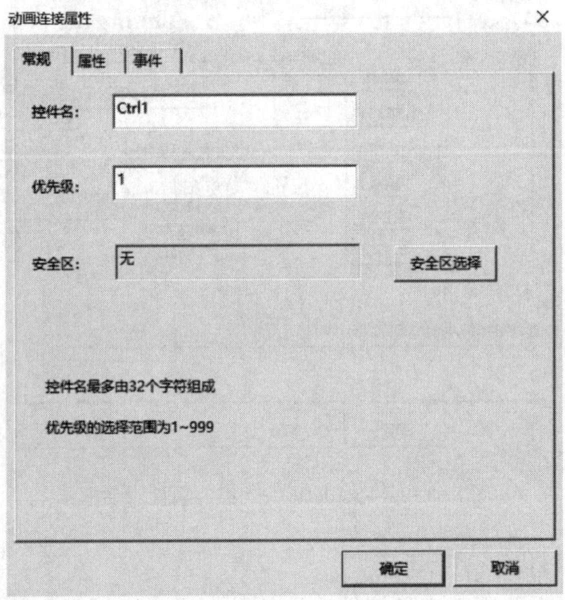

图 8-3-3　KvAdoDBGrid 控件“动画连接属性”对话框

KvAdoDBGrid 控件的属性和属性含义见表 8-3-1。

表 8-3-1　KvAdoDBGrid 控件属性和属性含义

序号	属性	说明
1	Rows	获取当前表格的总行数
2	Cols	获取当前表格的总列数

续表

序号	属性	说明
3	FixedRows	获取或设置表格固定行的行数。运行时设置此属性后，需要调用 FetchData( ) 重新得到数据集
4	FixedCols	获取或设置表格固定行的列数。运行时设置此属性后，需要调用 FetchData( ) 重新得到数据集
5	Row	获取或设置当前所选单元格（焦点所在单元格）的行（从 0 开始）
6	Col	获取或设置当前所选单元格（焦点所在单元格）的列（从 0 开始）
7	Editable	数据单元格是否可编辑、修改。置“0”不可编辑，置“1”可编辑
8	CellAccordWIthDB	数据库内容是否可以修改。置“0”不可修改，置“1”可以修改
9	Table	获取或设置要检索的数据表名称
10	Where	设置查询条件，如果不需要任何条件，则可以设置为空
11	ADOConnStr	配置连接数据库的字符串。用户用此属性连接数据库的字符串很不方便且易出错，不推荐使用，推荐使用 SetConnectParam 方法进行设置。但与使用 SetConnect-Param 的方法相比较，此方法的系统运行性能更好
12	CurCellText	获取当前所选单元格文本的值
13	AutoAdjustColWidth	是否自动调整列宽。置“0”不自动调整，置“1”自动调整
14	ResizeCols	是否允许调整列宽。置“0”不可调整列宽，置“1”允许调整列宽
15	ResizeRows	是否允许调整行高。置“0”不可调整行高，置“1”允许调整行高
16	Visible	控件是否可见。置“0”控件不可见，置“1”控件可见
17	HorzLine	是否画水平格线。置“0”不画线，置“1”画线
18	VertLine	是否画垂直格线。置“0”不画线，置“1”画线
19	PrintTitle	打印时页标题的内容
20	PrintHeader	打印时页眉的内容
21	PrintFooter	打印时页脚的内容
22	PrintOrder	打印顺序选择。“0”表示先行后列，“1”表示先列后行
23	ViewEnabled	设置“视图”选项是否有效，置“0”无效，置“1”有效

二、报警输出

1. 报警记录数据库输出

组态王产生的报警和事件信息可以通过 ODBC 记录到开放式数据库中，如 Access、SQL Server。在使用前，需在系统控制面板的 ODBC 数据源中配置一个数据源（用户 DSN 或系统 DSN），该数据源可以定义用户名、密码等权限。

报警输出数据库中的数据表与配置中选项相对应，有 Alarm（报警事件）、Operate（操作事件）、Enter（登录事件）、Station（工作站事件）四种类型的数据表格。

2. 报警记录实时打印输出

组态王产生的报警和事件信息可以通过计算机实时打印。组态王的实时报警信息直接输出到打印端口（LPT1），建议用户进行实时报警打印时，最好使用带硬字库的针式打印机，而激光式、喷墨式以及部分针式打印机本身不带字库，会出现打印的报警信息中有乱码的情况。

提示

报警实时打印功能可使用函数 BOOL Set Print Alarm（BOOL bitset）实现，BOOL bitset 为 0 时开始报警打印，为 1 时停止报警打印。

任务实施

一、报警配置

1. 创建 Access 报警数据库

在 Microsoft Office Access 2016 中新建一个数据库，路径为“D:\水箱水位监控系统报警数据库.mdb”。创建一个数据表，表名称为“Alarm”，表中字段名称参见表 8-3-2，字段类型为文本，Access 数据库表如图 8-3-4 所示。

表 8-3-2　数据表中字段名称

字段名称	数据类型	说明	字段名称	数据类型	说明
IOServerName	短文本	报警服务器名称	AlarmTimeMs	数字	报警时间（ms）
MachineName	短文本	机器名称	EventTime	日期/时间	事件时间
TagName	短文本	变量名	EventTimeMs	数字	事件时间（ms）
TagComment	短文本	变量描述	OperatorName	短文本	操作员姓名
GroupName	短文本	报警组名	OperatorDomain	短文本	操作员域
AlarmValueDataType	数字	报警值数据类型	ResumeValue	短文本	恢复值
LimitValue	短文本	极限值	ResumeValueDataType	数字	恢复值数据类型
LimitValueDataType	数字	极限值数据类型	EventType	短文本	事件类型
AlarmType	短文本	报警类型	AlarmText	短文本	报警文本
Pri	数字	优先	ExtendField1	短文本	扩展域 1
Quality	数字	质量戳	ExtendField2	短文本	扩展域 2
AlarmTime	日期/时间	报警时间			

操作提示

报警输出数据库中的数据表要与软件配置选项、类型相对应，即 Access 报警数据库的表名、字段名必须与报警设置一致，否则不能记录相关数据。

使用 Microsoft Access 2016 软件创建数据库时可以不设置字段，组态王与数据库连接后自动添加表名和字段。

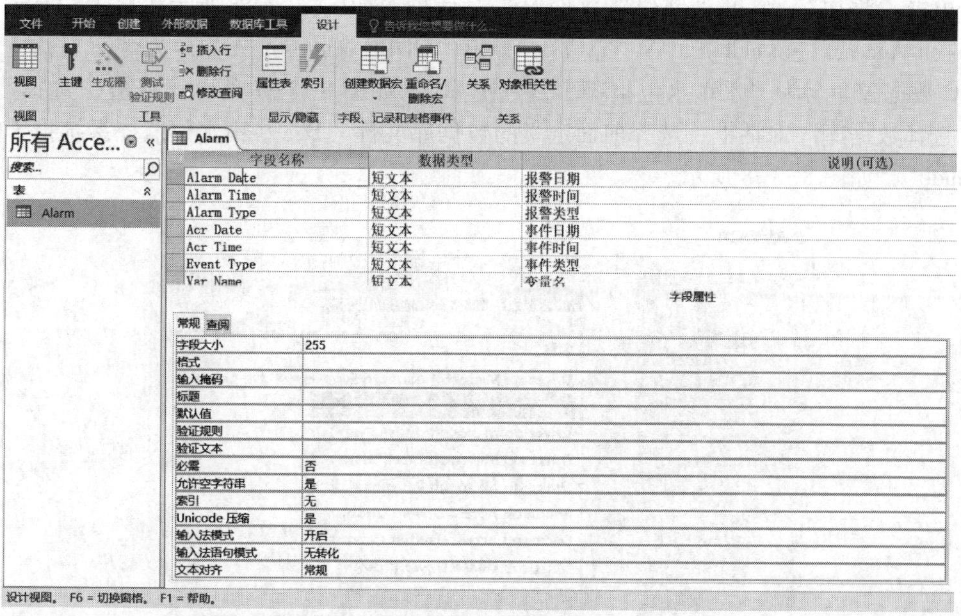

图 8-3-4　Access 数据库表

2. 设置 ODBC 数据源

在“WIN 菜单\Windows 管理工具”中单击“ODBC Data Sources（32-bit）”，弹出“ODBC 数据源管理程序（32 位）”对话框，如图 8-3-5 所示。

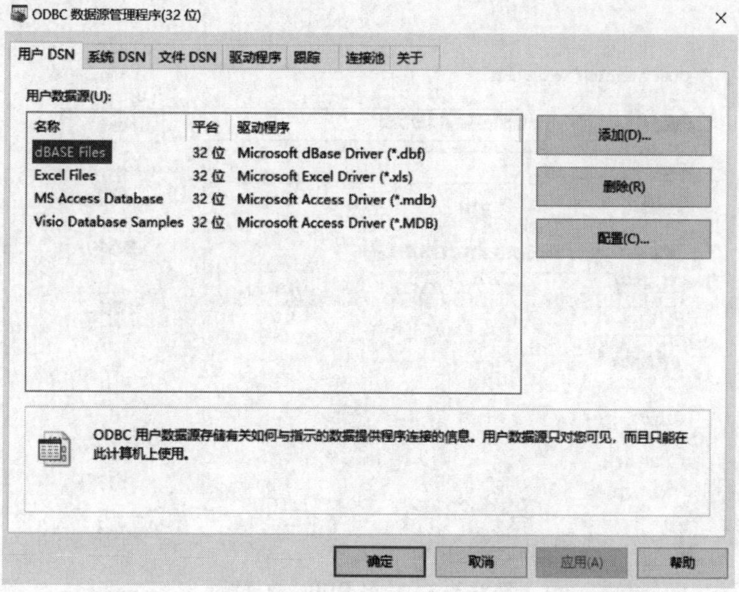

图 8-3-5　“ODBC 数据源管理程序（32 位）”对话框

单击“添加”，弹出“创建新数据源”对话框，如图8-3-6所示。单击“Driver do Microsoft Access（＊.mdb）”→“完成”，弹出“ODBC Microsoft Access安装”对话框，将ODBC数据源命名为“水箱水位报警事件数据库”，如图8-3-7所示。单击“选择”，弹出“选择数据库”对话框，选择前面定义的数据库文件“D:\水箱水位监控系统报警数据库.mdb”，如图8-3-8所示。

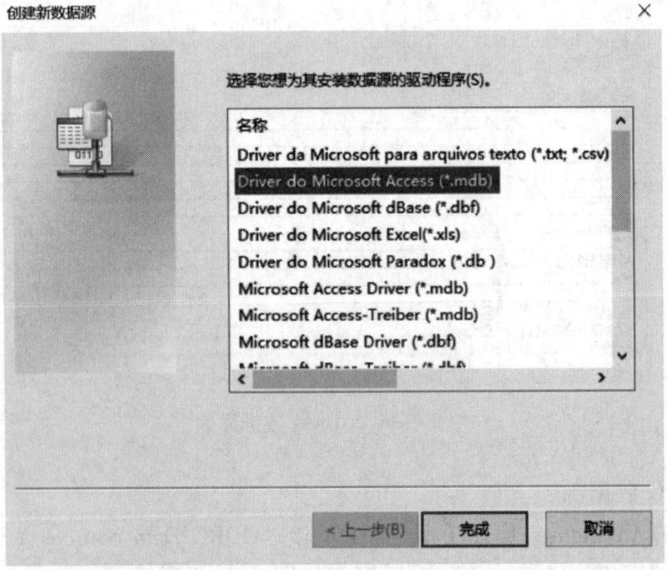

图8-3-6 “创建新数据源”对话框

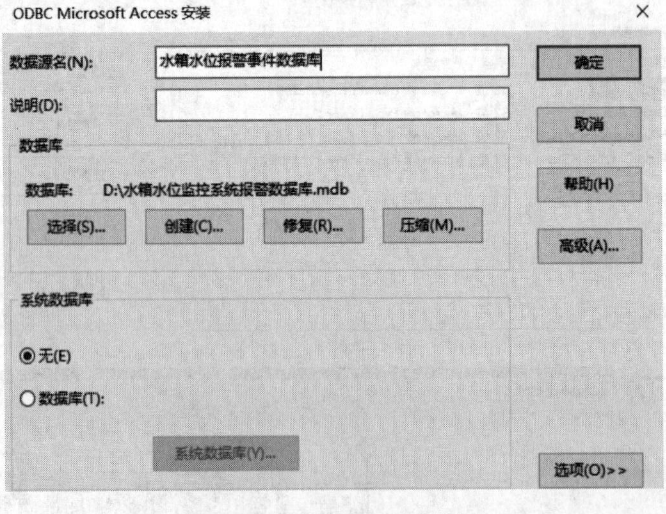

图8-3-7 命名ODBC数据源

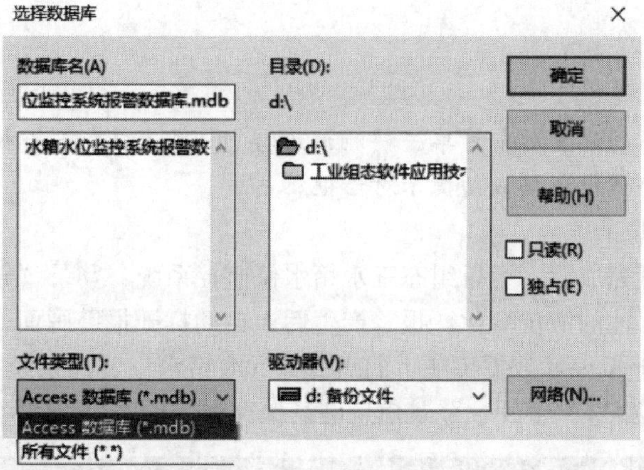

图 8-3-8　选择数据库文件

操作提示

Microsoft Access 2016 数据库文件后缀为“.accdb”，Microsoft Access 2003 数据库文件后缀为“.mdb”，选择数据库文件时默认选择后缀为“.mdb”的文件，如需选择后缀为“.accdb”的数据库文件，可在图 8-3-8 所示的对话框中将“文件类型”设置为所有文件，即可完成添加。建议通过 Microsoft Access 2016 将数据库文件另存为后缀是“.mdb”的文件。

3. 配置报警数据库

双击工程浏览器中的“报警配置”，弹出“报警配置属性页”对话框。如图 8-3-9 所示，“存储内容选项”选择“记录报警事件”“记录操作事件”“记录登录事件”，“报警事件存储选项”选择“报警产生”“报警确认”，“报警事件存储参数”选择“单表保存”，保存天数为 30 天。在“数据库”项目中单击“ ... ”，弹出“ODBC Data Source”对话框，在“用户 DSN”属性页中单击“水箱水位报警事件数据库”→“确定”。

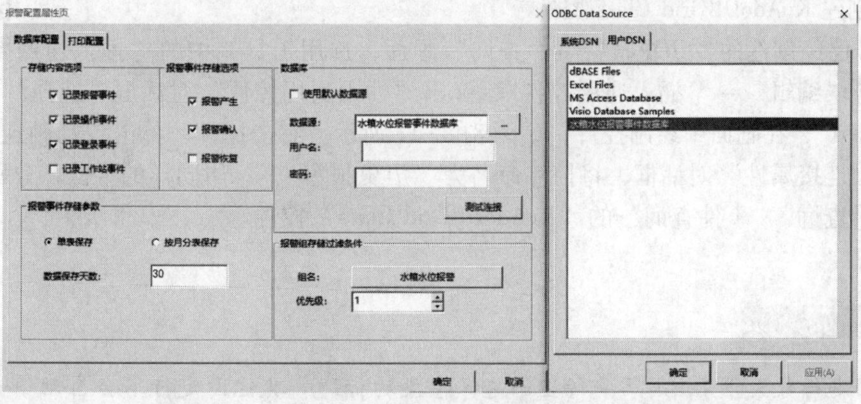

图 8-3-9　报警数据库配置

操作提示

完成报警数据库的配置后，可单击“测试连接”，测试组态王与数据库的连接是否正确，若连接成功则会弹出连接成功提示对话框。

4. 测试报警数据库

报警数据库配置完成后，运行组态王水箱水位监控系统，登录“管理人员”用户，通过游标模拟水箱、水池的液位变化。报警产生后，自动打开报警画面，确认报警信息，同时将报警信息存储到 Access 数据库中。打开“D:\水箱水位监控系统报警数据库 .mdb”，如图 8-3-10 所示，报警、事件、登录信息已经保存到数据库中。

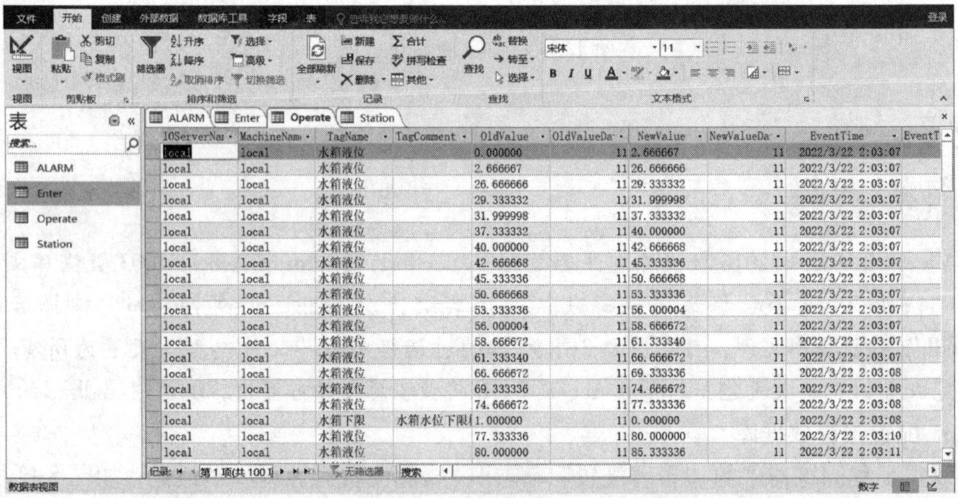

图 8-3-10 水箱水位监控系统报警数据库

二、控件配置

1. 创建 KvAdoDBGrid Class 控件

打开已经创建的“历史报警事件查询”画面，选用工具箱中的“插入通用控件”工具或单击“编辑”→“插入通用控件”，弹出“插入通用控件”对话框，选择“KvAdoDBGrid Class”，在画面中绘制控件，如图 8-3-11 所示。右击控件，单击“动画连接”，弹出“动画连接属性”对话框，将控件命名为“历史报警表”。用同样的方法，分别创建名为“登录查询”“事件查询”的“KvAdoDBGrid Class”控件。

操作提示

若固定行数大于 1，则第一行显示选择字段的标题，其他固定行不会自动填充，由用户在设计状态编辑其显示内容。

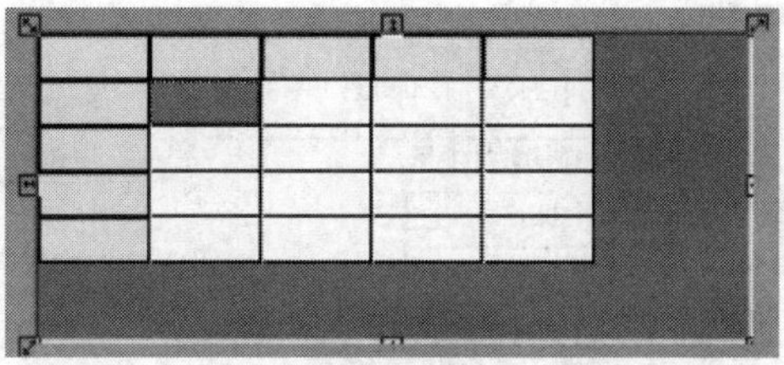

图 8-3-11　KvAdoDBGrid Class 控件

2. 设置控件属性

右击“历史报警表”控件，单击“控件属性”，弹出“历史报警属性”对话框。单击“浏览”，弹出“数据链接属性”对话框，单击“Microsoft OLE DB Provider for ODBC Drivers”→“下一步”，选择“使用数据源名称”单选按钮，打开对应的下拉菜单，选择创建的“水箱水位监控系统报警数据库”，如图 8-3-12 所示，完成后单击“确定”。

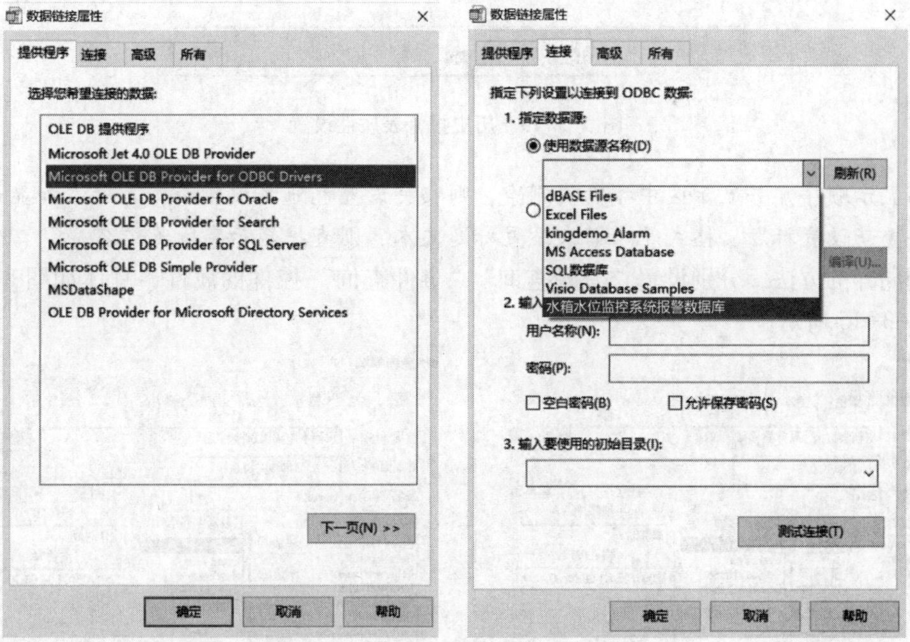

图 8-3-12　数据链接属性设置

在“历史报警表属性”对话框的“表名称”下拉菜单中选择需要显示的报警表“Alarm”，选择需要显示的字段，单击“添加”添加至右侧“按此顺序显示”区域中，设置标题文字、显示格式等，如图 8-3-13 所示，完成后单击“确定”。

操作提示

图 8-3-13 所示的“历史报警表属性”对话框中，可通过“上移”“下移”按钮调整

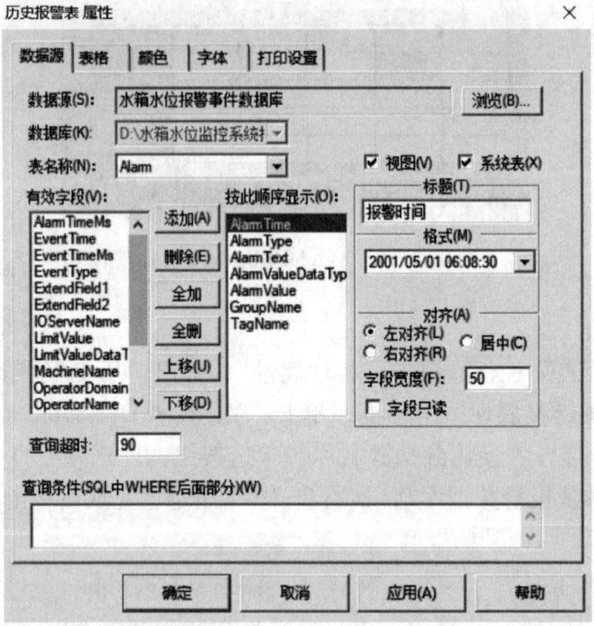

图 8-3-13　历史报警表属性设置

字段的显示顺序。若显示区中字段被删除，则相关设置也随之被删除，再次添加显示字段时需要重新设置标题、格式等。若未设置标题文本，则直接显示字段英文名。

用同样的方法，分别设置“登录查询”“事件查询”控件的属性，具体如图 8-3-14 和图 8-3-15 所示。

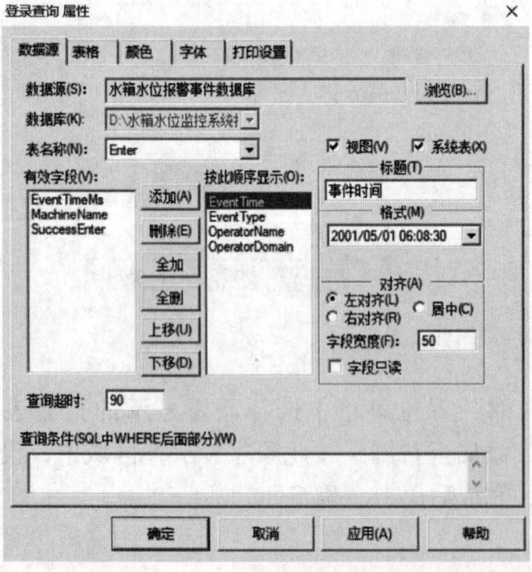

图 8-3-14　登录查询属性设置

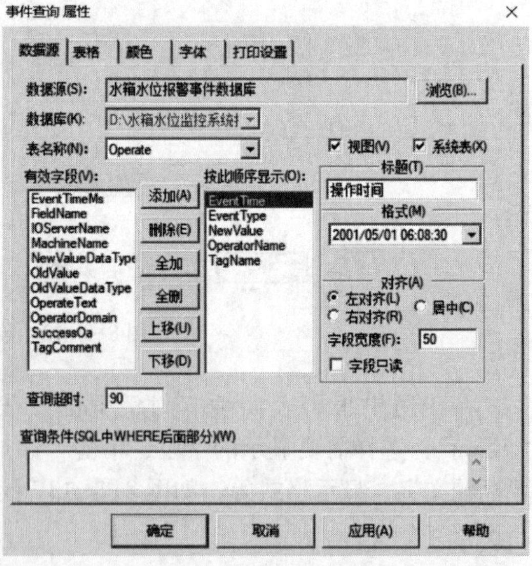

图 8-3-15　事件查询属性设置

3. 配置控件按钮

（1）选用工具箱中的“按钮”工具，绘制“历史报警查询”“保存”“打印”按钮。设置“历史报警查询”按钮对象按下时命令语言为【历史报警表.FetchData();】，“保存”按钮对象按下时命令语言为【历史报警表.SaveToCSV("D:\水箱水位报警历史记录.csv");】，“打印”按钮对象按下时命令语言为【历史报警表.Print();】。

操作提示

“FetchData（）”函数的功能是查询数据并将查询到的数据集填充到控件中（如【Ctrl.FetchData();】，其中 Ctrl 为控件名称）。“SaveToCSV（）”函数的功能是将查询到的数据集保存到指定目录文件中。“Print（）”函数的功能是将查询到的数据集输出到打印机。

（2）选用工具箱中的“按钮”工具，绘制“历史登录查询”“保存”“打印”按钮。设置“历史登录查询”按钮对象按下时命令语言为【登录查询.FetchData();】，“保存”按钮对象按下时命令语言为【登录查询.SaveToCSV("D:\水箱水位登录历史记录.csv");】，“打印”按钮对象按下时命令语言为【登录查询.Print();】。

（3）选用工具箱中的“按钮”工具，绘制“历史事件查询”“保存”“打印”按钮。设置“历史事件查询”按钮对象按下时命令语言为【事件查询.FetchData();】，“保存”按钮对象按下时命令语言为【事件查询.SaveToCSV("D:\水箱水位事件历史记录.csv");】，“打印”按钮对象按下时命令语言为【事件查询.Print();】。

三、运行与调试

1. 单击开发系统中的“文件”→“切换到 View”，进入组态王运行系统。

2. 以“管理人员”身份登录，通过调整游标模拟水箱、水池液位变化触发报警，手动操作按钮。

3. 打开“历史报警事件查询”画面，单击“历史报警查询”按钮，画面中显示报警的历史数据，单击“保存”按钮，将查询到的数据保存到“D:\水箱水位报警历史记录”中。单击“历史登录查询”按钮，画面中显示登录的历史数据，单击“保存”按钮，将查询到的数据保存到“D:\水箱水位登录历史记录”中。单击“历史事件查询”按钮，画面中显示事件的历史数据，单击“保存”按钮，将查询到的数据保存到“D:\水箱水位事件历史记录”中。显示报警、登录、事件历史数据的“历史报警事件查询”画面如图 8-3-16 所示。

4. 打开“D：\ 水箱水位监控系统报警数据库”文件，查看保存的报警、登录、事件历史记录与数据库中的记录是否一致。

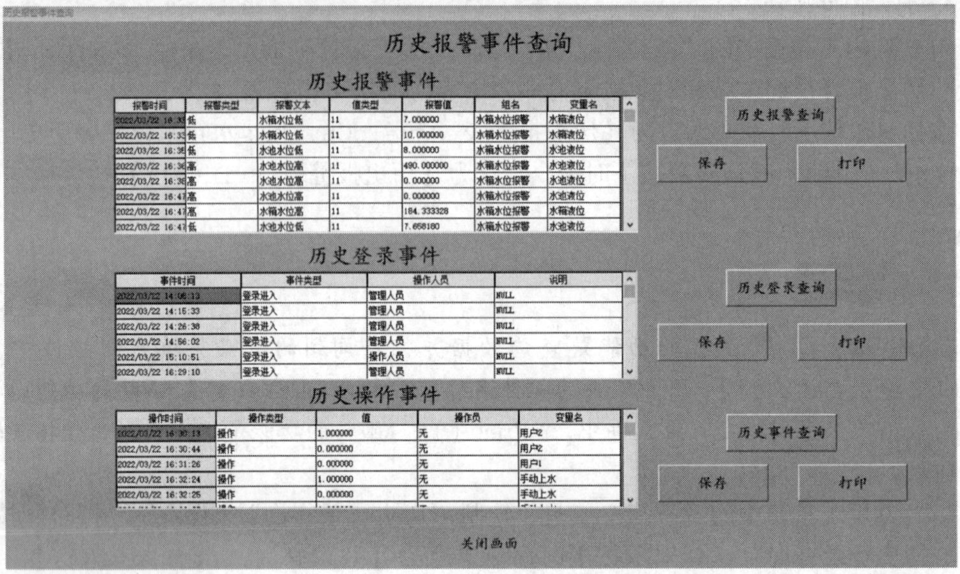

图 8-3-16 “历史报警事件查询”画面

知识拓展

扫描右侧二维码，可了解在命令语言中使用自定义变量的相关知识。

思考与练习

1. 简述组态王与 Access 数据库数据连接设置的方法。
2. 简述开放型数据库访问控件 KvAdoDBGrid 的作用。
3. 简述报警输出的两种方法。

技能拓展

创建图 8-3-17 所示的电子水壶加热系统工程，具体要求如下：

1. 窗口中有具体字样显示烧水过程。当温度低于 100 ℃时显示“正在烧水”，当温度等于或高于 100 ℃时显示“水开了，请换水!”。

2. 分别用表格和曲线显示并记录温度的变化过程（要求显示实时数据和历史数据，且具有历史数据刷新按钮）。

3. 窗口中要有“作者”按钮，单击该按钮可以显示个人信息。个人信息的显示要求用子窗口实现，子窗口中需要显示姓名、班级、指导教师和联系方式。子窗口大小要求为 400×200，窗口间距自定。

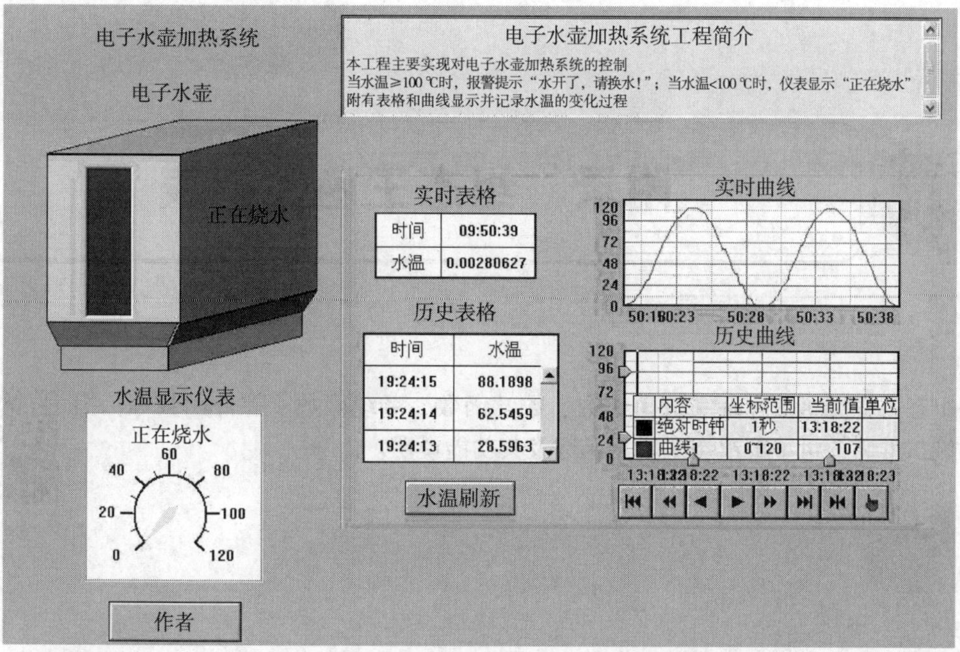

图 8-3-17　电子水壶加热系统窗口

附录　组态王函数列表

组态王常用函数包括字符串函数、数学函数、系统函数、控件函数等，扫描右侧二维码，可了解组态王常用函数及其功能说明。